# GEHIRNJOGGING

Ivan Moscovich

# GEHIRNJOGGING

## RÄTSELSPASS FÜR HELLE KÖPFE

7HILL

001 01

## RÄTSELNUMMERN

Den Rätseln in diesem Buch sind jeweils zwei Nummern in einem kleinen Kasten zugeordnet: die laufende Rätselnummer wird durch eine schwarze Ziffer ein einem weißen Feld bezeichnet, die weiße Nummer im roten Feld bezeichnet den Schwierigkeitsgrad, von 1 (einfach) bis 10 (schwierig). Wenn Sie im Lösungsteil die Lösung eines bestimmten Rätsels nachsehen wollen, orientieren Sie sich bitte an der Nummer im weißen Feld.

Alle Rätsel wurden vom Autor entworfen und sorgfältig geprüft.



**7Hill ist ein Imprint der Tandem Verlag GmbH**
ISBN der englischen Originalausgabe: 978-3-8331-5374-7
Titel der Originalausgabe: BrainMatics. More Logic Puzzles

Idee & Konzept: Ivan Moscovich
Text: Ivan Moscovich
Projektkoordination: Daniel Fischer
Layout: Scripta, Köln
Coverdesign: Martin Wellner

Übersetzung aus dem Englischen: Claudia Mantel-Rehbach

Gesamtherstellung: Tandem Verlag GmbH, Potsdam

Printed in China

ISBN 978-3-8331-5927-5

10 9 8 7 6 5 4 3 2 1

„Phantasie ist wichtiger als Wissen, denn Wissen ist begrenzt.“

*Albert Einstein*

## EINSTEIN ÜBER MATHEMATIK

„Nie zuvor in meinem Leben hat mich etwas so bewegt. Ich habe enormen Respekt vor der Mathematik bekommen, deren feinere Anteile ich lange Zeit in meiner Unwissenheit als puren Luxus erachtet hatte.”

*Einstein in einem Brief an einen Freund, 1916*

„Unsere Erfahrung bis heute bekräftigt uns in dem Glauben, dass die Natur die Umsetzung der mathematischen Vorstellungen ist. Ich bin davon überzeugt, dass wir durch Anwendung rein mathematischer Konstruktionen in der Lage sein werden, die Gesetzmäßigkeiten aufzuspüren, die zwischen ihnen gelten.”

*Einstein in der Herbert Spencer-Vorlesung in Oxford, 1933*

**Wir Menschen finden gerne Muster, aber noch mehr Spaß haben wir daran zu verstehen, was sich hinter diesen Mustern verbirgt.**

**Das Erkennen eines unerwarteten Zusammenhangs, einer magischen Regelmäßigkeit, ruft ein freudiges Gefühl von Überraschung und intellektueller Befriedigung hervor, vielleicht sogar etwas wie Ehrfurcht vor der Schönheit, die sich uns offenbart. Genau darum geht es in diesem Buch.**

# GEHIRNJOGGING

***Gehirnjogging!* ist eine Huldigung an den amerikanischen Mathematiker und Wissenschaftsautor/ Fachbuchautor Martin Gardner. Die Sammlung mathematischer Konzepte und Theoreme enthält klassische Rätsel, Spiele, Paradoxe und Illusionsspiele, darunter auch einfache und weniger bekannte, die offenbaren, wie wunderbar Mathematik sein kann. Das Buch ist aber kein willkürliches Sammelsurium einzelner Themen. Ich habe großen Wert auf einen logischen Aufbau gelegt, der die Themen jeweils im Zusammenhang mit der Entwicklung der Mathematik-Geschichte präsentiert und die grundsätzlichen Prinzipien erhellt.**

**Ich ließ mich bei meiner Arbeit von den ermutigenden und wertvollen Kommentaren inspirieren, die ich als Feedback auf meine *1000 PlayThinks* (erschienen 2001 bei Workman) und einige spätere Bücher (erschienen bei Sterling) erhalten habe. *Gehirnjogging!* ist viel mehr als ein Rätselbuch, aber Sie finden Rätsel überall dort, wo sie das Verständnis mathematischer Prinzipien fördern. Es lässt sich nicht nur vortrefflich über sie diskutieren, sondern in Familie, Schule und Freundeskreis interaktiv ihren Lösungen auf die Spur kommen. Auch neue, ungewöhnliche Ansätze, die man aus allgemeineren Rätselbüchern eher nicht kennt, werden behandelt. Meine Auswahl ist natürlich subjektiv, und ich hoffe, sie war gut.**

**Dieses Buch wendet sich an Mathematikliebhaber ebenso wie an Menschen, die der Mathematik weniger zugeneigt sind. Mein Wunsch ist es, vor allem Menschen, die nicht so rasch mit Mathematik warm werden, einige interessante mathematische Konzepte näher zu bringen.**

**Mathematisches Verständnis kann uns Erkenntnisse über unser tägliches Leben bringen, aber erlaubt auch Einblicke in aufregende Welten, die über die Grenzen unserer eigenen hinausgehen. Ich hoffe, Sie werden bei der Lektüre dieses Buchs genauso viel Spaß haben wie ich beim Schreiben. Und wenn Sie nur ein einziges Mal spontan „Wahnsinn!“ ausrufen, dann hat sich meine Arbeit gelohnt.**

Ivan Moscovich

# GEHIRNJOGGING

## INHALT



Die Zahlen nach den Überschriften zeigen die Rätsel an. Die Nummern der Rätsel sind fett gedruckt, der Schwierigkeitsgrad von 1 (einfach) bis 10 (schwierig) ist kursiv dargestellt.

# MOSCOVICHS HARMONOGRAPH

„Die Schönheit ist die erste Prüfung: der häßlichen Mathematik ist kein dauerhafter Platz auf Erden bestimmt."
*G. H. Hardy (1877-1947)*

„Mathematik ist mehr als ein Werkzeug und eine Wissenschaftssprache. Sie trägt ihren Grund in sich selbst und hat über die Jahrhunderte hinweg unser Weltbild eigenmächtig mitgestaltet."
*Stephen Hawking*

„Ich fühle noch nicht genug Weisheit in mir, das Häßliche zu lieben."
*Stendhal*

„Ich wünsche mir, dass Sie sich in die mathematischen Ideen verlieben, sich von ihnen verführen lassen, dass Sie sehen, wie leicht es ist, in den Bann der Mathematik zu geraten, dass Sie selbst wünschen, Jahre in ihrer Gesellschaft zu verbringen, Jahre an mathematischen Projekten zu arbeiten."
*Gregory Chaitín in Metamaths*

## MOSCOVICHS HARMONOGRAMME

Die **Harmonogramme** werden von einer Maschine hervorgebracht – einem analogen Computer, einem wahren Kunst-Generator. Diese patentierte Erfindung wurde der Weltöffentlichkeit erstmals auf der Ausstellung ***Cybernetic Serendipity*** in London im Jahre 1969 vorgestellt. Die Ausstellung war ein Meilenstein in der Geschichte der modernen Kunst – und für den Menschen als Künstler in einem weiteren Sinne.

## DER HAMONOGRAPH

Der Harmonograph wurde im Jahre 1955 mit Hilfe eines analogen Rechners entwickelt. Er ist ein einzigartiges mechanisches Instrument, das hochwertige Gemälde von großer Schönheit und künstlerischem Wert hervorbringt. Jedes Harmonogramm, wie die Werke dieser Maschine genannt werden, ist ein Unikat. Produkte zeitgenössischer elektronischer Computer reichen nicht an sie heran.

In den 70er und 80er Jahren wurden die Harmonogramme auf größeren Kunstausstellungen auf der ganzen Welt gezeigt und mit großem Interesse aufgenommen:

**Cybernetic Serendipity, ICA, London**

**Internationales Designzentrum, Berlin**

**Museo de Arte Moderno, Mexiko-Stadt**

**Didacta, Hannover**

**Israel Museum, Jerusalem**

Das Schweizer Wissenschaftszentrum Technorama hat Moscovichs Harmonographen technisch umgesetzt und zum Teil seiner Dauerausstellung gemacht (Abb. rechts).

Seit dem Jahr 2000 hat Hila Moscovich, die Tochter des Autors, mit ihren Arbeiten und einem verbesserten Design des patentierten Harmonographen erneut das Interesse für Harmonogramme geweckt.

**„Für die Idee dieser Zeichenmaschine (US-Patent 3.473.229) danken wir Ivan Moscovich, dem ehemaligen Direktor des Museums für Wissenschaft und Technologie, Tel Aviv. Sie wurde erstmals 1968 auf der Cybernetic Serendipity präsentiert, einer brillanten Ausstellung über Kunst und Computertechnologie, wo auch Jean Tinguely ausstellte."**

***Würdigung im Technorama***

## MAGISCHE QUADRATE

## LO-SHU – Das älteste magische Quadrat

Magische Quadrate sind Arrangements von Zahlen in einem quadratischen Muster, in denen die Summen der Zahlen in jeder Reihe und Spalte und manchmal auch Diagonale gleich sind.

Das älteste bekannte magische Quadrat ist das chinesische ***„Lo-Shu“***, das man auf rund 2000 v. Chr. datiert. Es ist ein magisches Quadrat dritter Ordnung mit einem einzigartigen Muster. Chinesische Quellen aus dem 3. vorchristlichen Jahrtausend erzählen die Legende von Lo-Shu: während einer großen Flut versuchten die Menschen, dem Gott des überfluteten Flusses Lo ein Opfer zu bringen, um ihn zubesänftigen. Da sahen sie aus den Fluten eine Schildkröte aufsteigen, die auf ihrem Panzer ein eigentümliches Muster trug: es waren Zahlen, gebildet aus kreisförmigen Punkten, angeordnet in einem Neunergitter, so dass die Summe der Nummern in jeder Reihe, Säule und Diagonale die selbe Zahl ergab: 15.

Die Summe der 9 Stellen im Lo-Shu ergibt 45. Geteilt durch 3 ergibt sich 15, die „magische Konstante“. Für jedes magische Quadrat der Ordnung n lässt sich diese Konstante leicht mittels folgender Formel errechnen:

$$M=\frac{n(n^2+1)}{2}$$

Es gibt 8 mögliche Triaden von Zahlen, die 15 zum Ergebnis haben:

**9+5+1 9+4+2 8+6+1 8+5+2 8+4+3 7+6+2 7+5+3 6+5+4**

Die zentrale Zahl gehört vier Linien an. Diese Zahl muss 5 sein, weil sie in vier Triaden auftaucht. Die Zahl 9 erscheint nur in 2 Triaden; daher muss sie ihren Platz in einem seitlichen Feld einnehmen, und schon ergibt sich die Mittelspalte: 9 + 5 + 1. 3 und 7 kommen ebenfalls nur in zwei Triaden vor. Für die verbleibenden vier Zahlen kommt jeweils nur eine Art in Frage, wie sie in das Raster eingefügt werden können. Somit ist auf elegante Art die Einzigartigkeit des Lo-Shu bewiesen (Drehungen und Spiegelungen nicht eingerechnet).

## DIABOLISCHES MAGISCHES QUADRAT

## Ein magisches Quadrat mit Seitenlänge 4

Eines der berühmtesten magischen Quadrate ist das von Albrecht Dürer, zu finden in seinem Kupferstich *Melancholia* (1514). Es wird häufig diabolisches magisches Quadrat genannt, weil es noch viel „magischer“ ist, als es die Definition eines magischen Quadrats nahelegt.

Wie viele geometrische Zahlenmuster finden Sie, deren Summe die magische Zahl 34 ergibt?

001 10

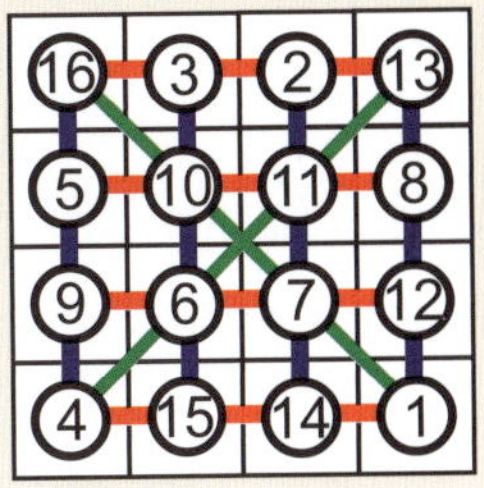

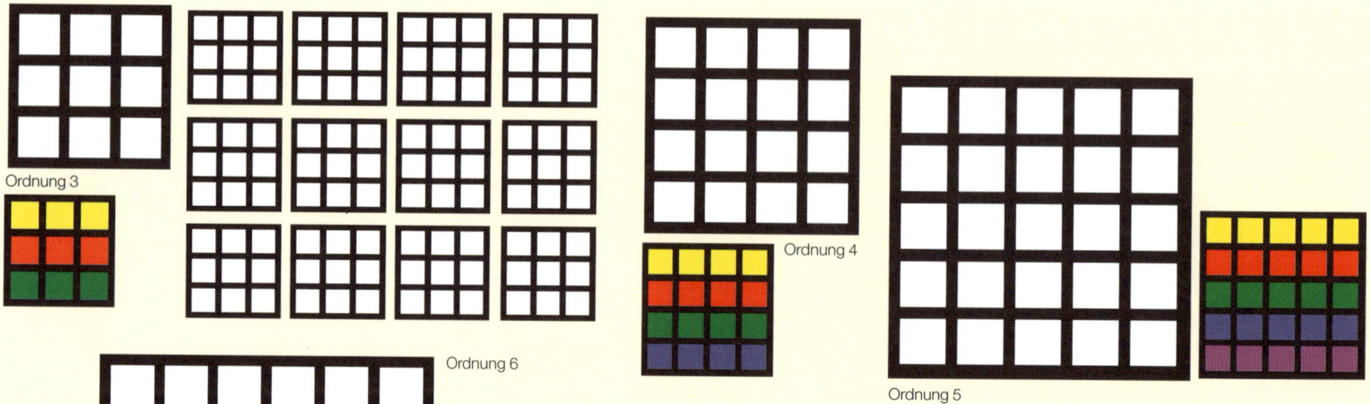


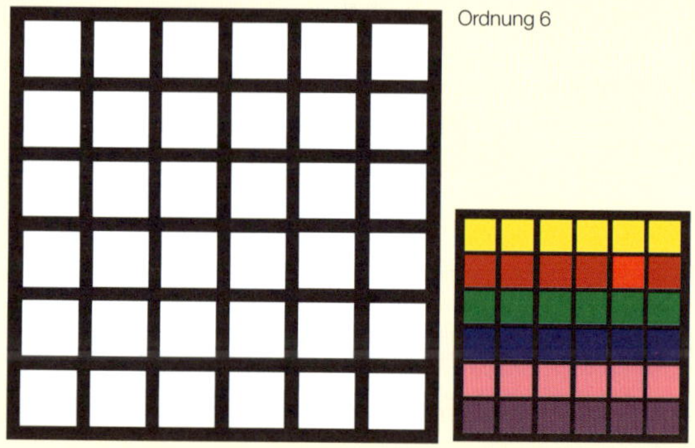


## LATEINISCHE QUADRATE MIT FARBEN

1. Können Sie die Gruppen von Farbquadraten in den Rastern so verteilen, dass jede Farbe nur einmal in jeder Zeile und jeder Spalte erscheint?

2. Als Nächstes versuchen Sie einmal, dieselben Regeln auch auf die zwei Hauptdiagonalen anzuwenden.

Es gibt 12 verschiedene Lateinische Quadrate der Ordnung 3. Finden Sie sie alle?

Nicht immer ist es möglich, vollständige Lateinische Quadrate mit diesen Bedingungen für Zeilen und Diagonalen zu erzeugen. Dann besteht die Aufgabe darin, die beste Lösung zu finden (d.h. die größtmögliche Zahl von Farben, die in dem Quadrat untergebracht werden kann).

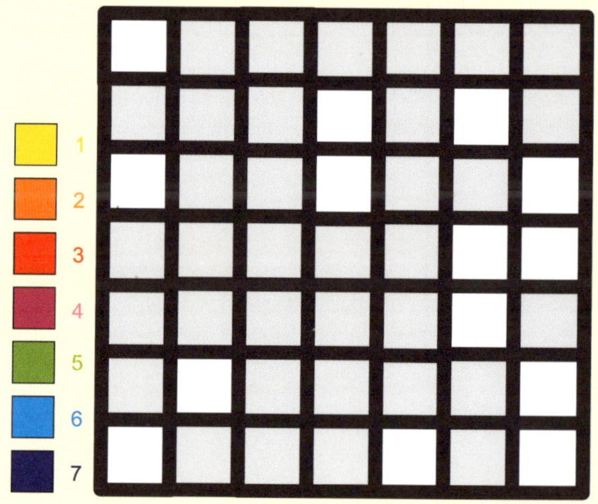


Ordnung 7

002 8

## LATEINISCHE UND GRIECHISCH-LATEINISCHE QUADRATE

Leonhard Euler (1707-1783), einer der berühmtesten Mathematiker aller Zeiten, erfand in höherem Alter zwei neue Varianten magischer Quadrate, das Lateinische und das Griechisch-Lateinische Quadrat. Lateinische Quadrate sind quadratische Raster auf „n" Zeilen und Spalten, in denen verschiedene Symbole wie Zahlen, Farben oder Ähnliches so angeordnet werden, dass keines der Symbole mehr als einmal in der Zeile oder Spalte, manchmal auch in den zwei Diagonalen erscheint. Ein Griechisch-Lateinisches Quadrat ist ein magisches Quadrat, das aus zwei Lateinischen Quadraten besteht, die nach zwei Regeln angeordnet sind:

1. Jede Zeile und jede Spalte enthält genau ein Symbol aus den kombinierten Quadraten.

2. Keine zwei Zellen enthalten dasselbe Symbolpaar.

1782 konstruierte Euler Griechisch-Lateinische Quadrate der Ordnung n, wobei n ungerade oder ein Vielfaches von 4 ist. Er scheiterte allerdings bei dem Versuch, ein Griechisch-Lateinisches Quadrat der Ordnung 6 zu erzeugen. Daraus folgerte er, dass kein Griechisch-Lateinisches Quadrat der Ordnung 6 oder höher existiert.

Eulers Vermutung wurde erstmals 1959 widerlegt, als man per Computerprogramm versuchte, Griechisch-Lateinische Quadrate der Ordnung 10 zu kreieren. Das Programm suchte 100 Stunden und fand keine Lösung, was kaum überraschte, denn man hatte geschätzt, eine Komplettsuche würde länger als 100 Jahre dauern. Ein neuer Versuch, den 1960 E.T. Parker, R.C. Bose und S.S. Shrikhande starteten, brachte überraschenderweise gleich eine erstaunliche Menge Griechisch-Lateinischer Quadrate der Ordnung > 6 zutage, darunter auch solche der Ordnung 10. Diese Entdeckung war nicht nur ein Highlight mathematischer Forschung, sondern fand auch in vielen computergrafischen Werken Ausdruck.

## COVER-UP

Mein Spiel Cover-Up, ein logisches Spiel für bis zu vier Spieler, kam in den 1970er und 1980er Jahren als kommerzielles Spielset mit dem Namen *Spectrix* auf den Markt .

Ziel des Spiels ist es, alle 24 farbigen Steine auf dem Spielbrett zu verteilen.

Und hier sind die Regeln:

(1) Es ist nicht erlaubt, einen Spielstein auf ein Feld derselben Farbe oder neben ein solches zu setzen. („Neben“ schließt alle Felder ein, die rechtwinklig benachbart sind.)

(2) Nach jedem Zug nimmt das Feld die Farbe des Spielsteins an, der es bedeckt.

(3) Es ist nicht erlaubt, einen Spielstein auf einen anderen zu setzen.

Das Spiel kann allein oder mit anderen Spielern gespielt werden. Wird es mit zwei Spielern gespielt, gewinnt derjenige, der noch im Spiel ist, wenn die beiden anderen keinen Spielstein mehr platzieren können. Für einen einzigen Spieler besteht das Ziel darin, alle Spielsteine auf dem Spielbrett nach den oben genannten Regeln unterzubringen.

Die 24 Spielsteine

## MAGIC COLOR SHAPES

Gelingt es Ihnen, die 16 farbigen Formen auf dem 4x4-Spielbrett so zu platzieren, dass jeder Satz wie in den sechs Mustern gezeigt aus vier Farben und vier Formen besteht? Angeordnet werden sie wie folgt:

**(1) 4 vertikale Spalten;**

**(2) 4 horizontale Zeilen;**

**(3) 2 Hauptdiagonalen;**

**(4) 4 Eckquadrate;**

**(5) 4 zentrale Quadrate;**

**(6) 4 quarter squares.**

## MAGIC COLOR SHAPES

Die 16 Spielsteine haben vier verschiedene Formen: Quadrat, Sechseck, Achteck und Stern, jedes Formen-Set steht jeweils in den vier Farben Gelb, Rot, Grün und Blau zur Verfügung.

004 8

1

2

3

4

5

6

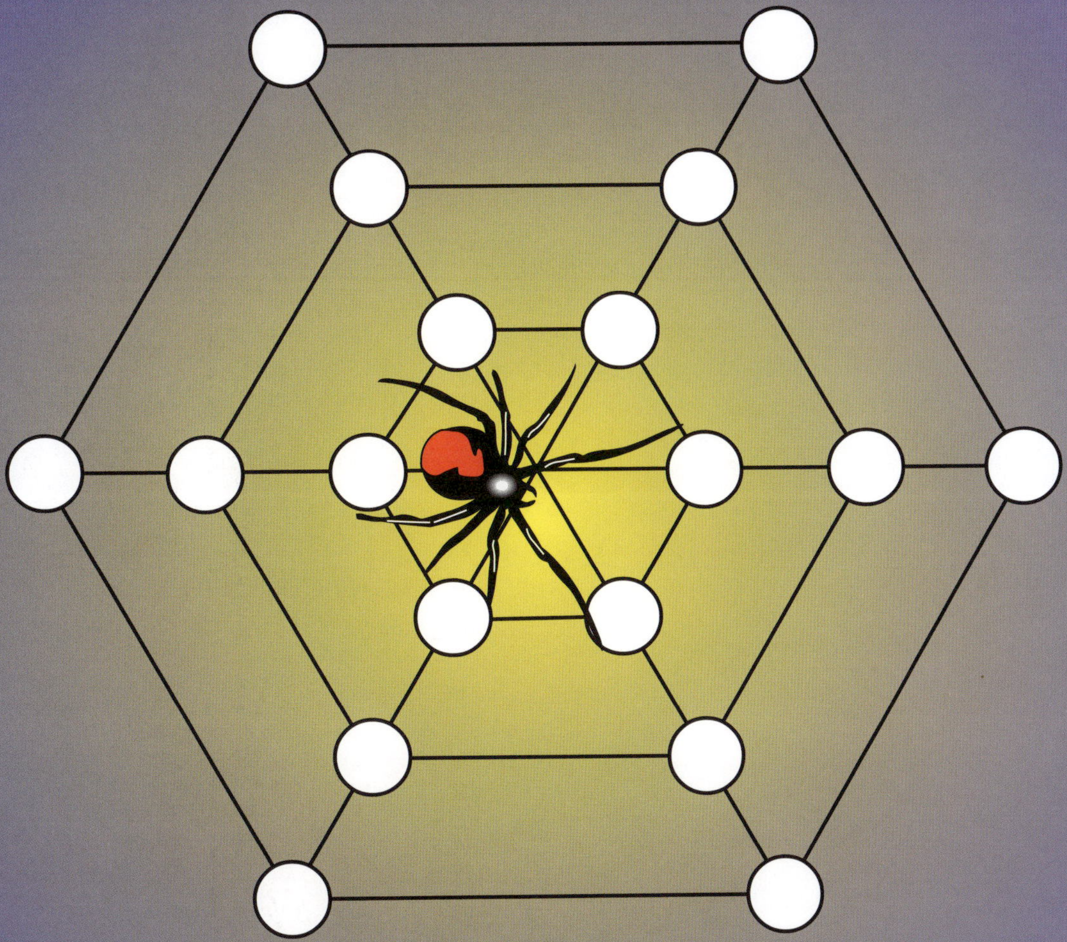

## DIE SPINNE VON JEREMIAH FARRELL

### Magische Sechsecke

***Rätsel 1*** Platzieren Sie fortlaufende Zahlen von 1 bis 18 so auf den Spinnweben, dass auf den drei Sechsecken und auf jeder Diagonalen die Summe der Zahlen jeweils 57 ergibt.

***Rätsel 2*** Platzieren Sie die sechs Buchstaben des Wortes SPIDER in den weißen Kreisen.

## DER MAGISCHE WÜRFEL VON JEREMIAH FARRELL

Jeremiah Farrell erfand einen sehr speziellen magischen Würfel: 27 Standardwürfel sind so zu einem 3x3x3-Würfel zusammengefügt, dass dessen Kanten magische Beziehungen zueinander haben.

Die Abbildung zeigt den magischen Würfel als entfaltetes Netz, das alle seine Seiten sichtbar macht. Das Magische liegt in den Zeilen und Spalten, wie auch bei magischen Quadraten, nur dass es bei einem dreidimensionalen Gebilde natürlich noch viel magischer zugeht. Außerdem scheinen auch die vier Seiten des Würfels, die Sie sehen, wenn Sie ihn wie in der Abbildung auf einen Tisch legen, besondere geheimnisvolle Gesetzmäßigkeiten zu bergen.

Wählen Sie eine der Diagonalen, der Zeilen oder der Spalten auf einer Würfelseite. Dann addieren Sie die Zahlen der Diagonalen, Zeilen oder Spalten auf den vier Seiten. Die Summe ist immer 42.

Wenn Sie zum Beispiel die zweite Zeile einer Seite (oben) ansehen, dann ergibt sich aus den Summen 4+1+3 **= 8**, plus 2+4+5 **= 11**, plus 3+6+4 **= 13**, plus 5+3+2 **= 10 die Gesamtsumme 42**.

**Probieren Sie doch einmal aus, ob diese magischen Eigenschaften immer gelten, egal, wie Sie den Würfel auf den Tisch legen.**

Wenn Sie wollen, können Sie sich einen aus 27 Standardwürfeln zusammengeklebten magischen Würfel basteln.

Jeremiah Farrell ist Professor für Mathematik im Ruhestand an der Butler University von Indianapolis. Er unterrichtet immer noch Studenten in speziellen Fachgebieten wie Kombinatorik und ist als Erfinder genialer logischer Rätsel und Knobelspiele bekannt. Farrell organisiert auch Treffen von Gardner-Anhängern („Martin's People's"), die sich alle zwei Jahre zu den „Gatherings for Gardner"-Konferenzen in Atlanta zusammenfinden.

## DECAPUZ

Kopieren Sie die neun Zehnecke und legen Sie sie so aneinander, dass die Farben der jeweils benachbarten Seiten gleich sind. Die Formen sollten ihren Standort nicht verändern, sondern lediglich gedreht werden.

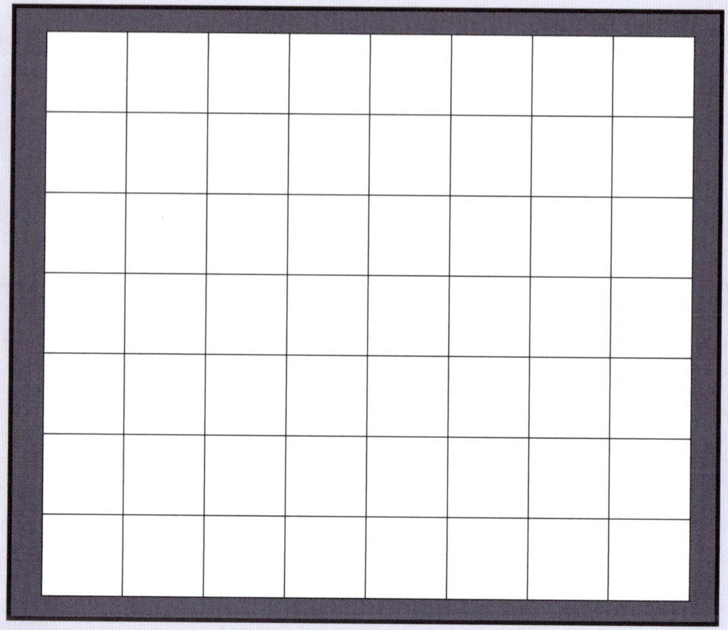

## FARBMATADOR

### Farbdomino – ultimativer Knobelspaß

**Ein Spieler**

Können Sie die 28 Farbdominosteine auf dem 7x8-Spielbrett so anordnen, dass sie, abgesehen von den acht hellgrauen Quadraten, 12 der unten gezeigten 2x2-Farbquadrate bilden?

**Mehrere Spieler**

Zwei Spieler legen im Wechsel immer einen Farbdominostein neben einen bereits gelegten Stein. Der erste Spieler, der keinen Stein legen kann, ohne das Farbschema zu verletzen, hat verloren.

007 5

## GEOMETRISCHE ZERLEGUNG UND TRANSFORMATIONEN

Wird eine Figur zerschnitten und die Einzelteile lassen sich zu einer neuen Form zusammenfügen, spricht man von einer **geometrischen Zerlegung.** Eine geometrische Figur zu zerlegen und die Teile so anzuordnen, dass eine neue, flächengleiche Form entsteht, war für Mathematiker immer schon eine interessante Aufgabe. Der deutsche Mathematiker Hilbert bewies, dass dies mit genügend Zerlegungen immer möglich ist. Die bekannten Rätsel-Erfinder Sam Loyd und Henry Dudeney arbeiteten an Transformationen aus möglichst wenigen Teilen. Sie wetteiferten um immer bessere Lösungen, was uns Rätselfreaks eine Reihe spannender Rätsel und Entwürfe einbrachte.

**008 5**

## DREHBARE POLYGONE – TRANSFORMATION VON DUDENEY

Vier unregelmäßige Polygone sind so aneinandergehängt, dass sich die gezeigte Form ergibt. Können Sie sich das Ergebnis vorstellen, wenn die Polygone um ihre Aufhängungen gedreht werden, im Uhrzeigersinn und im Gegenuhrzeigersinn? Ist das Ergebnis jeweils dasselbe?

## HENRY ERNEST DUDENEY (1857–1930)

Henry Dudeney, britisches Pendant des amerikanischen Puzzle-Meisters Sam Loyd, war Autor, Mathematiker und Erfinder vieler origineller Denkspiele. Loyd und Dudeney tauschten unablässig Ideen aus, arbeiteten zusammen Rätsel aus und veröffentlichten gemeinsam Artikel in Fachzeitschriften. Dudeney war überzeugt, das Lösen von Rätseln sei eine höchst kreative Beschäftigung, die das Denken sowie die logische Entscheidungsfindung fördert. Seine bedeutendste mathematische Entdeckung war das „Haberdasher-Problem", das wir hier zeigen.

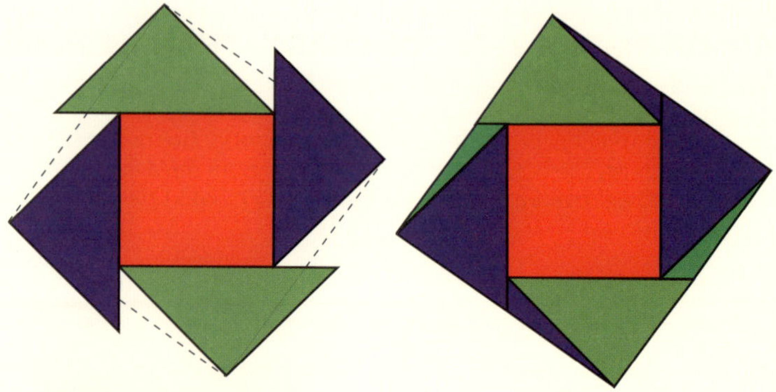

## EIN QUADRAT AUS DREI QUADRATEN

Wefas geniale und elegante Zerlegung aus dem 9. Jahrhundert: Zerlegung in neun Teile.

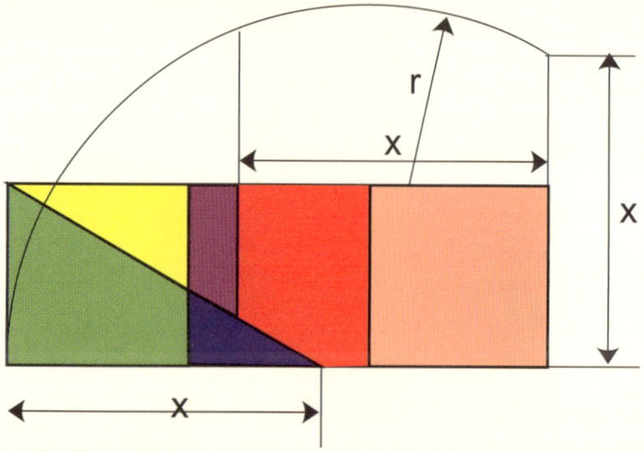

## EIN QUADRAT AUS DREI QUADRATEN

Dudeney schaffte es, Wefas Zerlegung zu toppen, er brauchte zur Lösung nur sechs Teile.

## EIN QUADRAT AUS DREI QUADRATEN

Das Zerlegen geometrischer Formen beschäftigte Denker aller Epochen. Die erste systematische Abhandlung zu diesem Thema stammt von dem persischen Astronomen Abul Wefa (940-998 n. Chr.). In den Fragmenten dieses Werks findet man interessante Zerlegungsaufgaben wie: „Können Sie drei identische Quadrate so zerlegen und neu zusammensetzen, dass ein einziges großes Quadrat entsteht?“

Diese Denkaufgabe gehört zu den ersten Zerlegungsproblemen. Es geht dabei immer darum, eine geometrische Figur so zu zerlegen, dass sich die – möglichst wenigen – Teile zu einer anderen vorgegebenen Form zusammenfügen lassen. Der englische Mathematiker Henry Ernest Dudeney (1857-1930) gilt als Pionier dieses Rätseltyps. Er löste Wefas Aufgabenstellung mit nur sechs Teilen. Seitdem wird um neue Rekorde gewetteifert.

Es gibt viele Möglichkeiten, eine Fläche in Teile zu zerlegen. Einige davon haben einen ganz besonderen Reiz.

Den meisten Menschen macht es Spaß, kleinere Teile zu einem größeren Muster zusammenzufügen, zum Beispiel Fliesen in einem besonderen Muster zu legen. Man nennt diese Art von Formkreationen auch „Mosaik“. Ihre ganz eigenen Regeln lernen wir noch kennen.

Indem sie die Größenbeziehungen unterschiedlicher zusammenpassender Formen studierten, erkannten Mathematiker wichtige mathematische Gesetze. So hat zum Beispiel der Satz des Pythagoras seine Wurzeln in einer derartigen Beobachtung.

Wenn zwei Formen mit geraden Kanten (regelmäßige oder unregelmäßige Polygone) in unterschiedlichen Kombinationen zusammengesetzt werden können, sieht man sofort, dass die Fläche der entstehenden Figuren immer dieselbe ist. Umgekehrt können zwei Polygone gleicher Fläche in eine endliche Zahl von Teilen zerlegt werden, die sich dann wieder zu einer der Ursprungspolygone zusammensetzen lassen.

In der Unterhaltungsmathematik geht es bei Zerlegungen vor allem darum herauszufinden, wie sich eine Figur mithilfe möglichst weniger Zerlegungen zu einer neuen zusammenfügen lässt. Es ist noch gar nicht lange her, dass Mathematiker den hohen praktischen Wert dieser Zerlegungstheorie für die Flächen- und Körpergeometrie erkannt haben.

Oft sind bei Zerlegungsaufgaben die Teile vorgegeben. Wie etwa beim alten chinesischen Legespiel *Tangram* besteht dann die Aufgabe darin, so viele interessante Muster wie möglich zu legen.

Es können aber auch zwei bestimmte Polygone vorgegeben sein. Dann heißt die Aufgabe, Zerlegungsmöglichkeiten zu finden, um das eine Polygon in das andere zu transformieren. Dabei sollen üblicherweise so wenig Teile wie möglich verwendet werden.

Eine dritte, offensichtlich paradoxe Variante besteht darin, eine Form in Teile zu zerschneiden, einen Teil zu entfernen und mit den restlichen Teilen wieder die Ursprungsform zu legen. Obwohl dies eigentlich unmöglich ist, scheint es in manchen Knobelspielen zu gelingen.

009 10

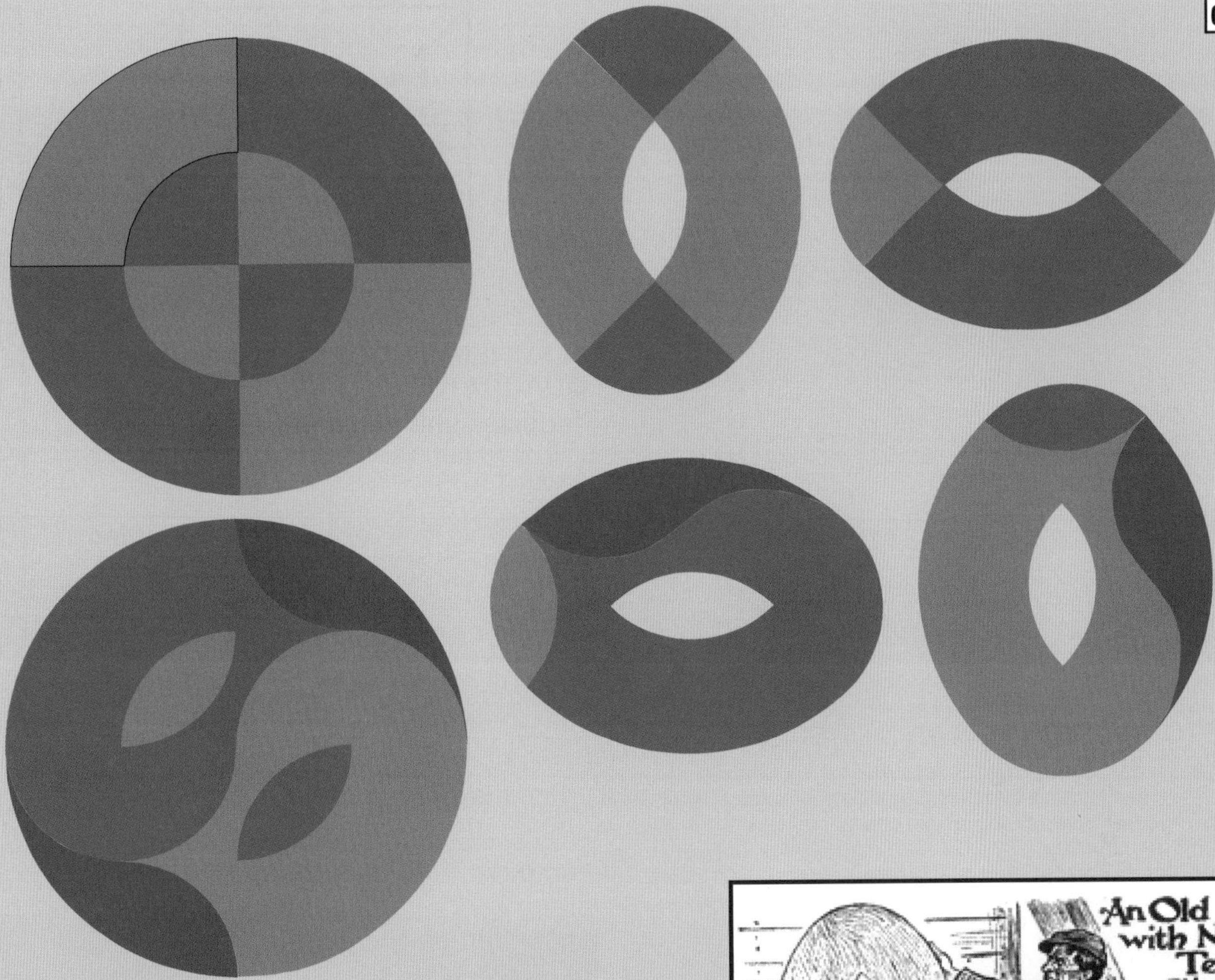

## OVALE TISCHE

In seinem 1821 publizierten Buch *Rational Amusement for Winter Evenings* stellt John Jackson das klassische Logikrätsel vor, dessen Ziel darin besteht, einen runden Tisch durch Zerlegung in zwei identische ovale Tische mit einem länglichen Loch in der Mitte zu transformieren. Das Bild oben zeigt seine Lösung mit acht Teilen. Sam Loyd überraschte in seiner *Cyclopedia of 5000 Puzzles, Tricks & Conundrums* mit einer Lösung mit nur sechs Teilen. Damit gab er sich jedoch nicht zufrieden, bis ihm eine verblüffend elegante 4-Teile-Lösung gelang. Kommen Sie auf diese Lösung?

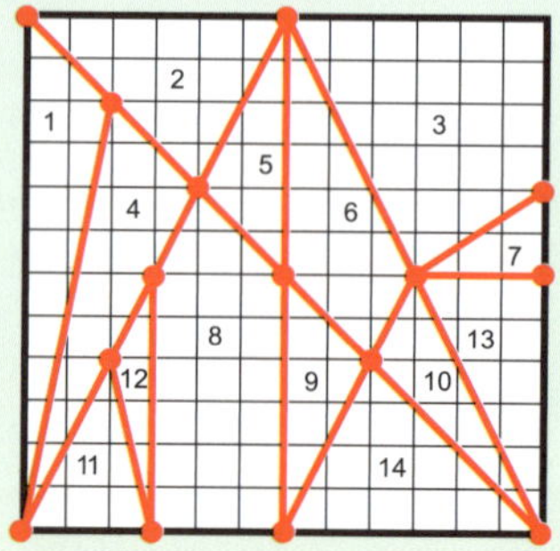


| | |
|---|---|
| 1 | |
| 2 | |
| 3 | |
| 4 | |
| 5 | |
| 6 | |
| 7 | |
| 8 | |
| 9 | |
| 10 | |
| 11 | |
| 12 | |
| 13 | |
| 14 | |

## DAS STOMACHION VON ARCHIMEDES

Das geniale Puzzlespiel, das unter den Namen Stomachion, Loculus Archimedius oder auch Elefantenpuzzle bekannt ist und als eines der ältesten Rätsel überhaupt gilt, geht auf den griechischen Philosophen Archimedes (287–212 v. Chr.) zurück. Archimedes hat angeblich ein Buch darüber geschrieben, das 2.000 Jahre verschollen war. Erst kürzlich tauchte es in Fragmenten wieder auf und erregte überall großes Interesse.

Das Spiel besteht aus 14 Teilen, die ein Quadrat bilden. Wie beim chinesischen Tangram sollen die Teile so zusammengelegt werden, dass abstrakte oder figürliche Muster entstehen. Im oben erwähnten Manuskript waren die Flächen der Spiele-Teile festgelegt.

Das Stomachion geht auf ein geometrisches Zerlegungsproblem zurück. Es galt herauszufinden, wie ein Quadrat so in 14 Teile zerlegt werden kann, dass das Verhältnis jeder Fläche zur Fläche des Quadrats einer rationalen Zahl entspricht. Wie groß sind die Flächen der 14 Teile des Stomachion?

Kopieren Sie die 14 farbigen Teile des Stomachion und schneiden Sie sie aus, um Figuren zu legen. Oben rechts ist die Struktur des Rätsels mit den Gitterpunkten eines 12x12-Rasters gezeigt. Unklar bleibt, ob in Archimedes' Spielversion die Teile umgedreht werden durften.

## FLÄCHENVERDOPPLUNG EINES QUADRATS

### Tangram und Stomachion

Ein mathematischer Lehrsatz, der angeblich von dem griechischen Philosophen Sokrates (469–399 v. Chr.) stammt, könnte Archimedes zu seinem Stomachion inspiriert haben. Plato (428–348 v. Chr.) beschrieb in seinem Dialog *Meno,* wie Sokrates einem Schüler beibrachte, dass die Seiten eines Quadrats nicht verdoppelt werden müssen, um seine Fläche zu verdoppeln. In seiner einfachsten Form lässt sich dieser mathematische Lehrsatz durch die vier gleichschenkligen rechtwinkligen Dreiecke demonstrieren, wie unten gezeigt.

Ein hochinteressanter Zusammenhang lässt sich zwischen diesen vier gleichschenkligen, rechtwinkligen Dreiecken, dem Stomachion und dem viel jüngeren chinesischen Tangram erkennen. Fügt man vier Linien hinzu, die die vier Dreiecke teilen, erhält man das unten gezeigte klassische 7-Teile-Tangram, mit acht Linien dagegen das 14-Teile-Stomachion von Archimedes.

**Verdopplung des Quadrats**

**Tangram**

**Rechtwinkliges Stomachion**

**Quadratisches Stomachion**

010 9

# DER SATZ DES PYTHAGORAS

Nach Thales war Pythagoras (572-475 v. Chr.) ein weiterer herausragender Mathematiker der Griechischen Antike. Ihm gelang der Beweis des nach ihm benannten genialen und fundamentalen **Satz des Pythagoras.**

Heute weiß man, dass interessanterweise schon Babylonische Mathematiker den Satz des Pythagoras und seine Beziehung zu rechtwinkligen Dreiecken verstanden. Dies geht aus einer Babylonischen Tontafel mit der Bezeichnung Plimpton 322 hervor, die aus der Zeit zwischen 1900 und 1600 v. Chr. stammt, mehr als tausend Jahre bevor Pythagoras geboren wurde.

Eine weitere elementare Pythagoreische Entdeckung war die der irrationalen Zahlen.

Der Satz des Pythagoras gilt als der älteste Lehrsatz der Geometrie überhaupt. Er ist wahrscheinlich der erste Beleg dafür, wie durch abstrakte Symbole der Weg von der Idee zur Lösung dargestellt wird (und nicht umgekehrt). Dies war die Geburtsstunde einer echten mathematischen Wissenschaft, die auf abstraktem mathematischem Denken beruht. Aus der Beobachtung der Babylonier und Ägypter, dass allen rechtwinkligen Dreiecken eine wunderbare geometrische Beziehung und Gesetzmäßigkeit zugrunde liegt, entwickelte man die Fähigkeit, zu generalisieren und das Beobachtete zu beweisen.

Der Satz des Pythagoras dürfte jedem bekannt sein, zumindest vom Hörensagen. Er drückt die Relationen zwischen den beiden kurzen Seiten (Katheten) und der längeren Seite (Hypotenuse) eines rechtwinkligen Dreiecks aus.

Für die Mathematik war dieser Lehrsatz von so elementarer Bedeutung, dass im Laufe der Jahrhunderte unzählige Mathematiker und Denker versuchten, eigene Ansätze zu finden, ihn zu beweisen. Leonardo da Vinci war nur einer davon, und auch heute noch werden neue Beweisführungen veröffentlicht.

Der Satz lautet: Die Fläche des Quadrats über der Hypotenuse entspricht der Summe der Flächen der Quadrate über den zwei Katheten.

Der Satz kann in der Formel $\mathbf{a^2 + b^2 = c^2}$ ausgedrückt werden, wobei **a** und **b** die beiden kürzeren Seiten (Katheten) bezeichnen und **c** die Hypotenuse.

Ein ***rechtwinkliges*** Dreieck gehorcht dem ***Gesetz des Pythagoras.***

Aber was bedeutet dies nun genau?

Rein rechnerisch erlaubt es uns, rechtwinklige Dreiecke zu konstruieren, indem wir eine der drei Seitenlängen a, b, c verwenden, die das pythagoreische Gesetz $a^2 + b^2 = c^2$ erfüllen.

Zum Beispiel:

$3^2 + 4^2 = 9 + 16 = 25 = 5^2$

Daraus folgt, dass ein Dreieck mit den Seitenlängen 3, 4 und 5 ein rechtwinkliges Dreieck sein muss. Mit ganzen Zahlen lassen sich viele dieser sogenannten „pythagoreischen Tripel" aufstellen. In der Geometrie beweist der Satz des Pythagoras die Gleichheit von Flächen. Das Quadrat, das über der Hypotenuse c errichtet ist, hat genau dieselbe Fläche wie die Quadrate über den beiden Katheten zusammen.

# PYTHAGORAS (569 – 475 v. CHR.)

Pythagoras wurde auf der griechischen Insel Samos geboren. Viele halten ihn für den ersten „echten" Mathematiker. Seine Anhänger formierten sich in einer Kultgemeinschaft, die sich mit großer Leidenschaft mathematischen Studien hingab. Ihr Motto lautete „Zahlen regieren das Universum". Von den schriftlichen Werken des Pythagoras blieb nichts erhalten, und nur aus Überlieferungen, von denen sich einige auf Originalquellen berufen, erfahren wir etwas über sein Leben.

Einige der Glaubensinhalte und Prinzipien des Pythagoras und seiner Anhänger waren:

1. In ihrem tiefsten Kern ist die Realität mathematischer Natur;
2. Philosophie dient der Reinigung des Geistes;
3. Die Seele kann die Vereinigung mit dem Göttlichen erreichen;
4. Bestimmte Symbole haben mystische Bedeutung;
5. Alle Mitglieder der Gemeinschaft sollten sich zu Treue und Geheimhaltung bekennen.

Während über Pythagoras selbst wenig bekannt ist, gilt als sicher, dass seine Schüler äußerst wichtige Beiträge zur Mathematik geliefert haben, vor allem auf dem Gebiet allgemeiner mathematischer Konzepte wie dem Zahlensystem, geometrischer Figuren und der abstrakten mathematischen Beweisführung.

# DIE BABYLONISCHE TAFEL (YALE-TAFEL)

Diese Tontafel aus der Zeit um 1800-1600 v. Chr. beweist, dass die Babylonier mit bemerkenswerter Genauigkeit die Quadratwurzel einer Zahl (z.B. $\sqrt{2}$) berechnen konnten. Damit war es sogar möglich, auf einfache Weise die Diagonale eines Quadrats zu berechnen, indem man die Seite des Quadrats mit der Quadratwurzel von 2 ($\sqrt{2}$) multiplizierte.

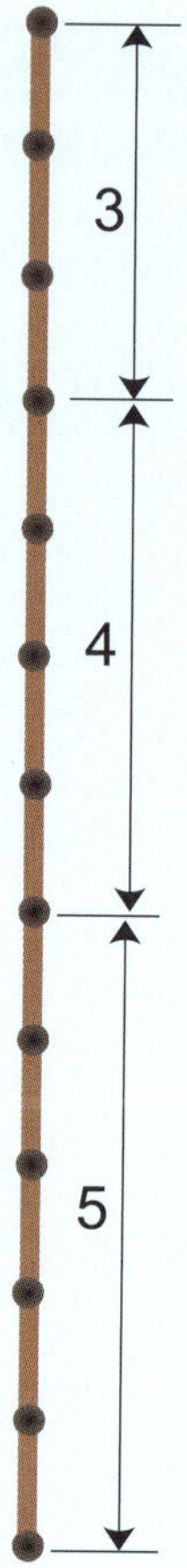


Das ägyptische Seil

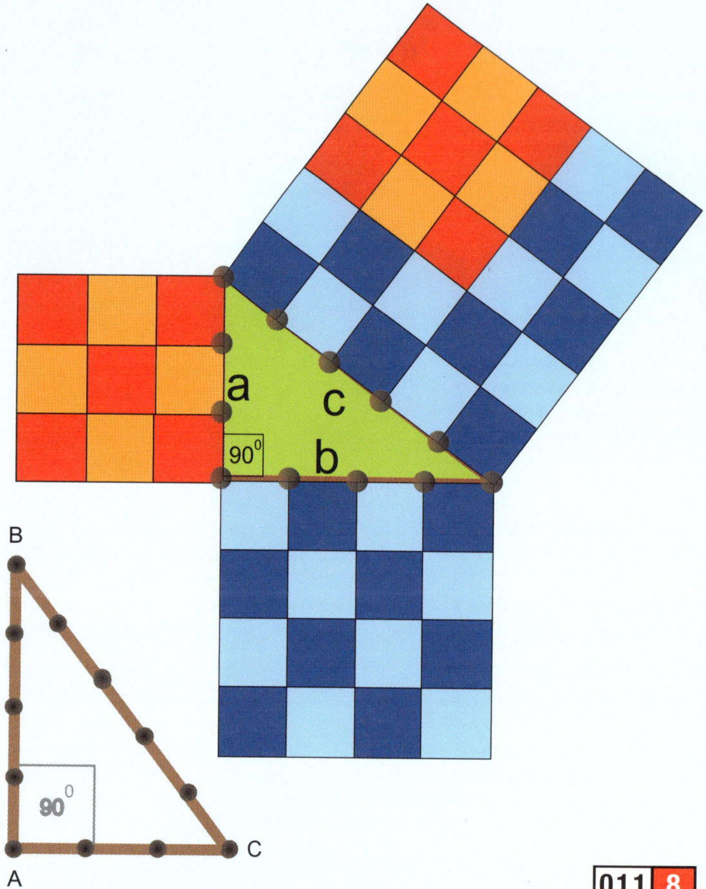


## ÄGYPTISCHES DREIECK

Mit einem Seil, das durch 12 Knoten in 12 gleiche Teile aufgeteilt ist, konstruierten ägyptische Landvermesser angeblich nahezu perfekte rechte Winkel. Das mit dem Seil erzeugte Dreieck, häufig auch ägyptisches Dreieck genannt, hat das Seitenverhältnis 3:4:5. Mathematiker demonstrieren an diesem Dreieck gerne den Satz des Pythagoras: „Das Quadrat über der Hypotenuse (der längsten Seite des Dreiecks) entspricht der Summe der Quadrate über den beiden anderen Seiten." Die Abbildung beweist die Gültigkeit des Satzes des Pythagoras für das ägyptische Dreieck.

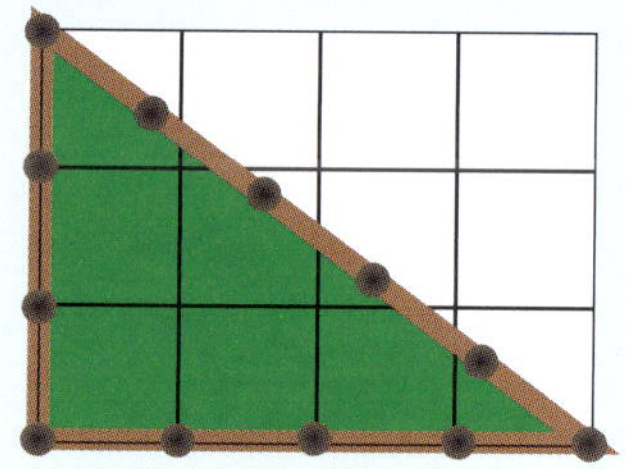

Das ägyptische Seil, gespannt zum ägyptischen Dreieck mit der Fläche 6 Einheiten

011 8

## ÄGYPTISCHES DREIECK UND SEILRÄTSEL

Bereits um 2000 v. Chr. kannten die alten Ägypter ein einfaches Zahlensystem und beschäftigten sich mit der Geometrie von Dreiecken, Pyramiden und anderen Figuren.

Man nimmt an, dass die ägyptischen Landvermesser eine geniale Methode anwendeten, um rechte Winkel zu erzeugen. Sie verwendeten ein Seil der Länge 12 Einheiten, das sie durch Knoten in 12 gleiche Abschnitte teilten. Sie fixierten das Seil zwischen den Punkten A und B und zogen an Punkt C das Seil straff. Das Ergebnis war ein rechter Winkel und ein rechtwinkliges Dreieck mit der Fläche 6 Einheiten.

Es lassen sich mit einem Seil auch andere Formen erzeugen.

(1) Können Sie mit einem Seil ein Polygon mit einer Fläche von 4 Einheiten erzeugen? Eine Lösung zeigt die Abbildung; finden Sie noch andere Lösungen?

(2) Welches ist die größte Fläche, die ein ägyptisches Seil einschließen kann, das zwischen zwei Punkten straff gehalten wird?

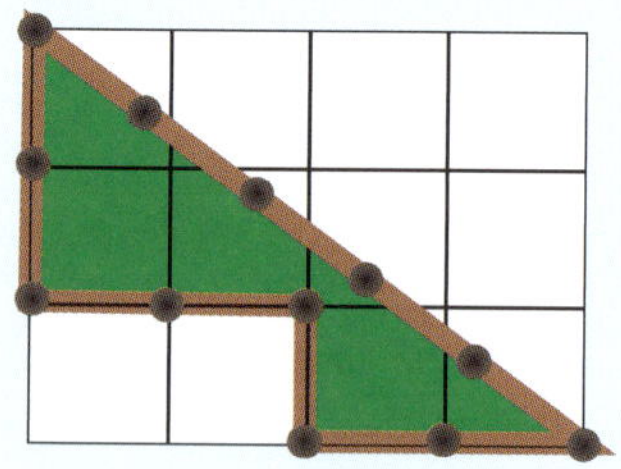

Das ägyptische Seil, gespannt zu einem Polygon mit der Fläche 4 Einheiten.

1

3

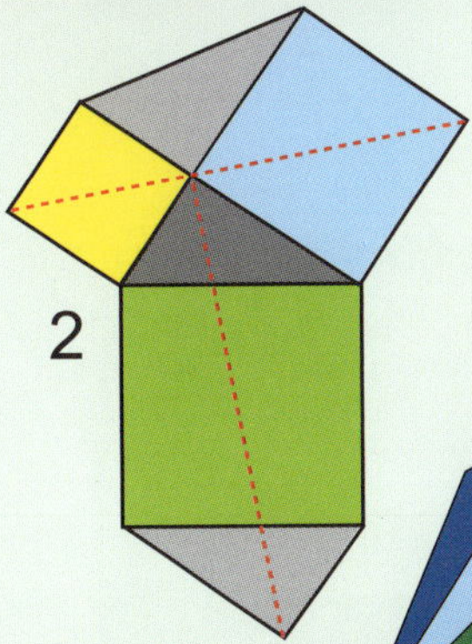

2

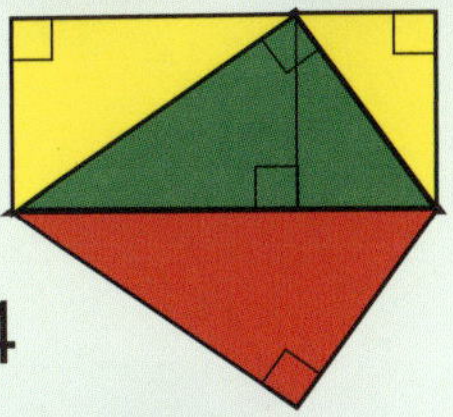

4

012 7

## DER SATZ DES PYTHAGORAS

### Die schönsten Beweise

Das Buch von Eli Maor *Pythagorean Theorem: A 4,000-year History* gehört zu den beeindruckendsten Abhandlungen zum Satz des Pythagoras. Maor schreibt:

„Warum interessiert uns der Satz von Pythagoras so universell und nachhaltig? Teilweise sicher deshalb, weil über die Jahrhunderte so viele Beweise dazu vorgelegt wurden. Elisha Scott Loomis (1852–1940), ein außergewöhnlicher Mathematiker aus Ohio, verbrachte sein ganzes Leben damit, eine Sammlung der insgesamt 371 Beweise in seinem Buch *The Pythagorean Proposition* (1927) der Öffentlichkeit zu präsentieren. Loomis berichtet, dass im Mittelalter Mathematikstudenten in ihrer Abschlussprüfung einen neuen eigenen Beweis vorlegen mussten. Sie nutzten dazu die Ähnlichkeit von Dreiecken, Zerlegung, algebraische Formeln oder Vektoren. In einem Wissenschaftsmuseum in Tel Aviv, Israel, wohnte ich einer Demonstration bei, bei der eine gefärbte Flüssigkeit zwischen den Quadraten über der Hypotenuse und den beiden Katheten eines rotierenden rechtwinkligen Plexiglasdreiecks frei fließen konnte. Es war dabei gut zu sehen, dass das Flüssigkeitsvolumen in dem ersten Quadrat dem der beiden anderen Quadrate entspricht. Letztlich dürfte der Hauptgrund für das allgegenwärtige Interesse, das dem Satz des Pythagoras von je her zuteil wurde, wohl darin liegen, dass er bei Weitem der am meisten angewandte mathematische Lehrsatz ist."

Ich möchte Ihnen ein paar brillante bildhafte Beweise des pythagoreischen Lehrsatzes vorstellen:

(1) Diese Darlegung des Theorems findet sich auf einer Babylonischen Tafel aus der Zeit um 1900 v. Chr., viele Jahrhunderte bevor Pythagoras lebte (ca. 572–475 v. Chr.). Pythagoras gilt als der Erste, der das Theorem bewiesen hat, vermutlich mithilfe von Zerlegung, wie es auch in der genialen Darlegung im *Chou Pei Suan Ching* (bekannt unter dem Namen „Das Zhou Gnomon"), einem alten chinesischen Manuskript von etwa 200 v. Chr., demonstriert wird.

(2) Dieser Beweis stammt von dem italienischen Universalgenie Leonardo da Vinci (1452–1519).

(3) 1945 veröffentlichte der New Yorker Mathematiker Hermann Baravalle einen dynamischen Beweis in fünf Schritten.

(4) Den einfachsten Beweis legte der amerikanische Physiker Stanley Jashemski vor, als er 19 Jahre alt war. Eli Maor erfand ihn unter dem Namen „the folding bag" (Falttasche) neu.

Können Sie die Beweise nachvollziehen?

## DER SATZ DES PYTHAGORAS

### Verallgemeinerungen

Wir wissen, dass die Flächen der zwei Quadrate über den Seiten eines rechtwinkligen Dreiecks genauso groß sind wie die Fläche des Quadrats über der Hypotenuse. Weniger bekannt ist, dass dieses pythagoreische Gesetz auch für eine Vielzahl anderer geometrisch ähnlicher Figuren gilt. Einige sehen Sie in der Abbildung oben.

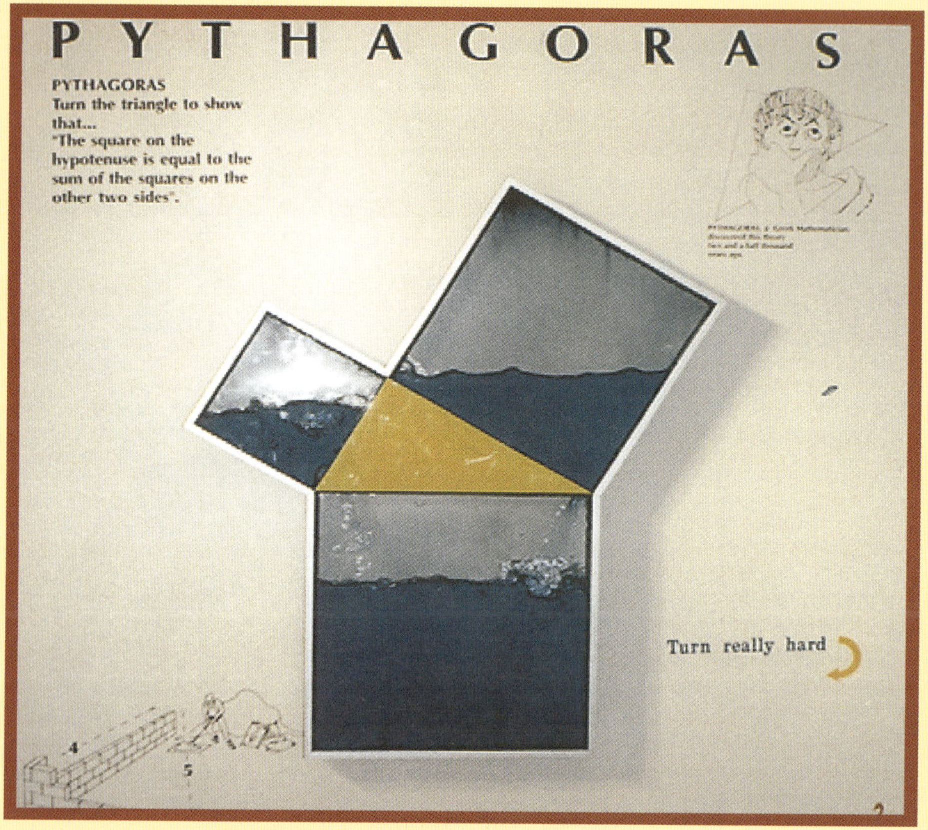


## DEMONSTRATIONSKASTEN-SERIE ZUM SATZ DES PYTHAGORAS

### Klassische und verallgemeinerte Formen

Diese Serie demonstriert die pythagoreischen Beziehungen mithilfe gefärbter Flüssigkeiten, die von einer Kammer in die beiden anderen fließen.

## DYNAMISCHE DEMONSTRATIONSKÄSTEN

### Wissenschaft und Kunst

In den späten 1950er Jahren konstruierte ich eine Reihe von Demonstrationskästen, mit denen sich elementare physikalische und mathematische Gesetze, besonders solche der Fluidmechanik, visualisieren lassen.

Physikalische Versuche in Klassenzimmern sind üblicherweise recht aufwendig. Meist erfordern sie sperrige Vorrichtungen und Aufbauten, oft für eine einzige Demonstration. Der Grundgedanke meiner „dynamischen Demonstrationskästen" war es, genau dies zu vermeiden und Versuche in der Schule zu vereinfachen. Die Kästen waren luftdicht versiegelt, transparent, wiederverwendbar und gefüllt mit Flüssigkeiten und anderen beweglichen Teilen, die sich dazu eigneten, verschiedene Phänomene sichtbar zu machen. Die Versuche waren beliebig oft wiederholbar.

Bis in die späten 1970 er Jahre wurden meine Demonstrationskästen von der israelischen Firma Orda Industries gebaut. Ursprünglich für das Klassenzimmer gedacht, schätzte man sie bald auch als wissenschaftliche Spielzeuge, Puzzles und Objekte kinetischer Kunst. Einige davon, vor allem die etwas größeren, wurden zu begehrten Kunstgegenständen und erregten weltweit auf Ausstellungen für kinetische Kunst und in Wissenschaftsmuseen – einschließlich der Cybernetic Serendipity in London (1968) und der didacta in Basel (1970) – großes Interesse. Einige Modelle wie etwa die Serie zum Satz des Pythagoras und die „HexCell"-Skulptur, die die Eigenschaften kleinster Seifenstrukturen zeigt, haben heute noch ihren Platz in Museen der Wissenschaft.

013 4

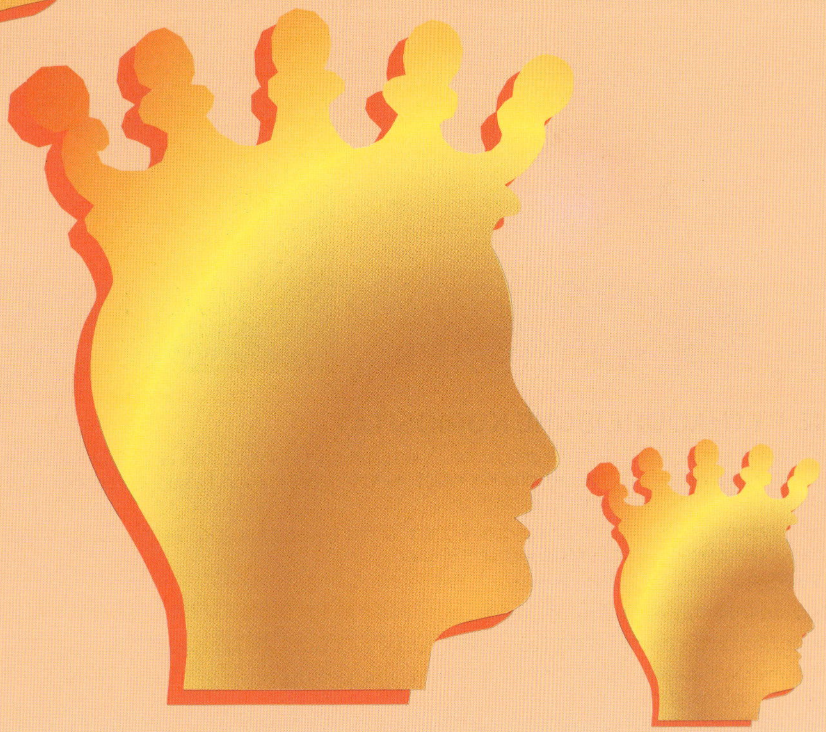

## DIE GEDENKTAFELN DES KÖNIGS

Ein König wünschte sich zu einer Festveranstaltung eine goldene Gedenktafel, die sein Profil zeigt. Man überreichte ihm drei Tafeln in drei verschiedenen Größen mit dem Größenverhältnis

5 : 12 : 13.

Die drei Tafeln waren gleich dick. Der König konnte sich nicht entscheiden, ob er die zwei kleineren oder die größere Tafel nehmen sollte.

Welche würden Sie wählen?

## DIE PYTHAGOREISCHE KURIOSITÄT

In seinem gefeierten Buch *The Pythagorean Proposition* stellt Elisha Loomis eine Figur vor, die er „the Pythagorean Curiosity“, Pythagoreische Kuriosität, nannte. Mein Entwurf basiert auf Loomis Figur und erweitert sie um das Element der Unendlichkeit.

Abgesehen vom Satz des Pythagoras demonstriert Loomis´ Konstrukt noch ein paar weitere geometrische Beziehungen zwischen den Seitenlängen und Flächen:

- die gelben Dreiecke und die Pythagoras-Dreiecke haben gleiche Flächen;
- die violetten Trapeze haben gleiche Flächen;
- die Flächen der beiden roten Quadrate entsprechen der Fläche von fünf blauen Quadraten usw.

(Loomis machte seine „Kuriosität“ bei John Waterhouse ausfindig, einem New Yorker Ingenieur aus dem späten 19. Jahrhundert).

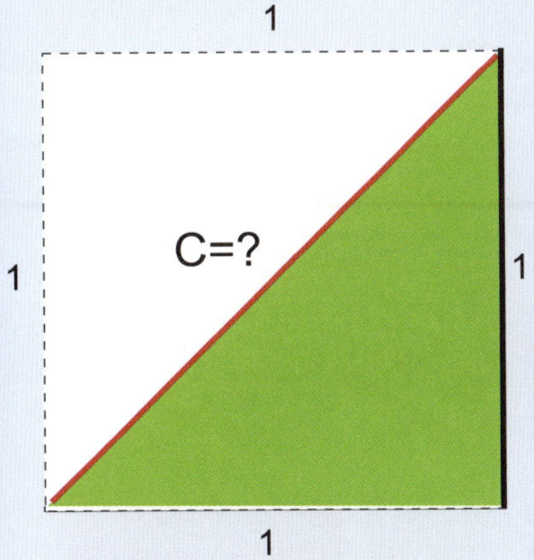


$$1^2 + 1^2 = 2^2$$

$$\sqrt{2} = 1.4142$$

## DIE ENTDECKUNG DER IRRATIONALEN ZAHLEN

Ganze Zahlen und Brüche (Zahlen, die als Verhältnis zweier Zahlen ausgedrückt werden können) nennt man rationale Zahlen. Zahlen, die nicht als Brüche geschrieben werden können, heißen irrationale Zahlen.

Im antiken Griechenland vermutete man, dass jede Strecke oder Fläche, die man errechnen kann, sich auch als rationale Zahl ausdrücken lassen müsste. Die Pythagoreer, wie man die Anhänger des im 6. Jahrhundert v. Chr. wirkenden Mathematikers Pythagoras nannte, waren fasziniert von rechtwinkligen Dreiecken: Sie maßen die Diagonale eines Quadrats und entdeckten, dass sie ihre Länge nicht als rationale Zahl ausdrücken konnten. Erstmals gelang es dem Pythagoreer Hippasos von Metapont (um 500 v. Chr.), mit dem Satz des Pythagoras zu beweisen, dass die Diagonale eines Quadrats, dessen Seiten rationalen Zahlen entsprechen, selbst keiner rationalen Zahl entspricht. Hippasos gilt deshalb im Allgemeinen als Entdecker der irrationalen Zahlen.

Die Hypotenuse eines rechtwinkligen Dreiecks mit zwei gleichen Katheten der Länge 1 hat eine Länge von 1,4142… Diese irrationale Zahl ist bekannt als „Konstante von Pythagoras". Sie kann nicht als Bruch ausgedrückt werden, sondern nur als Dezimalzahl ohne erkennbares Wiederholungsmuster.

Mit der Konstante von Pythagoras lässt sich die Diagonale eines beliebig großen Quadrats ganz einfach berechnen. Multiplizieren Sie die Seitenlänge des Quadrats mit der Pythagoreischen Konstante, so erhalten Sie die Länge der Diagonalen des Quadrats.

**ZAHLENREIHE**

NATÜRLICHE ZAHLEN, NULL > GANZE ZAHLEN

INTEGER, positive-negative BRÜCHE > RATIONALE ZAHLEN

RATIONALE ZAHLEN, **IRRATIONALE ZAHLEN** > **REELLE ZAHLEN**

**014 9**

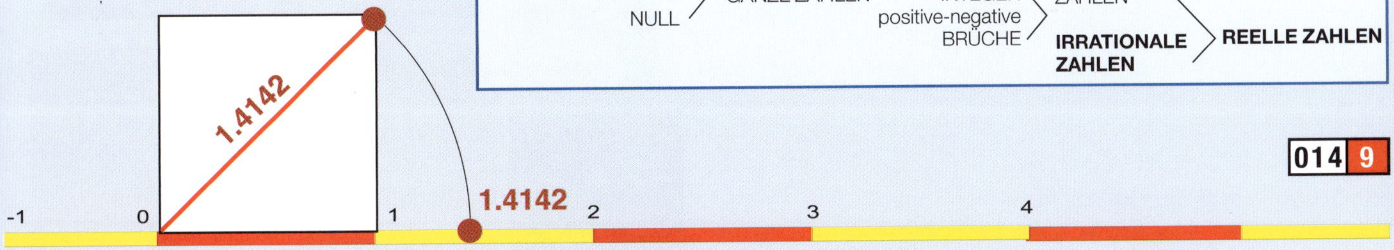


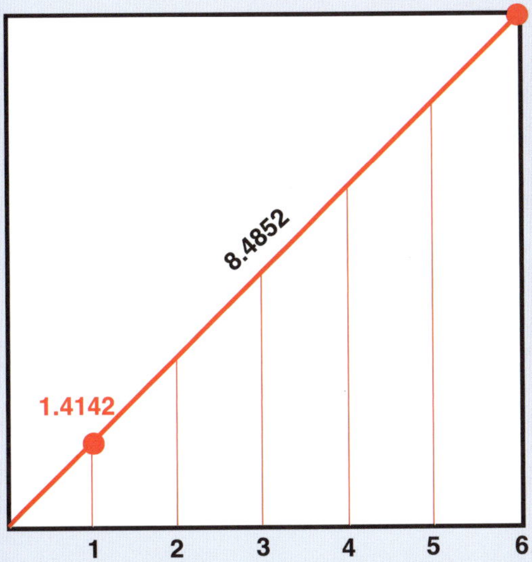


**Finden Sie eine irrationale Zahl auf der Zahlenreihe, zum Beispiel die Quadratwurzel aus 2?**

## DIAGONALE DES QUADRATS

Können Sie die Diagonale eines Quadrats mit der Seitenlänge 6 bestimmen?

Wenden Sie einfach den Satz des Pythagoras an.

$C^2 = A^2 + B^2 = 6^2 + 6^2 = 72$

$C = \sqrt{72} = 8.4852\ldots$

Gibt es vielleicht noch einen viel einfacheren und schnelleren Weg zu diesem Ergebnis?

## KLEINSTES PERFEKTES RECHTECK

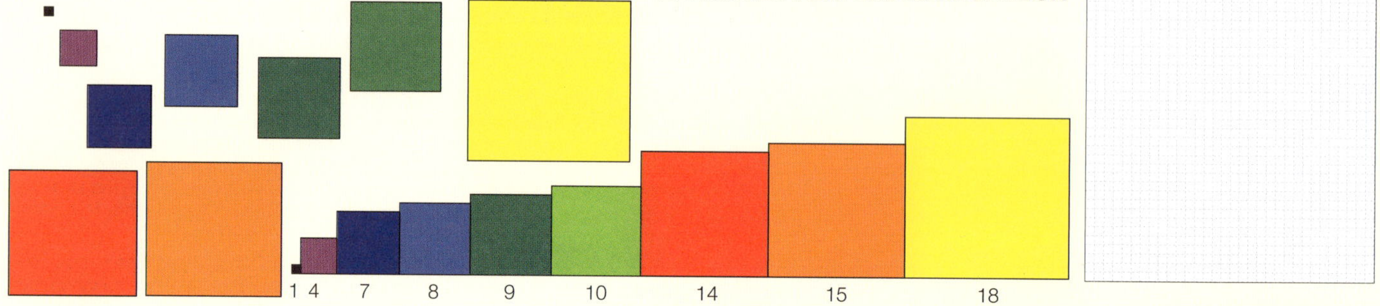


**015 7**

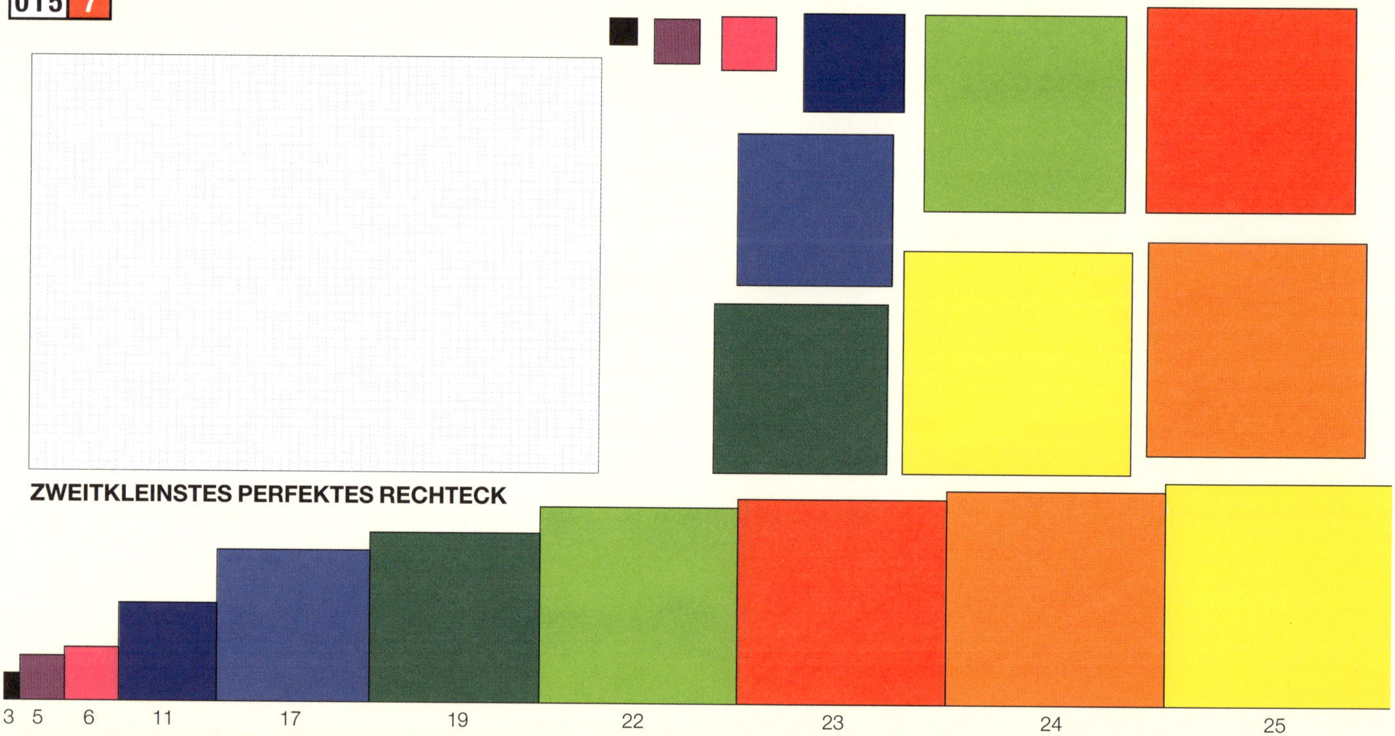


## ZWEITKLEINSTES PERFEKTES RECHTECK

## PERFEKTE RECHTECKE

Lässt sich ein Rechteck in unterschiedliche, kleinere Quadrate unterteilen? 1903 lieferte der deutsche Mathematiker Max Dehn den Beweis, dass bei einem in Quadrate zerlegten Rechteck die Größe der Quadrate und des Rechtecks selbst kommensurabel sind. Das bedeutet, sie besitzen einen gemeinsamen Teiler.

1909 stellte Z. Morón ein Rechteck vor, das sich in neun verschiedene Quadrate zerlegen lässt, und 1940 bewiesen Tutte, Brooks, Smith und Stone, dass dieses Rechteck das kleineste ist, das in neun verschiedene Quadrate zerlegt werden kann, und dass überhaupt kein Rechteck in acht oder weniger unterschiedliche Quadrate zerlegt werden kann.

Das kleinste perfekte Rechteck ist aus Quadraten mit den Seitenlängen **1, 4, 7, 8, 9, 10, 14, 15** und **18** Einheiten zusammengesetzt (s. oben). Morón fand auch das nächstkleinere perfekte Rechteck, das sich in 10 Quadrate mit den Seiten **3, 5, 6, 11, 17, 19, 22, 23, 24** und **25** zerlegen lässt (s. unten).

Die einzelnen Quadrate, aus denen sich beide Rechtecke zusammensetzen, sind gegeben. Fügen Sie sie zu Rechtecken zusammen. Welche Seitenlängen haben sie?

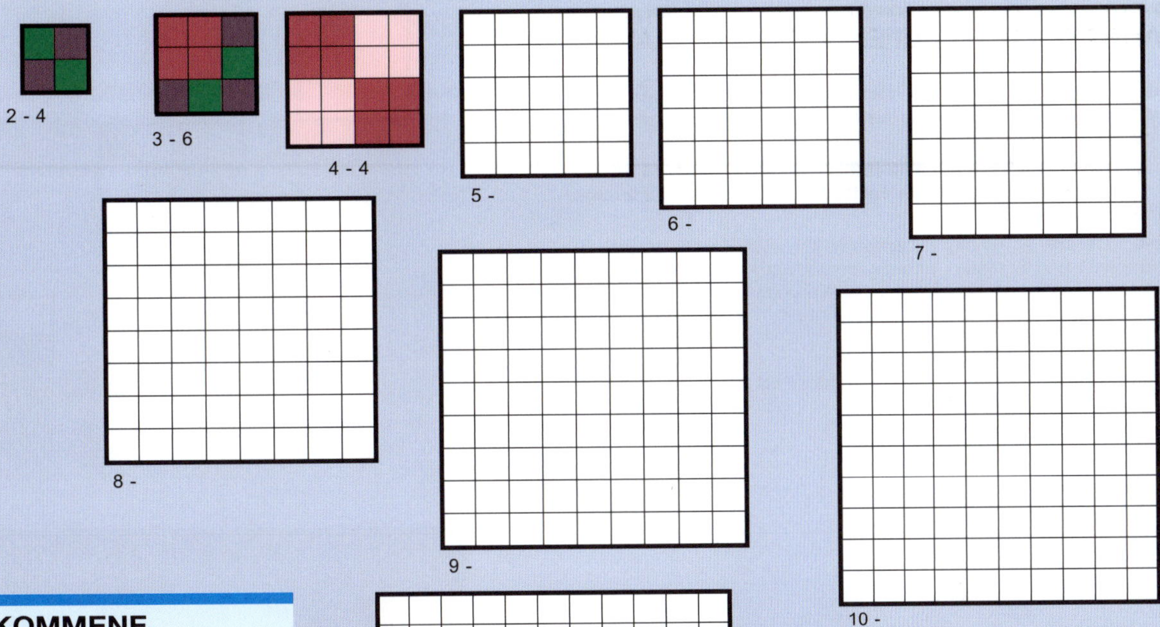


## UNVOLLKOMMENE QUADRATE

Unvollkommene Quadrate sind Quadrate, deren 1x1-Raster mit kleineren Quadraten „vollgepackt“ ist. Dabei darf es auch gleich große Quadrate geben. Welches ist die kleinste Zahl von Quadraten mit ganzzahliger Seitenlänge, in die sich ein Quadrat mit der Seite „n“ aufteilen lässt?

Die Abbildung zeigt Quadratraster der Größen 2x2 bis 13x3. Finden Sie für jedes die kleinste Zahl eingefügter Quadrate heraus. Wie es funktioniert, zeigen die Lösungen für die drei ersten Quadrate: Ein 2x2-Quadrat kann nur in vier kleine Quadrate zerlegt werden. Ein 3x3-Quadrat lässt sich in ein 2x2-Quadrat und fünf 1x1-Quadrate aufteilen, macht zusammen sechs Quadrate. Das 2x2-Quadrat könnte in ein 3x3-Quadrat und sieben 1x1-Quadrate aufgeteilt werden, was zusammen acht Teile ergibt, aber eine bessere Lösung ist die Zerlegung in vier gleich große 2x2-Quadrate. Im Allgemeinen sind die Lösungen für gerade Zahlen von „n“ ähnlich leicht zu finden, aber Sie werden sehen, dass es für Quadrate ungerader Seitenlänge schon etwas kniffliger wird.

016 5

## QUADRATE FORTLAUFENDER SEITENLÄNGE

Mit dem Zusammenfügen von verschieden großen Quadraten zu Figuren haben wir uns schon befasst. Eine besondere Variante und gleichzeitig ein Juwel der Unterhaltungsmathematik ist das Puzzlespiel, bei dem es um Quadrate mit den fortlaufenden Seitenlängen 1 bis „n“ geht.

**Die Aufgabe heißt: Gibt es ein großes Quadrat, das vollständig und ohne Überlappungen aus einer fortlaufenden Sequenz kleinerer Quadrate aufgebaut ist?**

Lassen Sie uns ein wenig experimentieren: Zwei Quadrate mit den Seitenlängen 1 und 2 können nicht zu einem Quadrat zusammengebaut werden. Die optimale Lösung wäre, sie in einem Quadrat mit der Seitenlänge 3 unterzubringen, doch nur mit einer Lücke. Genauso wenig gelingt ein Versuch mit Quadraten mit den Seitenlängen 1, 2, 3, ohne dass eine Lücke entsteht, auch die Sequenz 1, 2, 3, 4 funktioniert nicht. Um das Problem zu lösen, müssen wir zunächst einmal Flächen der Quadrate mit aufeinanderfolgenden Seitenlängen addieren, bis wir eine Quadratzahl erhalten.

Aber die Ergebnisse für

$\mathbf{1^2+2^2=5;}$
$\mathbf{1^2+2^2+3^2=14;}$
$\mathbf{1^2+2^2+3^2+4^2=30.}$

sind alle keine Quadratzahlen.

Wenn wir die Serie lange genug fortsetzen, erhalten wir schließlich

$\mathbf{1^2+2^2+3^2+4^2+ \ldots\ 24^2=4900=70^2}$.

Tatsächlich ist dies nicht nur die erste, sondern auch die einzige Möglichkeit, Quadrate mit aufeinanderfolgenden Seitenlängen zu einem großen Quadrat ohne Lücken zusammenzusetzen. Es handelt sich dabei um ein nicht ganz triviales Problem der Zahlentheorie, das lange ungelöst blieb.

Aus der Tatsache, dass die Flächen der ersten 24 Quadrate mit den Seiten 1 bis 24 zusammen der Fläche eines 70x70-Quadrats entsprechen, lässt sich ein wunderschönes geometrisches Puzzlespiel machen:

**Wie baut man die 24 Quadrate mit aufeinanderfolgenden Seitenlängen zu einem 70x70-Quadrat zusammen?**

Sie werden sich wundern: Die Lösung muss erst noch gefunden werden. Andererseits wurde aber auch nie bewiesen, dass es nicht möglich ist.

Vorerst muss also die Aufgabe umformuliert werden: Wie viele Quadrate mit fortlaufenden Seitenlängen 1 bis 24 lassen sich in ein 70x70-Quadrat packen? Die optimale bisher gefundene Lösung heißt: alle, bis auf eines. In allen bekannten Beispielen lässt sich das 7x7-Quadrat nicht einbauen, wie Sie im Beispiel auf der folgenden Seite sehen. Bereits 24 unterschiedliche Lösungen wurden vorgestellt, die alle das 7x7-Quadrat auslassen. Finden Sie eine Lösung mit einer „kleineren Lücke“, deren Fläche weniger als 7x7=49 beträgt?

Gehen wir das Problem praktisch an: Schneiden Sie die 24 Quadrate mit fortlaufenden Seitenlängen 1 bis 24 cm aus Pappkarton aus. Dann zeichnen Sie ein 70x70-cm-Quadrat mit einem 1x1-Raster und versuchen, so viele Ihrer ausgeschnittenen Quadrate wie möglich ohne Überlappungen in das Quadrat einzupassen.

Das 70x70-Quadrat ist die einzige Quadratzahl, die in der Summe der Quadrate mit aufeinanderfolgenden Seitenlängen auftaucht. Auch wenn Sie weitere Quadrate hinzufügen, werden Sie niemals eine weitere Quadratzahl erhalten. Diesen fast unglaublichen Beweis hat 1918 der englische Mathematiker Watson (1886–1965) geliefert. Wenn also je eine Lösung für dieses Rätsel gefunden wird, dann ist es das 70x70-Quadrat. Doch im Moment sieht es nicht danach aus.

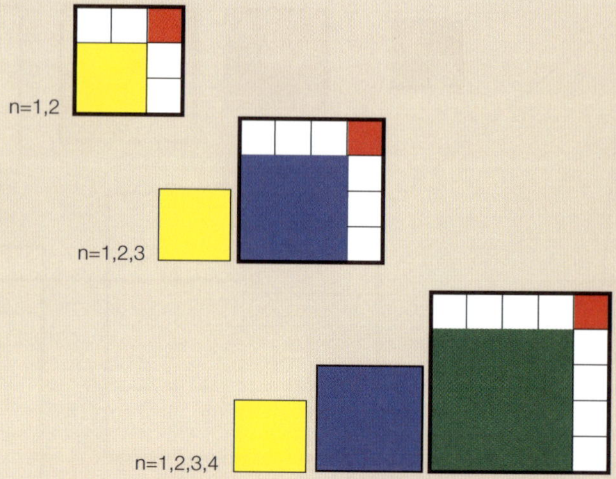

## AUFEINANDERFOLGENDE QUADRATE

Die Illustration zeigt die bisher beste Lösung: Aufeinanderfolgende Quadrate der Seitenlängen 1,2,3, ……., 24, eingepasst in ein 70x70-Quadrat, lediglich ohne das Quadrat mit der Fläche 7x7.

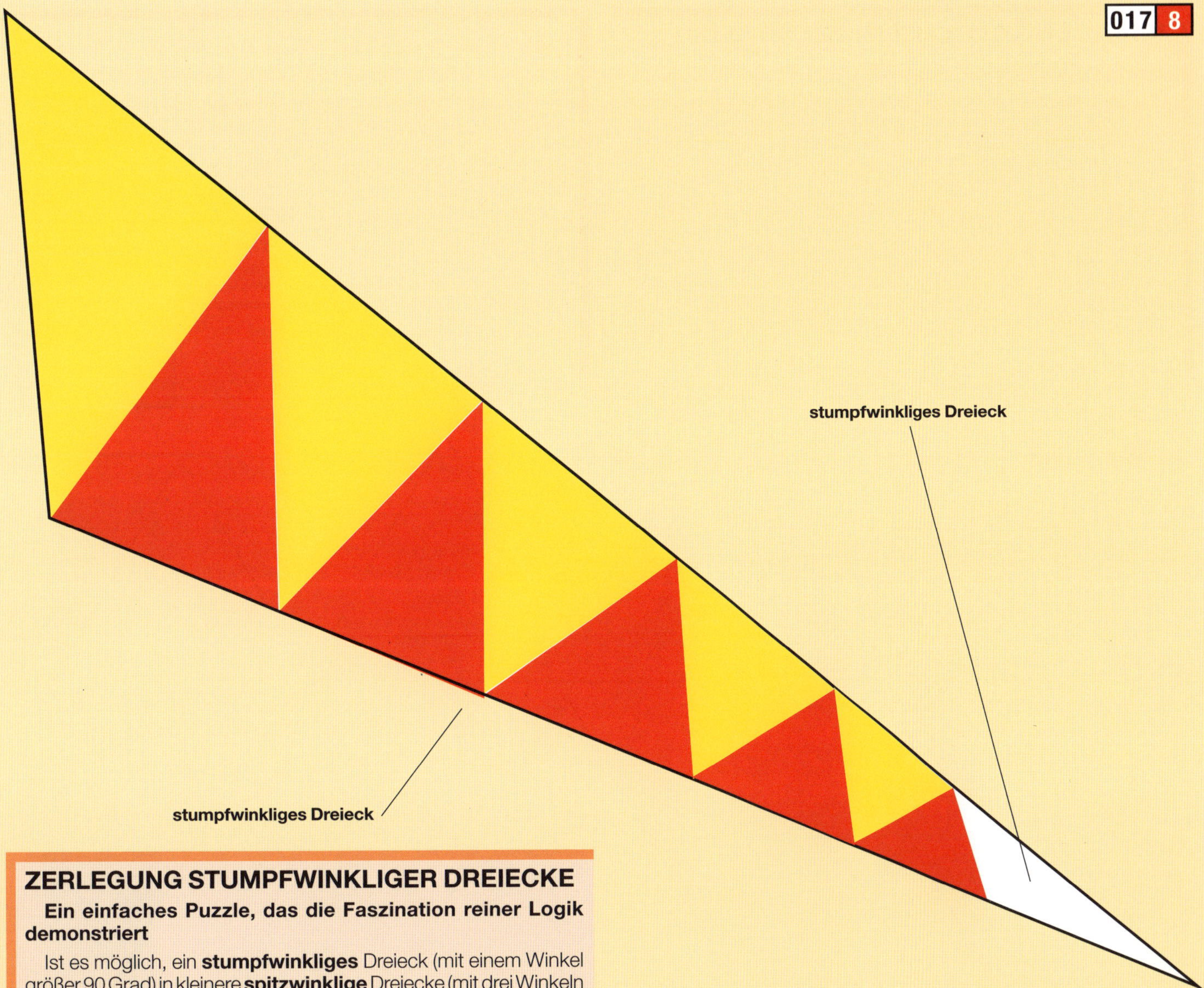


## ZERLEGUNG STUMPFWINKLIGER DREIECKE

**Ein einfaches Puzzle, das die Faszination reiner Logik demonstriert**

Ist es möglich, ein **stumpfwinkliges** Dreieck (mit einem Winkel größer 90 Grad) in kleinere **spitzwinklige** Dreiecke (mit drei Winkeln kleiner 90 Grad) zu zerlegen?

Die Illustration zeigt einen gescheiterten Versuch. Wir könnten auf diese Weise beliebig lange fortfahren, das stumpfwinklige Dreieck in spitzwinklige zu zerlegen, es bliebe aber, wie rechts unten gezeigt, immer ein stumpfwinkliges übrig. Doch es gibt einen Weg. Versuchen Sie, die kleinste Anzahl spitzwinkliger Dreiecke zu finden, in die sich ein stumpfwinkliges zerlegen lässt.

## ZERLEGUNG GLEICHSEITIGER DREIECKE

### Unvollkommene Dreiecke

Können Sie die gleichseitigen Dreiecke entlang den Rasterlinien in die kleinstmögliche Anzahl kleinerer gleichseitiger Dreiecke zerlegen? Die Dreiecke sind nicht „perfekt“, also nicht alle unterschiedlich groß.

### Perfekte Dreiecke

W.T. Tutte und seine Kollegen konnten beweisen, dass ein gleichseitiges Dreieck nicht perfekt sein und nicht in gleichseitige Dreiecke verschiedener Größen (unabhängig von der Ausrichtung) zerlegt werden kann. Mindestens zwei Dreiecke haben dieselbe Größe und dieselbe Ausrichtung. Wenn man allerdings zwei verschiedene Ausrichtungen – Spitze nach oben oder Spitze nach unten – als verschieden ansehen will, da die Dreiecke nicht kongruent sind, obwohl ihre Fläche dieselbe ist, gibt es eine Lösung, ein „quasi-perfektes Dreieck“. Ein solches fand Tutte, es hat eine Seitenlänge von 39, und die Dreiecke sind verschieden, wenn unterschiedliche Ausrichtung als „verschieden“ gilt. Die Lösung unten zeigt das Raster.

*The Dissection of Rectangles into Squares* von R.L. Brooks, C.A.B. Smith, A.H. Stone und W.T. Tutte im *Duke Mathematical Journal,* Band 7

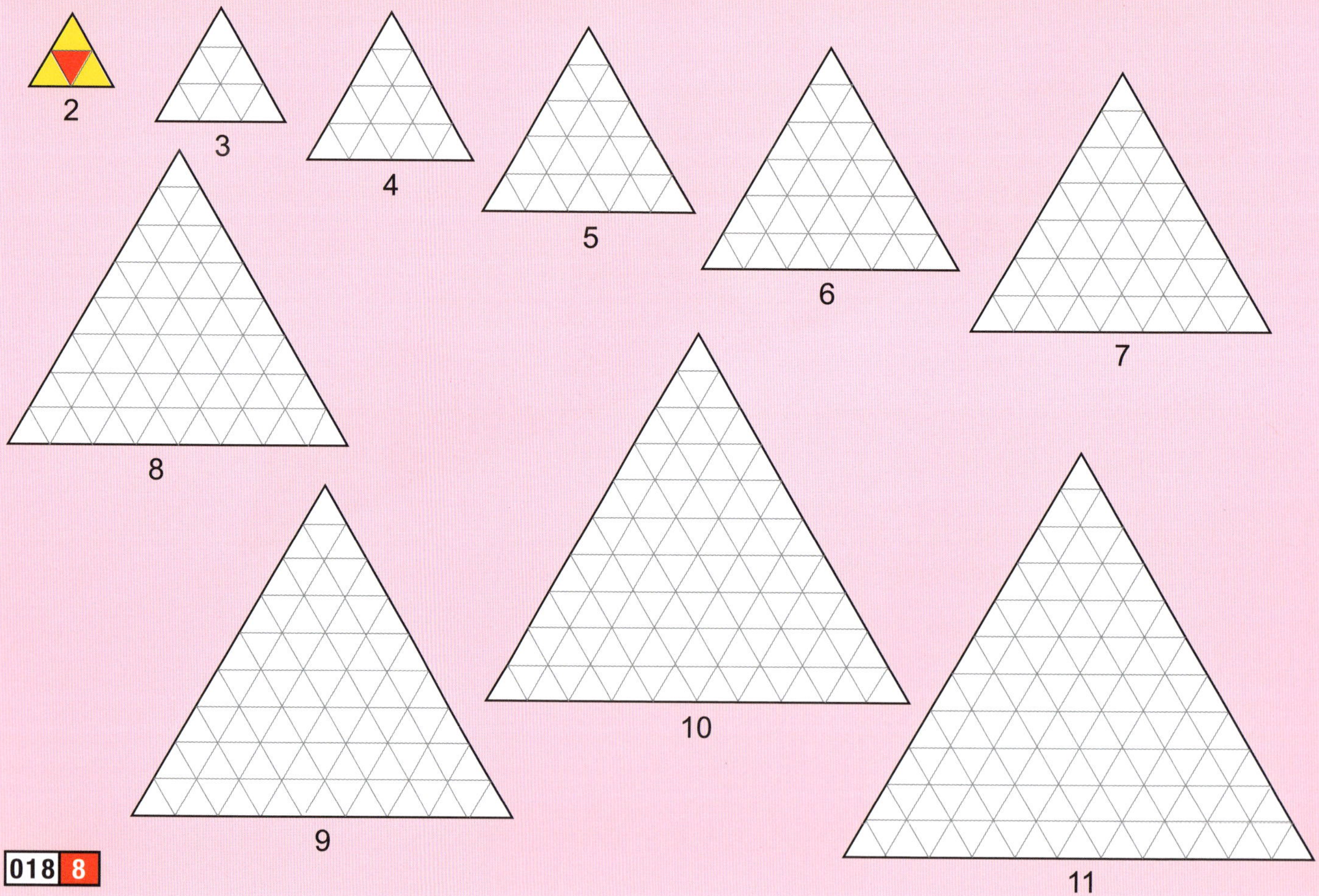


018 **8**

## UNVOLLKOMMENE DREIECKE

### ZERLEGUNG GLEICHSEITIGER DREIECKE IN GLEICHSEITIGE DREIECKE

Brooks, Smith, Stone und Tutte bewiesen, dass ein gleichseitiges Dreieck nicht in gleichseitige Dreiecke unterschiedlicher Größe zerlegt werden kann. David Radcliffe dagegen bewies, dass mindestens zwei Dreiecke gleich groß sein müssen.

13

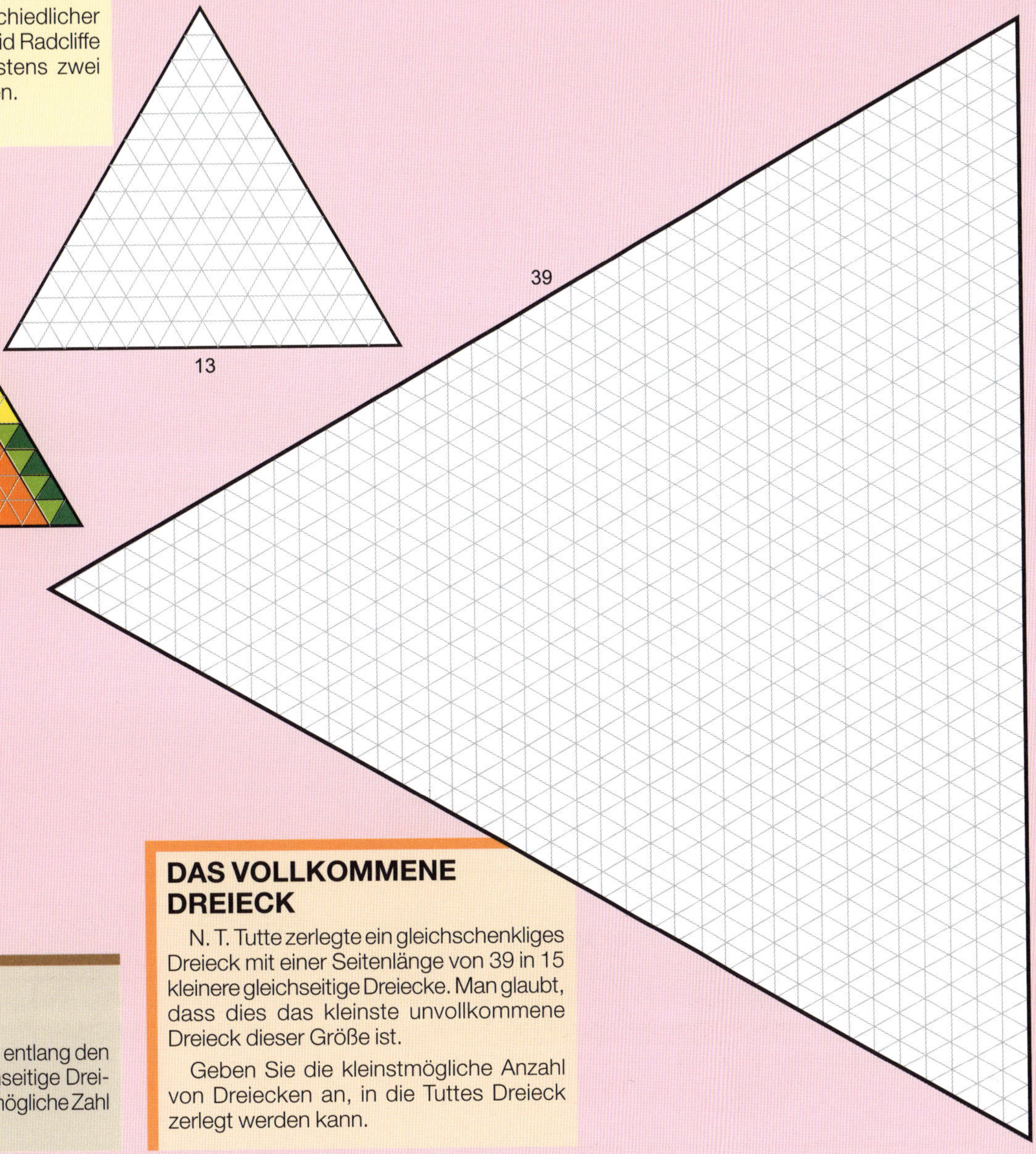


019 7

## UNVOLLKOMMENES DREIECK 13

Das gleichseitige Dreieck wird entlang den Rasterlinien in 14 kleinere gleichseitige Dreiecke zerlegt. Ist das die geringstmögliche Zahl gleichseitiger Dreiecke?

## DAS VOLLKOMMENE DREIECK

N. T. Tutte zerlegte ein gleichschenkliges Dreieck mit einer Seitenlänge von 39 in 15 kleinere gleichseitige Dreiecke. Man glaubt, dass dies das kleinste unvollkommene Dreieck dieser Größe ist.

Geben Sie die kleinstmögliche Anzahl von Dreiecken an, in die Tuttes Dreieck zerlegt werden kann.

## TÄUSCHUNGSMANÖVER

Viele optische Tricks und Wahrnehmungstäuschungen verlieren ihren Reiz, wenn wir das dahinter steckende Geheimnis erkannt haben. Einige davon, vor allem solche, bei denen etwas zu verschwinden scheint, sind jedoch so raffiniert gemacht, dass sie uns auch dann noch in ihren Bann ziehen, wenn wir sie verstanden haben.

Die meisten dieser geometrischen Spielereien, die etwas „verschwinden lassen", stammen ursprünglich von dem amerikanischen Rätselerfinder Sam Loyd (1841–1911). Doch ein anderer Rätselmeister, der Kanadier Mel Stover, hat, wie viele andere, diese Kunst verfeinert und interessante Varianten ausgetüftelt.

Geometrische Paradoxe haben etwas mit der Trennung und Neuanordnung von Teilen zu tun. Nach der Neuanordnung scheint ein Teil der Figur wie vom Erdboden verschluckt. Hier kommt natürlich die Begrenztheit unserer optischen Wahrnehmung ins Spiel. Unsere Augen nehmen häufig nicht wahr, wenn zum Beispiel Zwischenräume zwischen Teilen oder die Teile selbst ein klein wenig größer geworden sind. Ein gewiefter Zeitgenosse kam auch einmal auf die irrige Idee, aus vierzehn 100-Dollar-Scheinen fünfzehn zu machen, indem er jeden Schein in zwei Teile schnitt und einen Teil an den nächsten klebte. Bitte versuchen Sie's nicht!

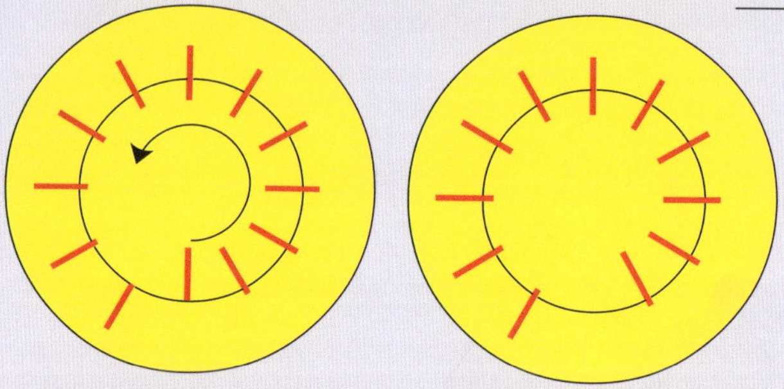

## TÄUSCHUNGSMANÖVER

### Das Geheimnis

Oben: 12 senkrechte Linien werden zu 11, wenn die untere Hälfte nach rechts verschoben wird.

Unten: 12 radiale Linien werden zu 11, wenn die inneren Räder um eine Position im Gegenuhrzeigersinn gedreht werden.

Ganz offensichtlich wurde in beiden Fällen nicht wirklich etwas „verschluckt". Die Muster sind nur neu angeordnet, und schon sieht es so aus, als fehle etwas. Die beiden Beispiele demonstrieren eindrucksvoll die Wirkung der Neuanordnung, die hinter vielen magisch erscheinenden Tricks und Paradoxen steckt. Und gleichzeitig demonstrieren sie das elementarste Prinzip der Geometrie: dass das Ganze der Summe der Teile entspricht, egal, wie die Teile angeordnet sind.

## DAS VERSCHWINDENDE GESICHT

Kopieren Sie das Bild und schneiden Sie es an der schwarzen Linie in zwei Teile. Rutschen Sie mit dem unteren Teil ein Gesicht nach rechts. Hüte sind noch da, aber eines der Gesichter ist verschwunden.

020 2

Sam Loys Rätsel
„Get off the Earth“

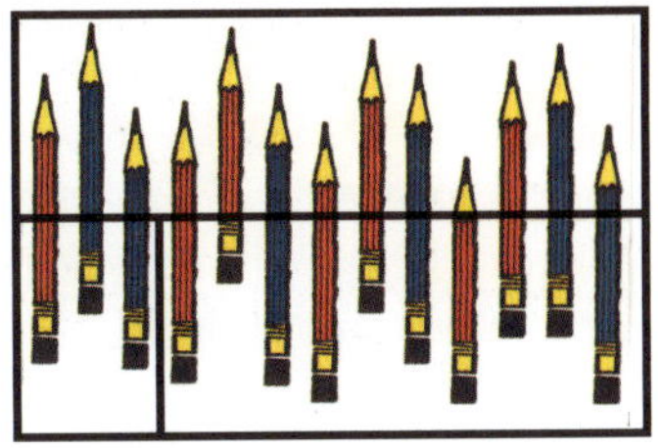

Das ursprüngliche Rätsel
„Pencil Magic“ von Mel Stower

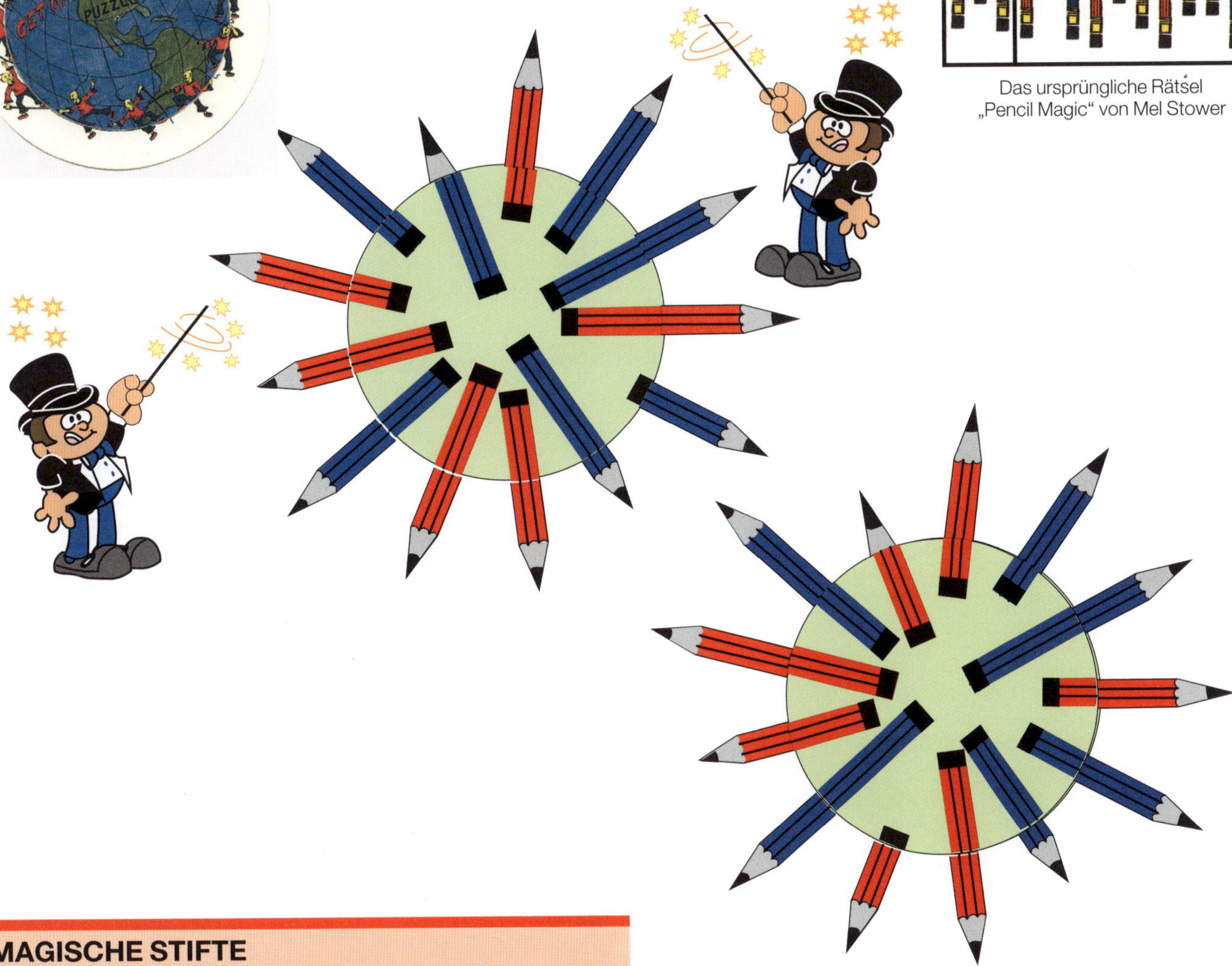

## MAGISCHE STIFTE

Wenn in der linken Abbildung das Rad in der Mitte um drei Positionen im Uhrzeigersinn gedreht wird, erscheinen im Bild plötzlich sechs blaue und sieben rote Stifte statt sieben blauer und sechs roter. Welcher Stift hat die Farbe gewechselt?

Die Spielerei stammt ursprünglich von Mel Stover, hier sehen Sie meine Variante.

021 1

n=1

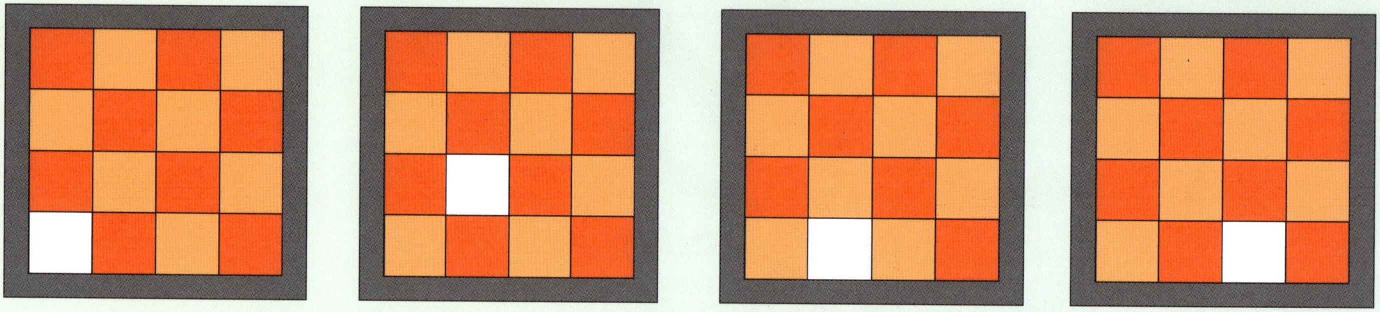

n=2

## TROMINOS AUF SCHACHBRETTERN

Das L-Tromino bedeckt drei Quadrate eines beliebig großen Schachbretts. Hier werden wir versuchen, L-Trominos auf Schachbretter mit der Größe

**$2^n$ x $2^n$** zu verteilen, wobei **n>1** ist.

Entfernen Sie ein einziges Quadrat vom Schachbrett und platzieren Sie auf dem Rest des Bretts eine entsprechende Zahl von L-Trominos. Ist dies mit jedem Schachbrett der oben angegebenen Größe möglich, egal, welches Quadrat Sie entfernen?

Für **n =1** nehmen wir ein 2x2-Schachbrett und für **n =2** ein 4x4-Schachbrett, wie oben gezeigt. Bei **n =3** ergibt sich ein Schachbrett in der Originalgröße 8x8. Lässt sich dieses Schachbrett mit Trominos füllen, egal, wo das Quadrat entfernt wurde?

n=3

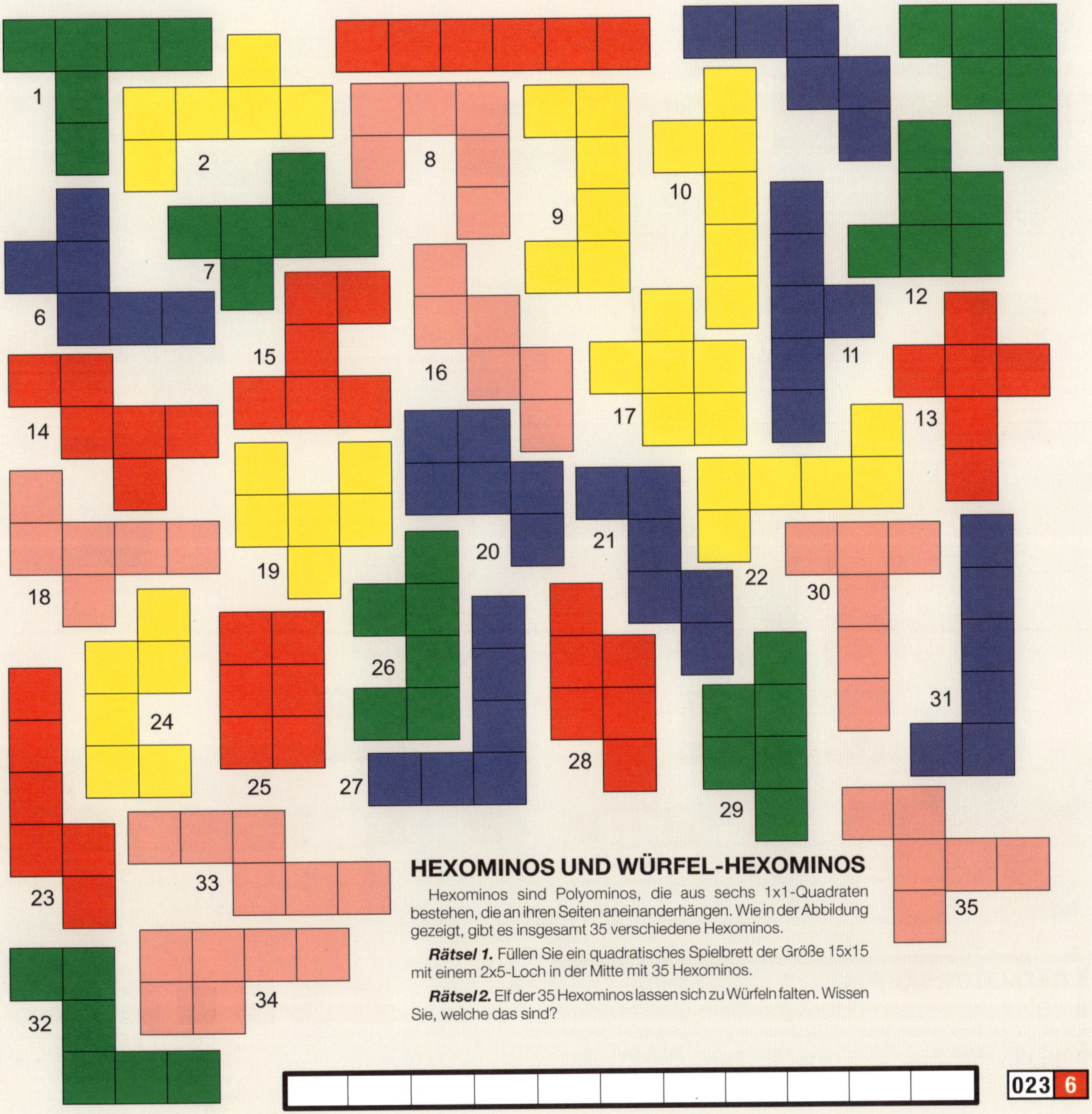


## HEXOMINOS UND WÜRFEL-HEXOMINOS

Hexominos sind Polyominos, die aus sechs 1x1-Quadraten bestehen, die an ihren Seiten aneinanderhängen. Wie in der Abbildung gezeigt, gibt es insgesamt 35 verschiedene Hexominos.

***Rätsel 1.*** Füllen Sie ein quadratisches Spielbrett der Größe 15x15 mit einem 2x5-Loch in der Mitte mit 35 Hexominos.

***Rätsel 2.*** Elf der 35 Hexominos lassen sich zu Würfeln falten. Wissen Sie, welche das sind?

024 6

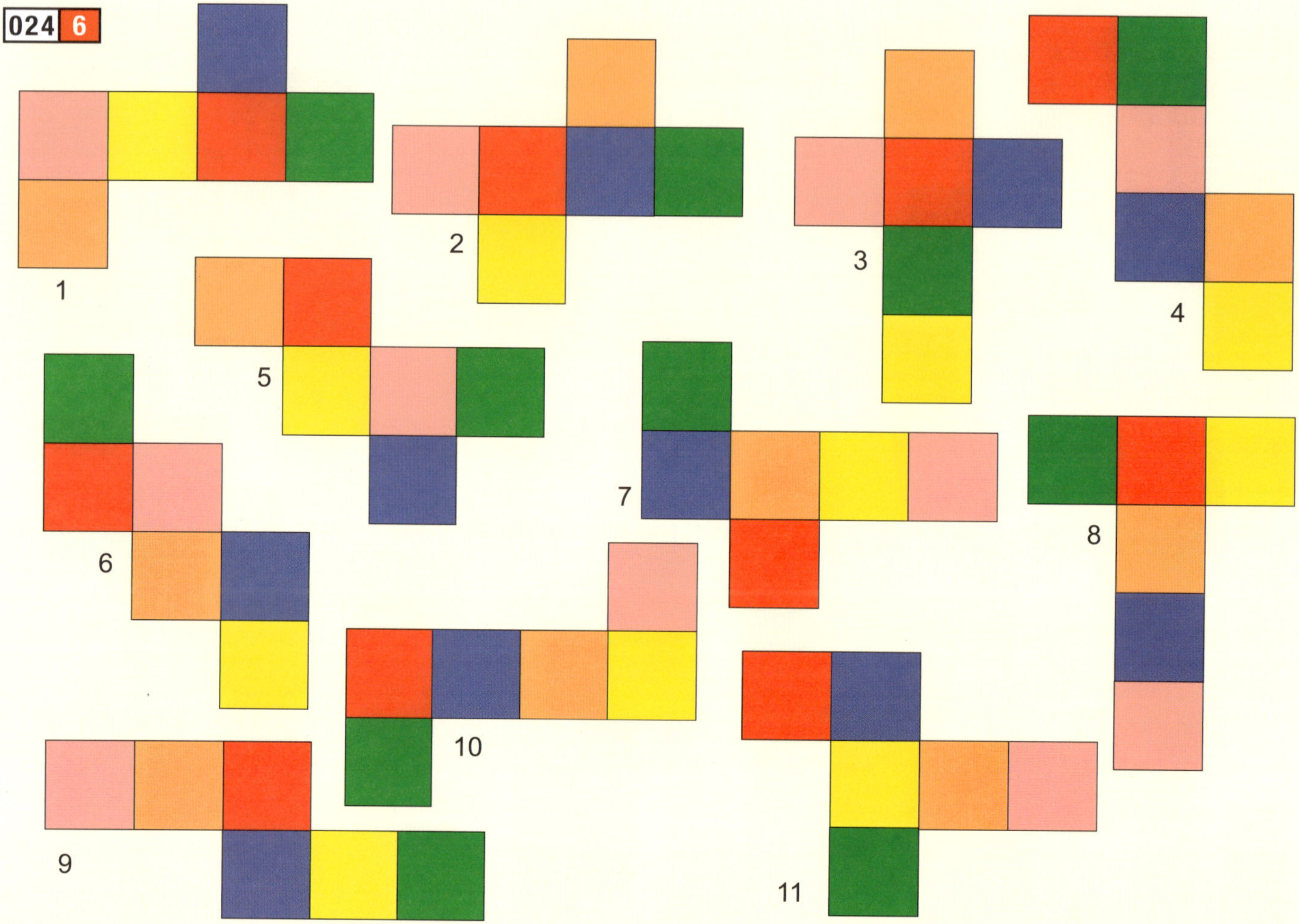


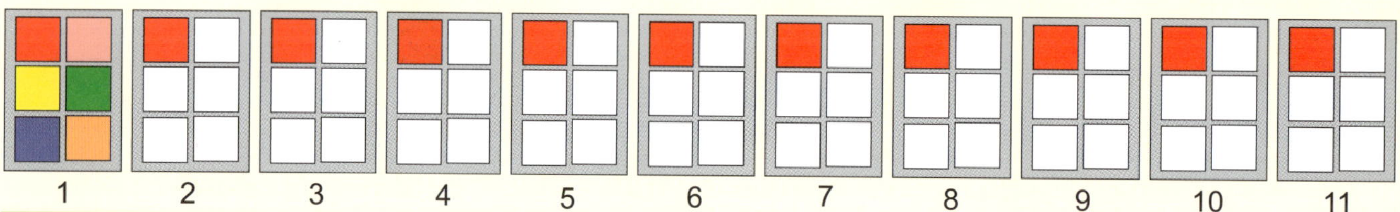


## GEFALTETE WÜRFEL

Elf von den 35 Hexominos können zu Würfeln gefaltet werden, wie Sie im Bild sehen. Welche Farbenpaare befinden sich jeweils auf den sich gegenüberliegenden Seiten der gefalteten dreidimensionalen Würfel?

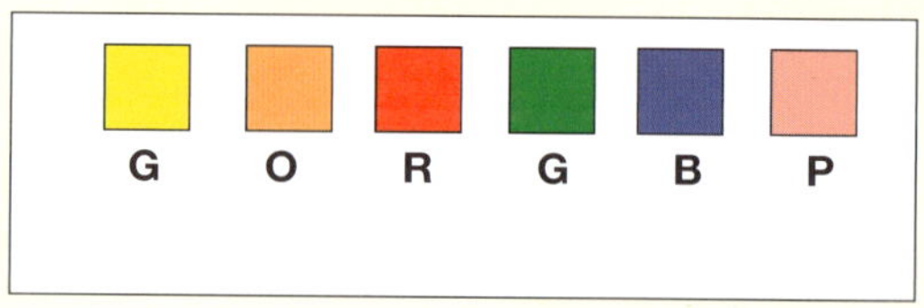

## POLYOMINO-TREPPE

### Das Rätsel

Wie viele unterschiedliche Kombinationen sind möglich, wenn ein Monomino, ein Domino und ein gerades Tromino aneinanderfügt werden sollen? Dabei gelten die folgenden Regeln und Einschränkungen:

1) Die Steine (Polyominos) müssen aufrecht stehen.

2) Der kürzere der beiden benachbarten Steine darf nicht über den Rand des längeren Steins hinausragen.

3) Spiegelverkehrte Muster gelten als unterschiedlich.

4) Die Steine müssen entlang eines imaginären Rasters gelegt werden, dessen Rasterzellen so groß sind wie das Monomino.

5) Alle drei Steine müssen zusammenhängend bleiben.

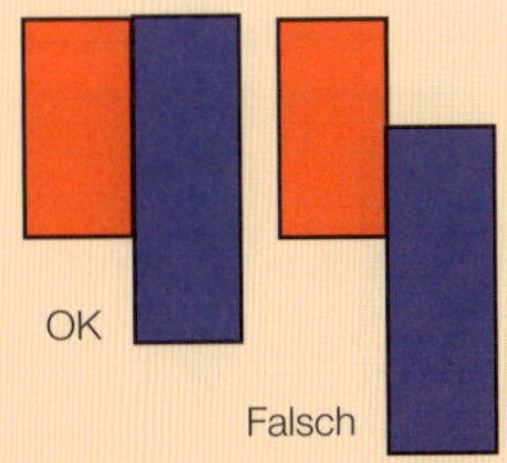


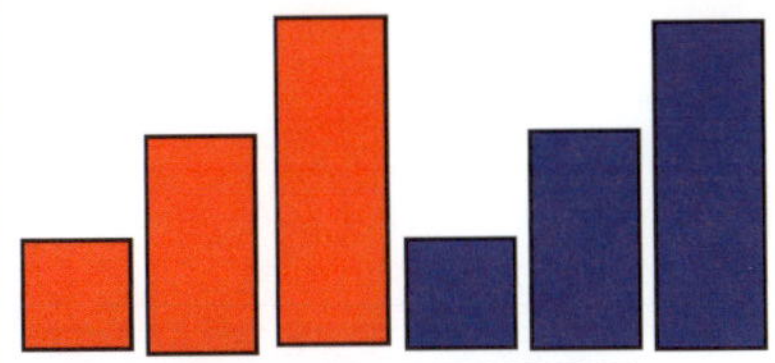

**POLYOMINO-TREPPE**
Die zwei Spiele-Sets

**POLYOMINO-TREPPE**
Die Gewinnpositionen

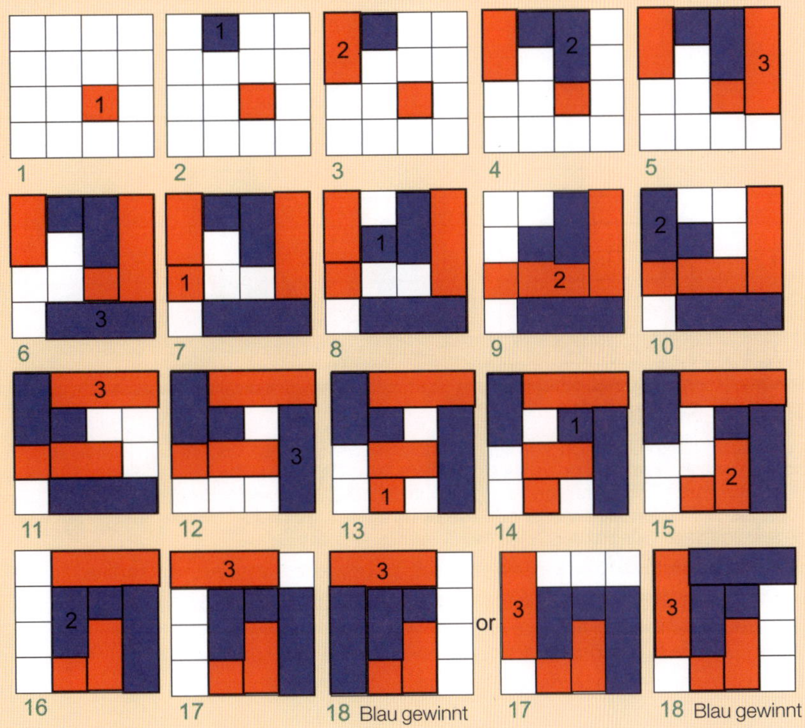


### Das Spiel

Das Strategiespiel für zwei Personen wird mit einem Steine-Set von 1 Monomino, 1 Domino und 1 Tromino für jeden Spieler gespielt. Die Spieler platzieren abwechselnd ihre Steine auf ein 4x4-Spielbrett, und zwar jeder zuerst das Monomino, dann das Domino, dann das Tromino. Sind alle Steine gesetzt, wird das Spiel in derselben Weise fortgesetzt, bis der erste Spieler eine Treppe seiner eigenen Spielfarbe gebaut hat, egal, ob sie aufrecht oder auf dem Kopf steht. Jeder Spieler muss einen Stein setzen, wenn er an der Reihe ist, er darf nicht passen oder einen Stein nochmals an denselben Platz setzen. Ebenfalls verboten ist es, einen Zug zu machen, der den Gegner blockiert, sodass er keinen Stein setzen kann.

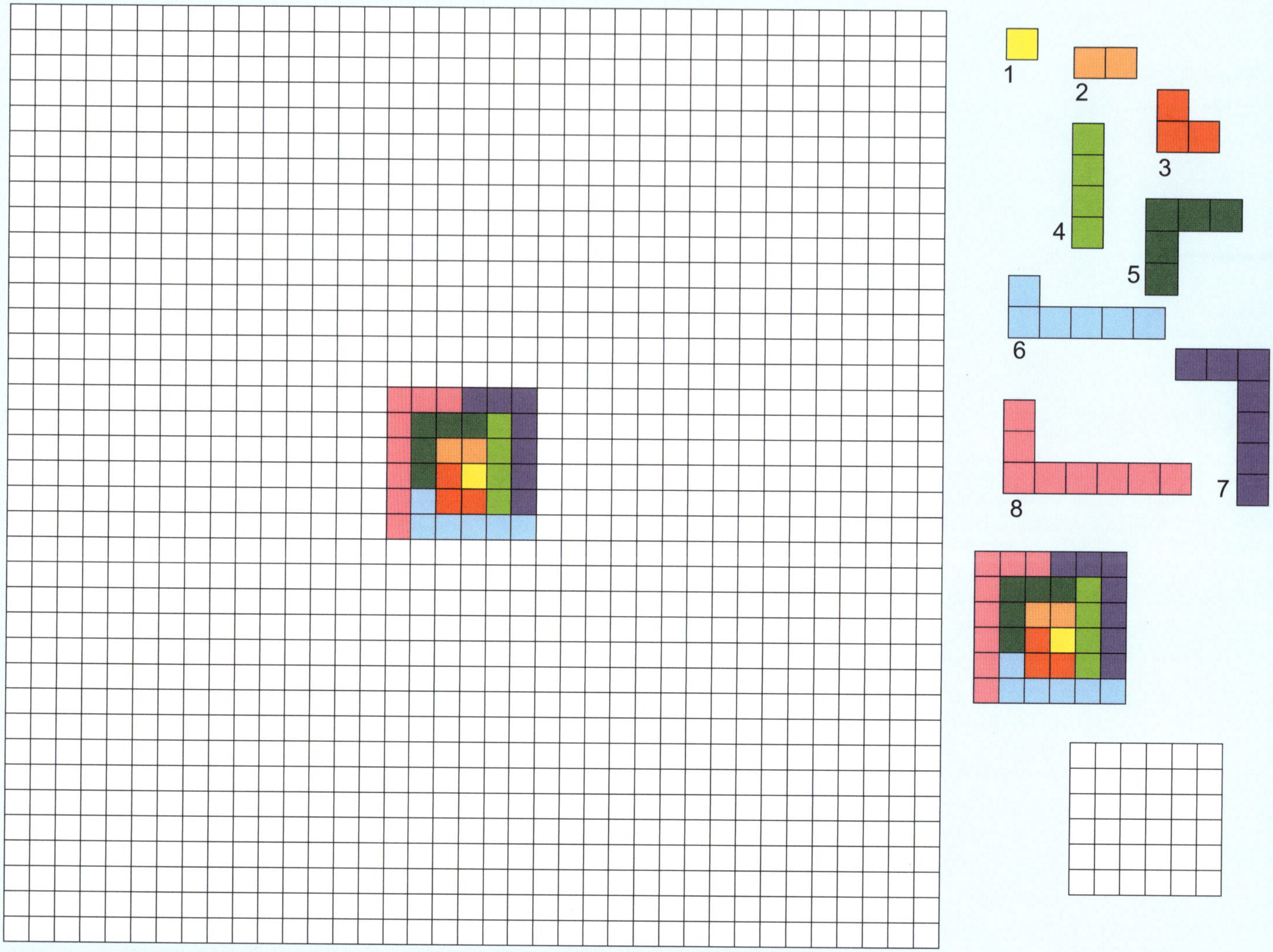


## POLYOMINO-SPIRALEN

Durch Aneinanderfügen kontinuierlich größer werdender Polyominos, beginnend mit dem Monomino in der Mitte, dem zunächst ein Domino und dann ausgewählte Polyominos (eines aus jeder Gruppe) der nächsten Größenordnung hinzugefügt werden, lassen sich im Gegenuhrzeigersinn verlaufende spiralenförmige Figuren aufbauen, wie in der Illustration gezeigt. Die ersten acht größenmäßig aufeinanderfolgenden Polyominos sind abgebildet. Die daraus resultierende Spirale füllt ein Quadrat der Größe 6x6.

Wenden Sie dieses Konstruktionsprinzip an und versuchen Sie, diese Fragen zu beantworten:

1. Können Sie aus den Teilen des 6x6-Quadrats noch andere Muster herstellen?

2. Wenn Sie den spiralenförmigen Aufbau mit den ausgewählten Polyominos fortsetzen, erhalten Sie irgendwann ein Rechteck. Wann? Und wie groß sind die Seiten dieses Rechtecks?

3. In welchem Stadium vollenden Sie das nächste Quadrat, und wie groß ist es?

026 8

027 5

## ÜBERLAPPENDE MOSAIKEN

Jedes der komplexen Mosaiken im Bild, die aus einer Vielzahl unregelmäßiger Dreiecke, Fünfecke, Sechsecke, Siebenecke und Achtecke zusammengesetzt sind, hat seinen Ursprung in einem einzigen Element. Welches sind die Ursprungselemente in den drei Abbildungen?

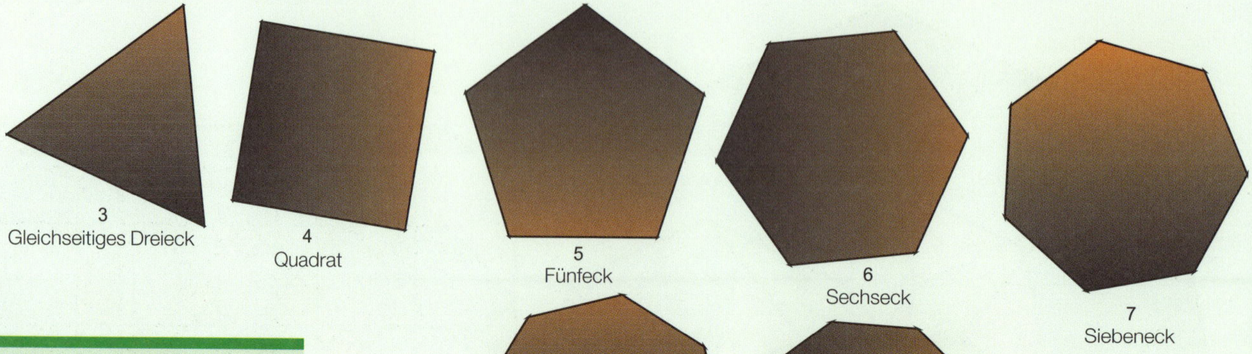


## MOSAIKEN

Wird eine Fläche vollständig mit geometrischen Formen ausgefüllt, entsteht ein Mosaik. Beim Anordnen geometrischer Formen zu einem Mosaik spricht man auch von Tessellieren.

### REGELMÄSSIGE MOSAIKEN

Bei einem regelmäßigen Mosaik ist die Fläche vollkommen mit gleichartigen regelmäßigen Vielecken gefüllt. Regelmäßige Vielecke gibt es unendlich viele. Auf das gleichseitige Dreieck (drei Seiten) folgt das Quadrat (vier Seiten), das regelmäßige Fünfeck (fünf Seiten), das regelmäßige Sechseck (sechs Seiten), das regelmäßige Siebeneck (sieben Seiten) usw. bis zum Kreis, den man auch als regelmäßiges Polygon mit unendlich vielen Seiten betrachten kann.

Stellen Sie sich eine unendlich große Fläche und eine unendliche Zahl von Polygonen vor. Versuchen Sie, darauf ein Mosaik zu legen und nur eine einzige Art von Polygon dafür zu verwenden. Mit welchen Polygonen ist es möglich, ein regelmäßiges Mosaik zu erzeugen, das heißt, die Fläche ganz zu füllen, ohne dass Lücken entstehen?

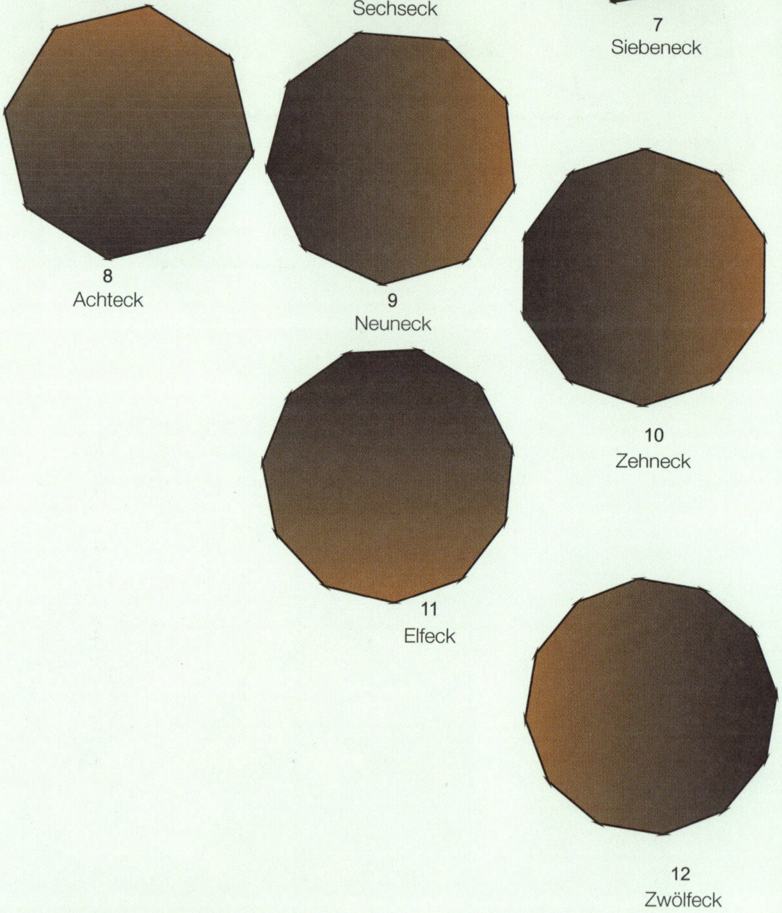

028 5

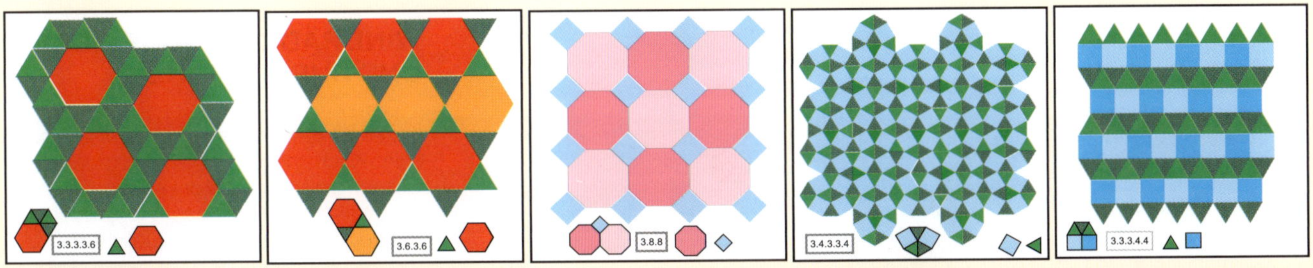


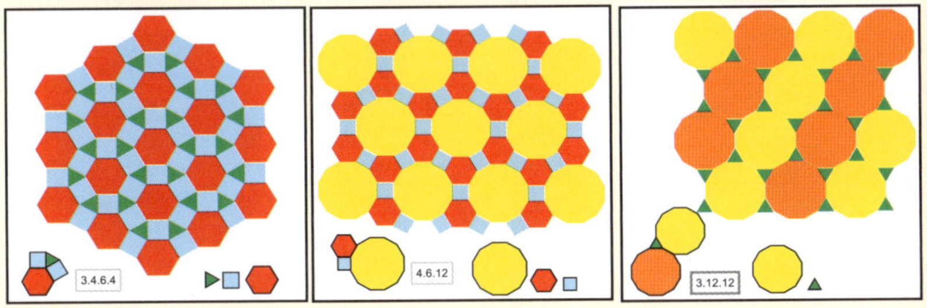


## SEMIREGULÄRE KACHELUNGEN

Bei einer semiregulären Kachelung haben wir es mit zwei oder mehr Arten von Polygonen zu tun. Sie werden so auf der Fläche verteilt, dass dieselbe Art von Polygon in derselben wiederkehrenden Reihenfolge um jeden Eckpunkt angeordnet ist oder – mathematisch ausgedrückt – jeder Eckpunkt mit jedem anderen Eckpunkt kongruent ist.

Die Abbildung zeigt acht semireguläre Kachelungen. Sie bestehen nur aus fünf Typen regelmäßiger Polygone: Dreiecken, Quadraten, Sechsecken, Achtecken und Zwölfecken. Mit regelmäßigen Polygonen, die mehr als drei verschiedene Eckbilder haben, lassen sich unendlich viele Mosaiken erzeugen.

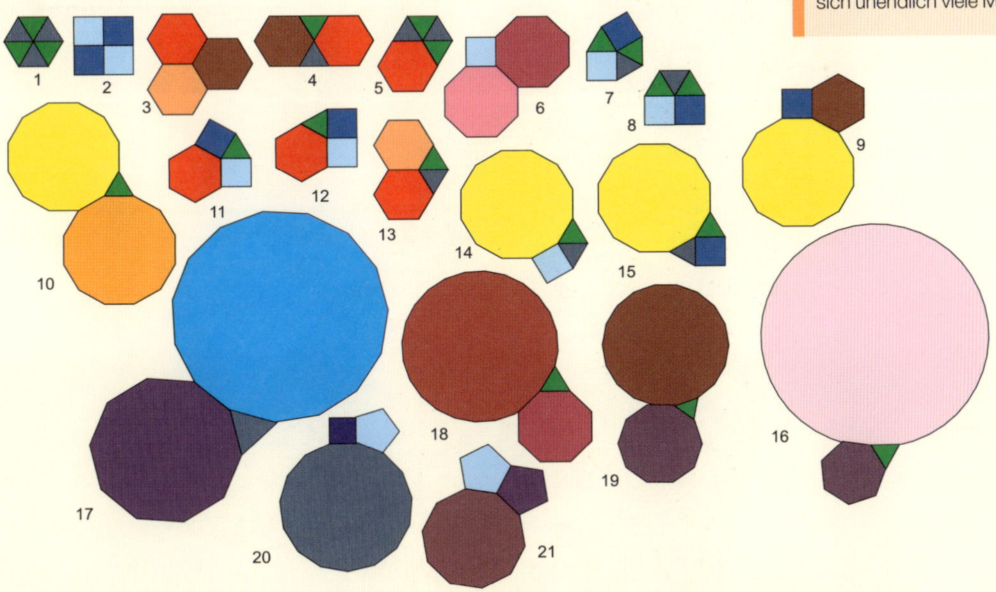


**ECKBILDER**

Mit folgenden Polygonen lassen sich 21 verschiedene Eckbilder variieren, die sich wie folgt durch Schläfli-Symbole ausdrücken lassen:

1- 3.3.3.3.3.3
2- 4.4.4.4
3- 6.6.6
4- 3.6.3.6
5- 3.3.3.3.6
6- 4.8.8
7- 3.4.3.3.4
8- 3.3.3.4.4
9- 4.6.12
10- 3.12.12
11- 3.4.6.4
12- 3.4.4.6
13- 3.3.6.6
14- 3.3.4.12
15- 3.4.3.12
16- 3.7.42
17- 3.9.18
18- 3.8.24
19- 3.10.15
20- 4.5.20
21- 5.5.10

## ANDERE KACHELUNGEN

Wenn wir einmal die Regel ignorieren, dass jeder Eckpunkt wie der andere geformt sein muss, können wir eine weitere Gruppe von mindestens 14 semiregulären Vielflächnern bilden, indem wir damit experimentieren, zwei oder drei verschiedene Polygonanordnungen um Eckpunkte, also Eckbilder, miteinander zu kombinieren.

Von Kachelungen mit regelmäßigen Polygonen, die mehr als drei verschiedene Eckbilder aufweisen, können wir unendlich viele Varianten erzeugen.

## WINDRÄDCHEN-DREIECKE UND -MUSTER

Ein Muster auf einer Fläche ist periodisch, wenn die Kacheln, aus denen es besteht, zu einer „Super-Kachel" gruppiert werden können, die sich, entsprechend verkleinert, wiederum mit der Originalkachel deckt. Dies ist bei Mustern aus Quadraten und gleichseitigen Dreiecken möglich.

Absolut symmetrische Muster auf einer Fläche behalten bei Bewegung der Fläche ihre Form bei, es findet also keine Verformung oder Verzerrung statt. Wird ein Teil des Musters verschoben, rotiert, gedreht oder durch Kombination dieser Aktionen bewegt, bleibt das Muster unberührt.

Interessanterweise muss aber ein streng periodisches Muster keine absolute Symmetrie aufweisen.

Der amerikanische Mathematiker Robert Berger konstruierte in den 1960er Jahren Muster, die zwar nicht periodisch sind, aber doch eine symmetrische Ordnung aufweisen. Er benutzte dafür Tausende von Kachelformen. Der britische Mathematiker Roger Penrose entwickelte in den 1970er Jahren ebensolche Muster, aber mit nur zwei verschiedenen Kacheln, die er selbst „Drachen" und „Pfeil" nannte. Die zwei Kacheln können in einer von zehn möglichen Ausrichtungen innerhalb des Musters auftreten. Diese sind als „Penrose-Parkettierung" bekannt.

1994 entdeckten John Conway von der Princeton University und Charles Radin von der University of Texas noch eine andere Kachelung: das Windrädchen-Muster, das nur eine einzige dreieckige Kachel verwendet, die in unendlich vielen Ausrichtungen vorkommen kann.

Windrädchen-Dreieck 1. Ordnung

Windrädchen-Dreieck 5. Ordnung

## WINDRÄDCHEN-DREIECKE UND SUPERKACHELN

Damit ein Muster als periodisch bezeichnet werden kann, müssen sich seine Kacheln in Superkacheln gruppieren lassen, die dieselbe Form haben wie die Originalkachel. Um das Windrädchen-Muster zu erzeugen, brauchen wir ein rechtwinkliges Dreieck mit den Seitenlängen 1 und 2. Fünf dieser Dreiecke ergeben ein fünffach vergrößertes Super-Windrädchen-Dreieck.

Das Super-Windrädchen-Dreieck kann nur auf eine ganz bestimmte Weise aus den gleichwinkligen Dreiecken geformt werden, wie es die Abbildung zeigt. Können Sie eine 125-fach oder vielleicht sogar ein 625-fach vergrößerte Super-Windrädchen-Kachel zusammensetzen?

029 8

Windrädchen-Dreieck 25. Ordnung

**WINDRÄDCHEN-DREIECKE UND SUPERKACHELN Ein Windrädchen-Dreieck der 625. Ordnung**

Können Sie die fünf Windrädchen-Dreiecke der 125. Ordnung identifizieren?

„Mathematik ist die Königin der Wissenschaften, und die Zahlentheorie ist die Königin der Mathematik.“

*Carl Friedrich Gauß*

## DER KLEINE GAUSS – GAUSSSCHE SUMMENFORMEL

Die Geschichte des zehnjährigen Gauß, der auf geniale Weise die ersten 100 Zahlen addierte, ist weltberühmt.

Wie lange brauchen Sie, um die Zahlen von 1 bis 100 zusammenzuzählen?

**1+2+3+4+5+6+7+8+9+10+11+12+13+14+15+16+17+18+19+20+21+22+23+24+25+26+27+28+29+30+31+32+33+34+35+36+37 +38+39+40+41+42+43+44+45+46+47+48+49+50+51+52+53+54+55+56+57+58+59+60+61+62+63+64+65+66+67+68+69+70+71+ 72+73+74+75+76+77+78+79+80+81+82+83+84+85+86+87+88+89+90+91+ 92+93+94+95+96+97+98+99+100 = ?**

Als der berühmte deutsche Mathematiker Carl Friedrich Gauß (1777–1855) zehn Jahre alt war, forderte der Lehrer seine Klasse auf, die Zahlen von 1 bis 100 zu addieren. Der Lehrer versprach sich davon eine kleine Ruhepause, während seine Schüler beschäftigt waren. Doch schon nach ein paar Sekunden legte Gauß das Ergebnis vor. Das junge Mathematiktalent hatte das Muster hinter der Zahlenreihe erkannt und löste das Problem auf Anhieb und ohne Bleistift und Papier. Kommen Sie darauf, wie er das gemacht hat?

# POLYGONALZAHLEN

## Muster aus Zahlen

Geometrische Figuren und Muster, die entstehen, wenn man Zahlen durch Punkte darstellt und sie entsprechend anordnet, lassen interessante Beziehungen zueinander erkennen. Diese Form von Zahlen nennt man Polygonalzahlen oder figurierte Zahlen.

Die Arithmetik im antiken Griechenland beschäftigte sich hauptsächlich damit, figurierte Zahlen zu studieren, was zur Erforschung von Zahlenreihen führte. Die Pythagoreer (Anhänger des im 6. Jahrhundert v. Chr. wirkenden Mathematikers Pythagoras) schrieben den figurierten Zahlen magische Eigenschaften zu.

Polygonzahlen machen es uns leicht, manche Aspekte der elementaren Zahlentheorie intuitiv zu erfassen. Manchmal veranschaulichen die geometrischen Figuren die dahintersteckende Logik so wunderbar, dass diese sich förmlich daraus ablesen lässt. So erschließt sich die Summe der ersten n natürlichen Zahlen wie von selbst aus den „Dreieckszahlen", und die Summe der aufeinanderfolgenden ungeraden Ganzzahlen aus den Quadratzahlen usw.

### Die 100. Dreieckszahl

Wie viele Punkte sind es, wie lange brauchen Sie, um sie zu zählen? Dem jungen Gauß reichten ein paar Sekunden (siehe Gaußsche Summenformel)

031 | 6

# DREIECKSZAHLEN

Dreieckszahlen lassen sich darstellen, indem man beliebige Objekte zu einem Dreieck stapelt: zuerst ein Objekt, daneben zwei Objekte, dann Objekte usw. Die vierte Dreieckszahl ist zum Beispiel 10: 1 + 2 + 3 + 4 = 10, wie die Abbildung zeigt.

Das Besondere an den Dreieckszahlen ist, dass sie immer die Summe einer beliebigen Anzahl von aufeinanderfolgenden ganzen Zahlen repräsentieren. Sehen Sie sich die beiden Abbildungen an. Die zehnte Dreieckszahl (55) abzuzählen wäre noch nicht so schlimm, aber wie lange würden Sie brauchen, um die 100. Dreieckszahl herauszubekommen?

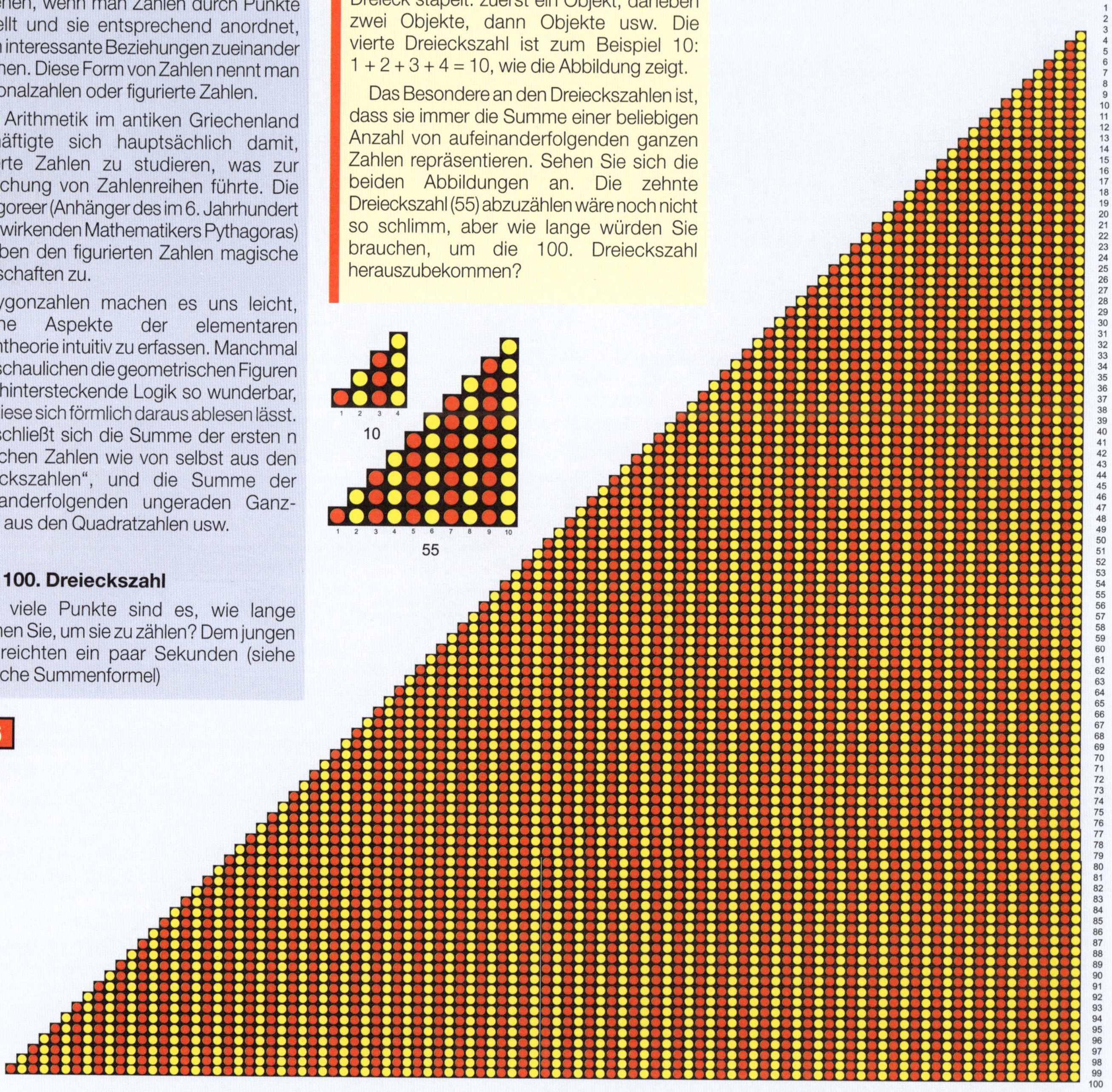

10


55

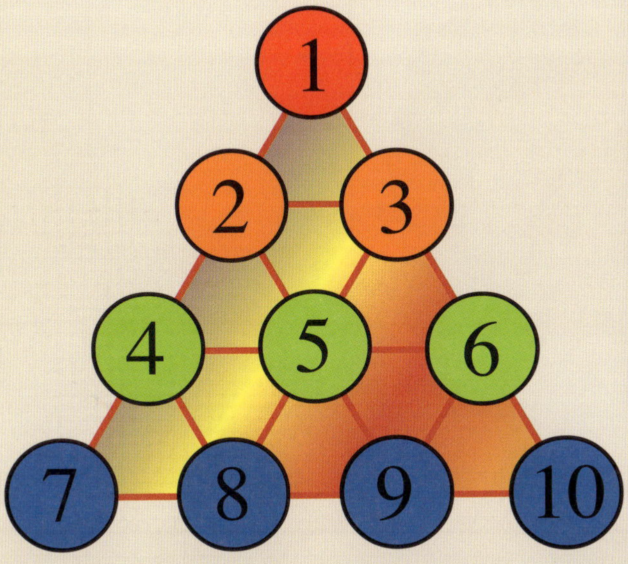


## DIE VOLLKOMMENE TETRAKTYS

Die vierte Dreieckszahl besteht aus 10 Punkten, der Summe der ersten aufeinanderfolgenden ganzen Zahlen, die in Pyramidenform aufeinandergebaut werden. Diese „Vierheit" nannten die Pythagoreer Tetraktys. Pythagoras erfand sie als Symbol für die Erschaffung des Universums und machte sie zum Bestandteil des Pythagoreischen Eids. Die Punkte repräsentieren die Zahlen 1 bis 10, und die Reihen symbolisieren die harmonische Organisation des Kosmos.

*Erste Reihe:* Ein Punkt – **Null Dimensionen.**

*Zweite Reihe:* Linie aus zwei Punkten – **Eine Dimension.**

*Dritte Reihe:* Fläche eines Dreiecks, definiert durch drei Punkte – **Zwei Dimensionen.**

*Vierte Reihe:* Tetraeder (Vierflächner), definiert durch 4 Punkte – **Drei Dimensionen.**

Die letzte Reihe symbolisiert zudem die vier Elemente Erde, Luft, Feuer und Wasser.

Die Tetraktys ist ein wunderschönes Symbol, das die Entwicklung von einfach zu komplex und von abstrakt zu konkret zeigt. Auch der Lebensbaum der Kabbala lässt sich auf die Tetraktys zurückführen.

## PYTHAGORAS AUF DEM FRESKO VON RAFFAEL

Das Bild zeigt Pythagoras, der seinen Schülern die Zahlentheorie demonstriert. Auf der Tafel unten auf dem Fresko erkennt man die Dreieckszahlen, die er als die „besten" Zahlen bezeichnete, und davon wiederum die „besten", nämlich die der vollkommenen Tetraktys: 1 + 2 + 3 + 4.

*Die Schule von Athen,* Fresko von Raffael

032 10

## TETRAKTYS UND KOMBINATORIK

Schätzen Sie mal, auf wie viele verschiedene Arten sich die 10 Zahlen in der Tetraktys anordnen lassen, ohne Spiegelung oder Rotation?

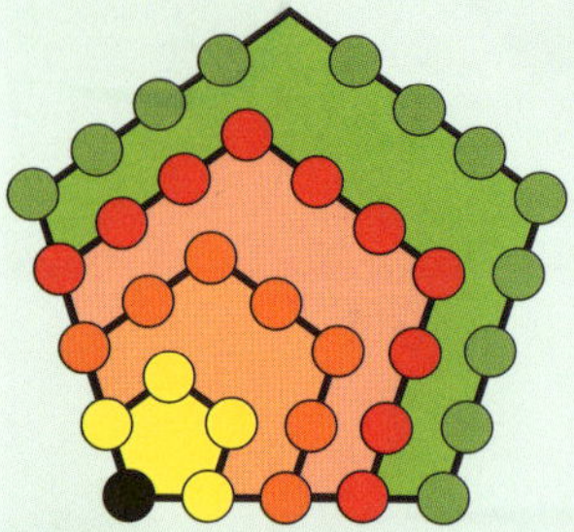

**FÜNFECKSZAHLEN**
Die Abbildung zeigt die ersten fünf Fünfeckszahlen.
Erste 1
Zweite 5
Dritte 12
Vierte 22
Fünfte 35
Sechste?
Können Sie die sechste Fünfeckszahl bestimmen?

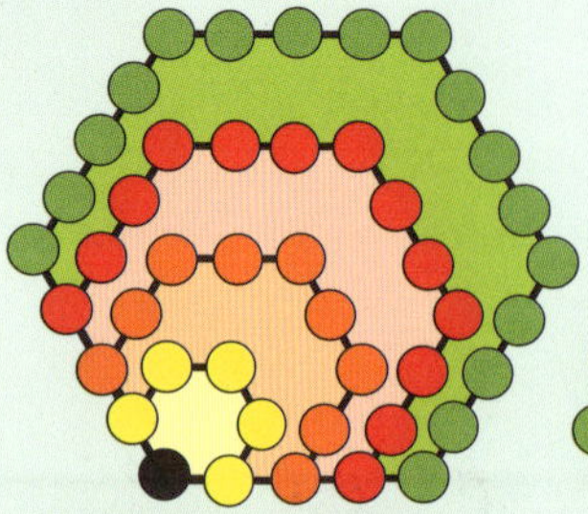

**SECHSECKSZAHLEN**
Die Abbildung zeigt die ersten fünf Sechseckszahlen.
Erste 1
Zweite 6
Dritte 15
Vierte 28
Fünfte 45
Sechste?
Können Sie die sechste Sechseckszahl bestimmen?

**SIEBENECKSZAHLEN**
Die Abbildung zeigt die ersten fünf Siebeneckszahlen.
Erste 1
Zweite 7
Dritte 18
Vierte 34
Fünfte 55
Sechste?
Können Sie die sechste Siebeneckszahl bestimmen?

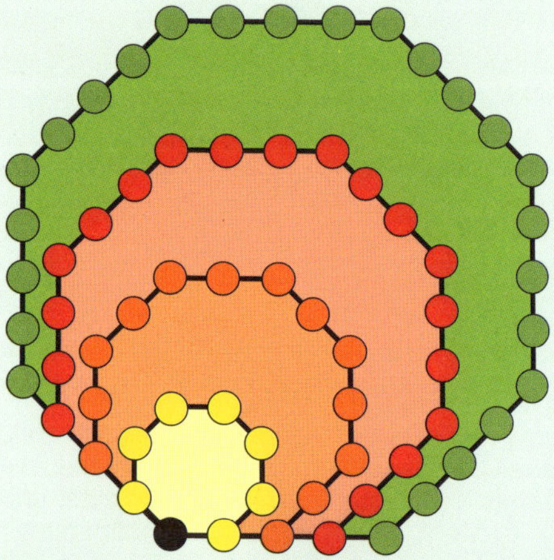

**ACHTECKSZAHLEN**
Die Abbildung zeigt die ersten fünf Achteckszahlen.
Erste 1
Zweite 8
Dritte 21
Vierte 40
Fünfte 65
Sechste?
Können Sie die sechste Achteckszahl bestimmen?

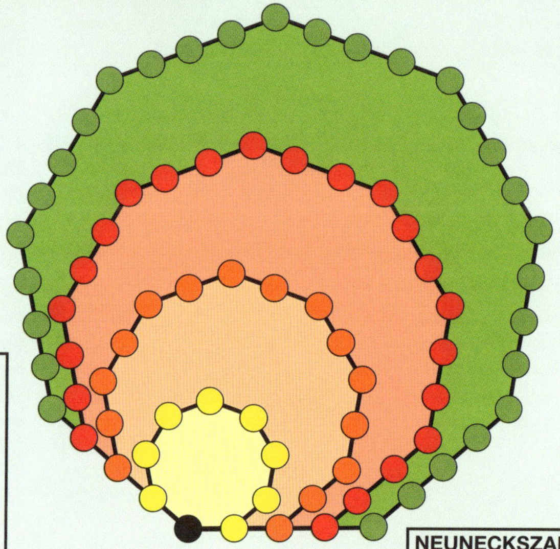

**NEUNECKSZAHLEN**
Die Abbildung zeigt die ersten fünf Neuneckszahlen.
Erste 1
Zweite 9
Dritte 24
Vierte 46
Fünfte 75
Sechste?
Können Sie die sechste Neuneckszahl bestimmen?

## POLYGONALZAHLEN

Konfigurierte Zahlen haben wir bereits in Form von Dreiecks- oder Quadratzahlen kennengelernt. Genauso ergibt sich in regelmäßigen Polygonen wie dem Fünf- oder Sechseck die Polygonalzahl aus den Punkten, aus denen das polygonförmige Muster gebildet wird.

Die Mathematiker der Antike entdeckten die Polygonalzahlen vermutlich, während sie mithilfe von Kiesel- oder anderen einfachen Zählsteinen die Beziehungen zwischen Zahlen erforschten. Daraus entwickelte sich später das Rechenbrett als wichtiges Hilfsmittel der frühen Mathematik.

Wir zeigen Ihnen hier einige Polygonalzahlen-Reihen. Wenn Sie die Summen errechnen, nehmen Sie die Punkte der vorhergehenden Polygone mit hinzu, statt nur die Punkte in der nächstgrößeren Form zu zählen. So lautet zum Beispiel die dritte Fünfeckszahl 12, weil dies die Summe der orangefarbenen, gelben und schwarzen Punkte ist. Wenn Sie in dieses Gebiet tiefer eintauchen, werden Sie hoch interessante Entdeckungen machen, was die komplexen Beziehungen der Zahlen zueinander angeht.

033 9

| | |
|---|---|
| 1 = | |
| 2 = | nicht möglich |
| 3 = | 1 + 2 |
| 4 = | |
| 5 = | |
| 6 = | |
| 7 = | |
| 8 = | |
| 9 = | |
| 10 = | |
| 11 = | |
| 12 = | |
| 13 = | |
| 14 = | |
| 15 = | |
| 16 = | |
| 17 = | |
| 18 = | |
| 19 = | |
| 20 = | |
| 21 = | |
| 22 = | |
| 23 = | |
| 24 = | |
| 25 = | |

| | |
|---|---|
| 26 = | |
| 27 = | |
| 28 = | |
| 29 = | |
| 30 = | |
| 31 = | |
| 32 = | |
| 33 = | |
| 34 = | |
| 35 = | |
| 36 = | |
| 37 = | |
| 38 = | |
| 39 = | |
| 40 = | |
| 41 = | |
| ............... | |

## AUFEINANDERFOLGENDE GANZZAHLEN

Sie sehen unten eine Liste der ersten 41 aufeinanderfolgenden Ganzzahlen. Welche davon können nicht als Summe aufeinander folgender Ganzzahlen ausgedrückt werden? Gibt es eine allgemeine Regel, wie man diese Zahlen rasch herausfindet?

## UNIQUE NUMBERS

Wenn eine Zahl mit n aufeinanderfolgenden Ziffern in aufsteigender Ordnung von der Zahl subtrahiert wird, die man erhält, wenn man die Reihenfolge der Ziffern der ursprünglichen Zahl umkehrt, erhält man die „unique number“ oder $U_n$.

Subtrahieren wir beispielsweise die Zahl 23 von ihrer Umkehrung, 32, lautet das Ergebnis:

2 3   3 2   2 3 = 9 ist die **Unique Number $U_n$**

Wie lange brauchen Sie dazu, die Unique Number für die folgenden drei-, vier-, fünf-, sechs- und siebenstelligen aufeinanderfolgenden Zahlen zu finden? Wie, glauben Sie, bin ich in weniger als einer Minute auf die Lösung gekommen?

| Dreistellig | Unique number |
|---|---|
| 123 | |
| 234 | |
| 345 | |
| 456 | |
| 567 | |
| 678 | |
| 789 | |

| Vierstellig | Unique number |
|---|---|
| 1234 | |
| 2345 | |
| 3456 | |
| 4567 | |
| 5678 | |
| 6789 | |

| Fünfstellig | Unique number |
|---|---|
| 12345 | |
| 23456 | |
| 34567 | |
| 45678 | |
| 56789 | |

| Sechsstellig | Unique number |
|---|---|
| 123456 | |
| 234567 | |
| 345678 | |
| 456789 | |

| Siebenstellig | Unique number |
|---|---|
| 1234567 | |
| 2345678 | |
| 3456789 | |

035 6

DENKEN SIE SICH EINE ZAHL.
ADDIEREN SIE 10.
VERDOPPELN SIE DAS ERGEBNIS.
SUBSTRAHIEREN SIE 6.
TEILEN SIE DAS ERGEBNIS DURCH 2 UND ZIEHEN SIE IHRE AUSGEDACHTE ZAHL DAVON AB.

**ALS ERGEBNIS ERHALTEN SIE IMMER 7.**

**WARUM?**

## DENKEN SIE SICH EINE ZAHL ...

Oder: Die Bedeutung des mathematischen Beweises

In der Unterhaltungsmathematik finden wir die unterschiedlichsten Varianten des „Denk-Dir-eine-Zahl-Spiels“. Doch wie funktioniert dieser Trick?

Sie können sich natürlich durch Auswahl unterschiedlicher Zahlen davon überzeugen, dass der Trick immer funktioniert. Aber deshalb wissen Sie noch lange nicht, WIE er funktioniert, und warum er IMMER funktioniert, welche Zahl Sie auch wählen. Die Antwort ist der mathematische Beweis – vorausgesetzt, wir haben einen guten Einfall, wie wir das Problem angehen können.

037 4

## DENKEN SIE SICH – NOCH EINMAL – EINE ZAHL ...!

Denken Sie sich eine Zahl zwischen 1 und 10 aus.
Multiplizieren Sie sie mit 9.
Wenn die Zahl zweistellig ist, addieren Sie beide Ziffern.
Subtrahieren Sie 5.

Welcher Buchstabe des Alphabets entspricht der Zahl, die Sie als Ergebnis erhalten haben:

1-2-3-4-5-6-7-8-9-10-11-12-13-14-15-16-17-18-19-20-21-22-23-24-25-26

a-b-c-d-e-f-g-h-i-j-k-l-m-n-o-p-q-r-s-t-u-v-w-x-y-z

Denken Sie sich ein Land aus, das mit diesem Buchstaben beginnt.
Merken Sie sich den letzten Buchstaben des Landes.

Denken Sie sich den Namen eines Tieres aus, der mit diesem Buchstaben beginnt.
Merken Sie sich den letzten Buchstaben des Tiernamens.

Denken Sie sich den Namen einer Frucht aus, der mit diesem Buchstaben beginnt.
Vergleichen Sie Ihr Ergebnis mit meinem, das in der Lösung angegeben ist.

## DIE MAGISCHE ZAHL 1089

Denken Sie sich eine beliebige dreistellige Zahl mit unterschiedlichen Ziffern aus und machen Sie Folgendes mit ihr:

**Wir haben uns 825 ausgedacht** 8 2 5 **Ihre Zahl ist:** ☐ ☐ ☐

**(1) Drehen Sie die Ziffern um: 528** 5 2 8 **Ihr Ergebnis:** ☐ ☐ ☐

**(2) Ziehen Sie die beiden Zahlen voneinander ab**

8 2 5 – 5 2 8 = 2 9 7

**Ihr Ergebnis:** ☐ ☐ ☐ – ☐ ☐ ☐ = ☐ ☐ ☐

**(3) Drehen Sie die Ziffern des Ergebnisses um und zählen Sie Zahl und Umkehrung zusammen:**

2 9 7 + 7 9 2 = 1 0 8 9

**Ihr Ergebnis:** ☐ ☐ ☐ + ☐ ☐ ☐ = 1 0 8 9

Aufpassen: Wenn Sie hier die Ziffern vertauschen, müssen Sie auch eine möglicherweise führende Null beachten. (Beispiel: Wenn Ihre Anfangszahl 102 war, sind Sie am Ende von Schritt (2) bei beim Ergebnis 99. Das müssten Sie aber als 099 notieren, und der Umkehrwert wäre 990.)

Wundern Sie sich, dass Ihre eigene Zahl Sie zum selben Ergebnis führt?

Versuchen Sie es mit einer anderen Zahl. Erstaunlicherweise führt auch diese Rechnung zur selben Zahl, nämlich **1089**.

039 3

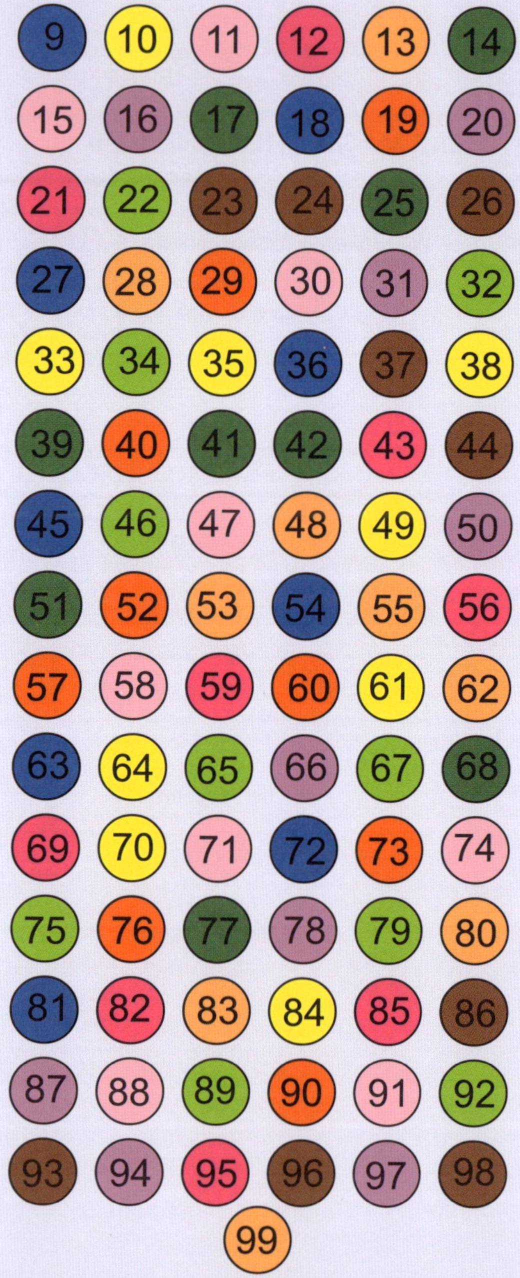


## TELEPATHISCHE ZAHLENMAGIE

Sehen Sie sich das Zahlenmuster rechts an. Es beginnt bei 9 und enthält die ersten 90 zweistelligen Zahlen, wobei jede Zahl einer von sieben Farben zugeordnet ist. Ich werde jetzt meine telepathischen Fähigkeiten nutzen, um Sie bei der Wahl Ihrer Zahl so zu beeinflussen, dass das Ergebnis eine blaue Zahl sein wird.

Wählen Sie also irgendeine der zweistelligen Zahlen, zählen Sie die beiden Ziffern zusammen und subtrahieren Sie diese Summe von Ihrer Ursprungszahl. Das Ergebnis ist eine blaue Zahl, stimmt's?

Habe ich Sie von meinen telepathischen Fähigkeiten überzeugt?

Nun, falls nicht, finden Sie vielleicht heraus, ob ein Geheimnis dahinter steckt.

040 2

## OHRRINGE

Auf einer großen Party tummeln sich 900 Frauen.

2 Prozent davon tragen einen Ohrring.

50 Prozent der übrigen Frauen tragen zwei Ohrringe, der Rest trägt keinen Ohrring.

Wie viele Ohrringe sind bei der Party dabei?

# 555555555555555555555555555555555

| | | | | | | | | | |
|---|---|---|---|---|---|---|---|---|---|
| 1 | 11 | 21 | 31 | 41 | 51 | 61 | 71 | 81 | 91 |
| 2 | 12 | 22 | 32 | 42 | 52 | 62 | 72 | 82 | 92 |
| 3 | 13 | 23 | 33 | 43 | 53 | 63 | 73 | 83 | 93 |
| 4 | 14 | 24 | 34 | 44 | 54 | 64 | 74 | 84 | 94 |
| 5 | 15 | 25 | 35 | 45 | 55 | 65 | 75 | 85 | 95 |
| 6 | 16 | 26 | 36 | 46 | 56 | 66 | 76 | 86 | 96 |
| 7 | 17 | 27 | 37 | 47 | 57 | 67 | 77 | 87 | 97 |
| 8 | 18 | 28 | 38 | 48 | 58 | 68 | 78 | 88 | 98 |
| 9 | 19 | 29 | 39 | 49 | 59 | 69 | 79 | 89 | 99 |
| 10 | 20 | 30 | 40 | 50 | 60 | 70 | 80 | 90 | 100 |

10 - 10%

100 - 19%

1000 - ?

$10^{64}$ - ?

| | | | | | | | | | |
|---|---|---|---|---|---|---|---|---|---|
| 1 | 11 | 21 | 31 | 41 | 51 | 61 | 71 | 81 | 91 |
| 2 | 12 | 22 | 32 | 42 | 52 | 62 | 72 | 82 | 92 |
| 3 | 13 | 23 | 33 | 43 | 53 | 63 | 73 | 83 | 93 |
| 4 | 14 | 24 | 34 | 44 | 54 | 64 | 74 | 84 | 94 |
| 5 | 15 | 25 | 35 | 45 | 55 | 65 | 75 | 85 | 95 |
| 6 | 16 | 26 | 36 | 46 | 56 | 66 | 76 | 86 | 96 |
| 7 | 17 | 27 | 37 | 47 | 57 | 67 | 77 | 87 | 97 |
| 8 | 18 | 28 | 38 | 48 | 58 | 68 | 78 | 88 | 98 |
| 9 | 19 | 29 | 39 | 49 | 59 | 69 | 79 | 89 | 99 |
| 10 | 20 | 30 | 40 | 50 | 60 | 70 | 80 | 90 | 100 |

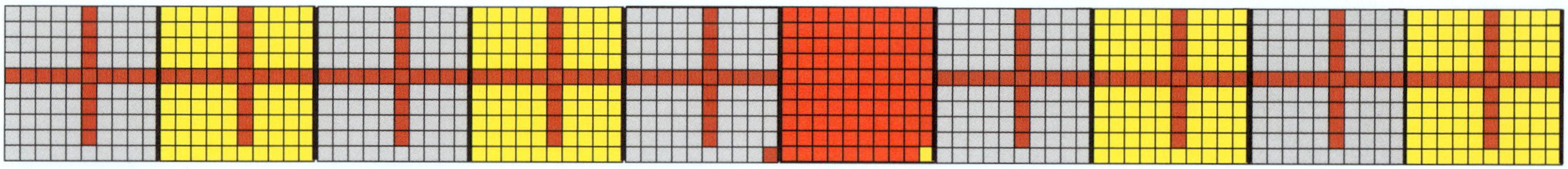

1-100 101-200 201-300 301-400 401-500 501-600 601-700 701-800 801-900 901-1000

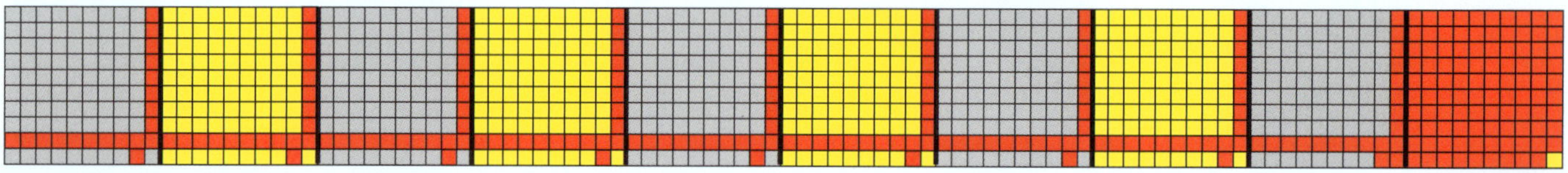

1-100 101-200 201-300 301-400 401-500 501-600 601-700 701-800 801-900 901-1000

## DAS 5-ER-PARADOX

**041 5**

Wie oft taucht die Ziffer 5 in 1000 Zahlen auf? Das Ergebnis ist überraschend.
Bei den ersten 10 Zahlen erscheint die Ziffer 5 nur in einer davon (10 Prozent).
Bei den ersten 100 Zahlen ($10^2$) erscheint sie, wie wir sehen, in 19 verschiedenen Zahlen, etwa einem Fünftel, oder 19 Prozent.
Wie verändert sich dieses Verhältnis innerhalb der ersten 1000 Zahlen ($10^3$)?
Geben Sie einmal eine Schätzung ab: Wie groß ist der Prozentsatz der Zahlen, in denen die 5 auftaucht, wenn wir die Reihe bis zu einer sehr hohen Zahl fortsetzen,

**beispielsweise bis $10^{64}$?**

# 999999999999999999999999999999999

## ZIFFERNADDITION NACH KAPREKAR

Der indische Mathematiker D.R. Kaprekar (1905–1986) wurde von seinen Zeitgenossen anfangs nicht ganz ernst genommen, seine Zahlenspiele hielten sie für trivial. Doch Kaprekar machte erstaunliche Entdeckungen. Martin Gardner stellte sie in der Zeitschrift *Scientific American* vor, was dem Mathematiker zu weltweiter Anerkennung für seinen Beitrag zur Unterhaltungsmathematik und zur Zahlentheorie verhalf.

Eine von Kaprekars Entdeckungen war die sogenannte „Digitaddition", oder Ziffernaddition.

Wählen Sie eine positive Ganzzahl und addieren Sie die Summe ihrer Ziffern.

Am Beispiel 23 wollen wir das Vorgehen bei der Ziffernaddition demonstrieren.

23 + 5 = 28

Die Zahl 23 wird Erzeugerzahl genannt, die Zahl 28 heißt erzeugte Zahl.

Nun ist 28 die Erzeugerzahl.... usw. Wir können dieses Vorgehen unendlich lange wiederholen und erhalten damit die sogenannte Ziffernadditions-Reihe:

**28, 28, 38, 49, 62, 70, 77, 91, 101, 103, 107, 115**

Es gibt bis jetzt keine Formel für die partiellen Summen der Reihen, wenn die erste und die letzte Zahl bekannt ist, aber ich habe einen magischen Zusammenhang entdeckt:

Wenn Sie, heimlich, eine Zahl als Erzeugerzahl wählen, damit eine partielle Ziffernadditions-Serie beliebiger Länge bilden und mir irgendwann Ihre erste Zahl und die letzte Zahl der Reihe nennen, teile ich Ihnen innerhalb einer Sekunde die Summe aller Ziffern Ihrer Zahlenreihe mit. Was sagen Sie nun?

043 9

> „Ein Trinker wünscht sich, nicht mit dem Trinken aufzuhören, weil er von diesem herrlichen Zustand nicht lassen will. Genauso geht es mir mit Zahlen.“
>
> *D. R. Kaprekar*

? 1746

? 2435

? 5644

? 7652

? ? ? ?

Eine weitere vierstellige Zahl Ihrer Wahl!

## DIE KAPREKAR-KONSTANTE

Eine andere von D.R. Kaprekars Entdeckungen ist die Kaprekar-Konstante.

Wählen Sie eine beliebige vierstellige Zahl mit vier unterschiedlichen Ziffern, zum Beispiel 2435.

Ordnen Sie die Ziffern nun in absteigender Reihenfolge an (in unserem Beispiel 5432) und ziehen Sie davon die Zahl ab, die Sie erhalten, wenn Sie die Ziffern in aufsteigender Reihenfolge anordnen: 5432 – 2345.

Dasselbe tun Sie mit der Zahl, die Sie als Differenz erhalten, dann fahren Sie so lange damit fort, bis Sie zweimal hintereinander dasselbe Ergebnis bekommen.

Probieren Sie es mit den anderen drei vierstelligen Zahlen, die hier vorgeschlagen werden, und auch mit irgendeiner vierstelligen Zahl Ihrer eigenen Wahl.

044 9

## DAS COLLATZ-PROBLEM

1932 entdeckte der 20-jährige deutsche Mathematiker Lothar Collatz ein eigenartiges Phänomen bei einer scheinbar sehr einfachen mathematischen Rechnung, die da lautet:

Sie wählen eine positive Ganzzahl x.

Wenn sie gerade ist, halbieren Sie sie: x geteilt durch 2.

Wenn sie ungerade ist, multiplizieren Sie sie mit 3, fügen 1 hinzu und halbieren das Ergebnis: (3x + 1) geteilt durch 2.

Mit der Zahl, die Sie erhalten haben, beginnen Sie wieder von vorn, bis das Ergebnis irgendwann 1 ist. Danach folgt ein endloser Zyklus der Zahlen 4,2,1...

Collatz war überrascht, wiederholt auf dieses Ergebnis zu kommen, und fragte sich, ob das wohl immer so sein würde. Das nach ihm benannte Collatz-Problem beschäftigt sich seitdem mit der Frage, ob die Zahlenfolgen bei allen ganzzahligen Startzahlen bei 1 enden.

In der Tabelle ist das Problem für die ersten zehn Ganzzahlen außer 7 dargestellt. Wie wir sehen, endet jede Sequenz mit 1, gefolgt vom Zyklus 4,2,1....

Die Zahlen der Collatz-Problem-Reihe werden auch als Hagelschlagzahlen bezeichnet, weil ihre Werte abwechselnd steigen und dann wieder wie Hagelkörner aus einer Wolke fallen.

Der englische Mathematiker J.H. Conway bewies, dass über das Collatz-Problem nicht entschieden werden kann, weil es weder formell beweisbar noch unbeweisbar ist. Der ungarische Mathematiker Paul Erdös bemerkte dazu, „die Mathematik sei noch nicht bereit für Probleme wie dieses."

Mit modernen Supercomputern hat man alle Zahlen bis 27 Billiarden (27.000.000.000.000.000) durchprobiert. Alle Collatz-Sequenzen enden irgendwann mit der Zahl 1. Die längste Collatz-Sequenz, die bis heute ermittelt werden konnte, besteht aus 1.820 Zahlen.

| | | | | | | | | | | | | | | | | | | | |
|---|---|---|---|---|---|---|---|---|---|---|---|---|---|---|---|---|---|---|---|
| 1 | 4 | 2 | 1 | 4 | 2 | 1 | 4 | 2 | 1 | 4 | 2 | 1 | | | | | | | |
| 2 | 1 | | | | | | | | | | | | | | | | | | |
| 3 | 10 | 5 | 16 | 8 | 4 | 2 | 1 | | | | | | | | | | | | |
| 4 | 2 | 1 | | | | | | | | | | | | | | | | | |
| 5 | 16 | 8 | 4 | 2 | 1 | | | | | | | | | | | | | | |
| 6 | 3 | 10 | 5 | 16 | 8 | 4 | 2 | 1 | | | | | | | | | | | |
| 7 | 22 | 11 | 34 | 17 | 52 | 26 | 13 | 40 | 20 | 10 | 5 | 16 | 8 | 4 | 2 | 1 | | | |
| 8 | 4 | 2 | 1 | | | | | | | | | | | | | | | | |
| 9 | 28 | 14 | 7 | 22 | 11 | 34 | 17 | 52 | 26 | 13 | 40 | 20 | 10 | 5 | 16 | 8 | 4 | 2 | 1 |
| 10 | 5 | 16 | 8 | 4 | 2 | 1 | | | | | | | | | | | | | |

Versuchen Sie die Collatz-Reihe für die Startzahl 7 zu ermitteln.

**7**

045 4

## PALINDROME

Ein Palindrom (aus dem Griechischen, etwa „rückwärtslaufend“) ist ein Wort, ein Satz, eine Zahl oder eine andere Reihe, die von hinten und vorn gelesen gleich bleibt.

Das älteste bekannte Palindrom stammt aus dem Jahr 79 v. Chr., ein Graffiti aus Herculaneum, das der Ausbruch des Vesuvs unter Schutt und Asche begrub. Es lautet: „SATOR AREPO TENET OPERA ROTAS.“

Die Übersetzung ist nicht eindeutig, es gibt zwei Versionen:
(1) „Der Sämann Arepo hält unter Anstrengung die Räder.“
(2) „Der Sämann Arepo führt, seine Hände am Pflug.“

| | | | | |
|---|---|---|---|---|
| S | A | T | O | R |
| A | R | E | P | O |
| T | E | N | E | T |
| O | P | E | R | A |
| R | O | T | A | S |

**PALINDROM VON AUS DEM JAHR 79 v. CHR.**

## ZAHLENPALINDROME

Nehmen Sie eine positive Zahl und addieren Sie die Zahl, die entsteht, wenn Sie die Ziffern umdrehen. Wiederholen Sie dieses Prozedere mit der Summe, die Sie erhalten haben, bis Sie ein Zahlenpalindrom erhalten, wie unten mit den Zahlen 234, 1924 und 5280 demonstriert:

| | | |
|---|---|---|
| 234 | 1924 | 5280 |
| + 432 | + 4291 | + 0825 |
| **666** | **6215** | **6105** |
| | + 5126 | + 5016 |
| | 11341 | 11121 |
| | +14311 | + 12111 |
| | **25652** | **23232** |

Glauben Sie, dass jede Startzahl bei diesem Prozedere letztlich ein Palindrom erzeugt?

Versuchen Sie es einmal mit 89!

89.... ?

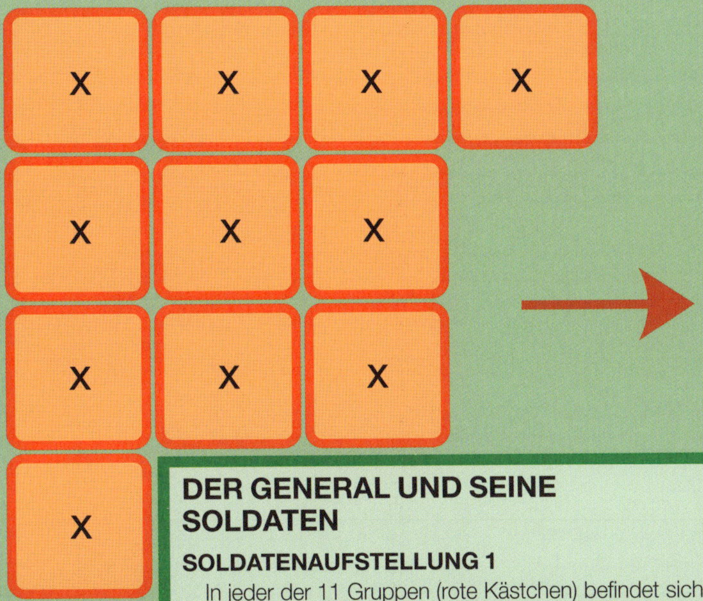

## DER GENERAL UND SEINE SOLDATEN

### SOLDATENAUFSTELLUNG 1

In jeder der 11 Gruppen (rote Kästchen) befindet sich die gleiche Anzahl x von Soldaten. Nimmt man ihren Anführer, den General, zur Gesamtzahl der Soldaten hinzu, lassen sich alle Personen zu einer perfekten quadratischen Anordnung von Soldaten zusammenfügen.

Wie viele Soldaten müssen sich in jeder Gruppe mindestens befinden, und wie viele Soldaten befinden sich insgesamt in der quadratischen Anordnung, einschließlich General?

046 6

### SOLDATENAUFSTELLUNG 2

Diesmal will der General seine Leute in acht Reihen aufstellen, acht Männer in jeder Reihe, sodass er sich selbst an einen Punkt stellen kann, der von allen Reihen gleich weit entfernt ist. Wie müssen sich die Soldaten gemäß diesem Befehl in acht Reihen aufstellen?

047 5

„Nur zwei Dinge sind unendlich, das Universum und die Beschränktheit des Menschen, wobei ich mir bei Ersterem nicht ganz sicher bin.“ *Albert Einstein*

## HOTEL „UNENDLICH“

In der Mathematik hat die Vorstellung von Unendlichkeit, so paradox und widersprüchlich sie auch sein mag, eine überaus große Bedeutung.

Schon die Paradoxe, die Mathematiker im antiken Griechenland, wie Zenon von Elea (etwa 450 v. Chr.), entdeckt haben, machen deutlich, dass man um die Unendlichkeit nicht herumkommt. Eines der berühmtesten Paradoxe von Zenon ist der Wettlauf zwischen Achilles und der Schildkröte: Achilles gibt der Schildkröte einen Vorsprung. Wenn man sich nun vorstellt, dass auf dieser Strecke unendlich viele Punkte liegen, die die Schildkröte immer schon vor Achilles erreicht, wird Achilles es theoretisch tatsächlich niemals schaffen, die Schildkröte zu überholen.

Während der nächsten 2.000 Jahre wussten Mathematiker nicht so richtig, wie sie mit dem Problem der Unendlichkeit umgehen sollten. Als Erster brachte der deutsche Kardinal Nikolaus von Kues (1401-1464) den logischen Verstand mit ins Spiel, ohne die Idee der Unendlichkeit völlig zu widerlegen. Er lehrte, dass im Unendlichen der Kreis zu einer Geraden wird. Wir wissen nur so viel über Unendlichkeit, meinte von Kues, dass wir sie eben nicht kennen. Sie lässt sich nur über Gegensätzlichkeiten verstehen.

In den 1870er Jahren begründete der deutsche Mathematiker Georg Cantor (1845-1918) die transfinite Arithmetik, einen Zweig der Mathematik, der alle Mysterien des Unendlichen zu lösen schien. Cantor führte das Konzept von Mengen sowie den Begriff der Kardinalität (Mächtigkeit) ein, um die Existenz des Unendlichen und unterschiedlicher Ordnungen von Unendlichkeit zu beweisen.

In der Mathematik wird jede Häufung von Dingen Menge genannt. Zwei Mengen haben dieselbe Mächtigkeit, wenn zwischen ihren Zahlen ein 1:1-Verhältnis besteht. Dieses einfache Prinzip lässt äußerst paradoxe Schlüsse zu. Der merkwürdigste ist, dass es unterschiedliche Größen von Unendlichkeit gibt – eine für das intuitive Verstehen höchst suspekte Vorstellung. Stellen Sie sich einmal eine Menge gerader Zahlen vor. Es ist offensichtlich, dass dies nur halb so viele Zahlen sein können, als es Ganzzahlen gibt, trotzdem haben die Mengen dieselbe Mächtigkeit, weil zwischen ihren Zahlen ein 1:1-Verhältnis besteht (jede gerade Zahl 2n entspricht der Ganzzahl n). Die Mengen haben bestimmte Größen, aber beide sind unendlich.

Die Menge rationaler Zahlen (Zahlen der Art a/b, wobei a und b Ganzzahlen sind) scheint viel mehr Zahlen zu enthalten als die Menge von Ganzzahlen, da es unendlich viele rationale Zahlen zwischen jedem Paar von Ganzzahlen 1, 2, 3, 4, 5... gibt. Und dennoch haben die beiden Mengen dieselbe Mächtigkeit.

Einige Jahrhunderte später machte der italienische Mathematiker Galilei (1564–1642) auf das Paradox eines 1:1-Verhältnisses zwischen den Kardinalzahlen (Grundzahlen) und ihren Quadratzahlen aufmerksam:

**1 2 3 4 5 6 7 8....**
**1 4 9 16 25 36 49 64.....**

obwohl man intuitiv weniger Quadratzahlen annimmt als Grundzahlen.

## HOTEL UNENDLICH

Das Hotel „Unendlich“ hat unendlich viele Zimmer. Egal, wie belegt das Hotel ist, es gibt immer noch Platz für den nächsten Gast. Der Hotelmanager verlegt einfach den Gast von Zimmer 1 auf Zimmer 2 und den Gast aus Zimmer 2 auf Zimmer 3 usw. Irgendwann wird Zimmer 1 für den nächsten neuen Gast geräumt. Aber diesmal steht der Hotelmanager vor dem Problem, unendlich viele Gäste gleichzeitig einquartieren zu müssen. Wie macht er das?

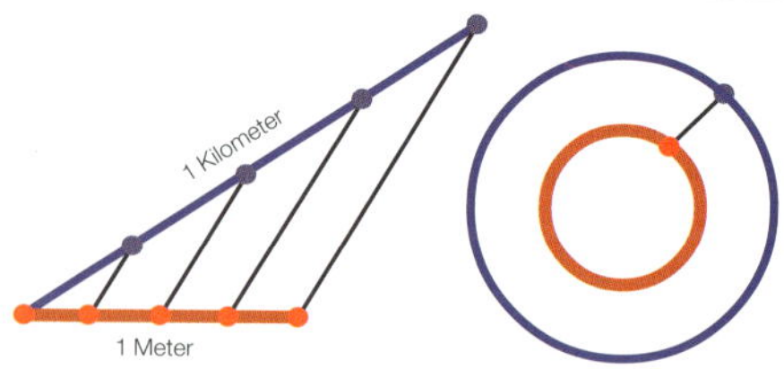


## DAS PARADOX DES 1:1-VERHÄLTNISSES

Auf den Linien mit 1 Millimeter, 1 Meter und 1 Kilometer Länge liegt dieselbe Menge von Punkten. Die Punkte auf zwei Kreisen lassen sich als Paare im 1:1-Verhältnis begreifen, deshalb müssen diese Kreise auch dieselbe Zahl von Punkten haben.

048 5

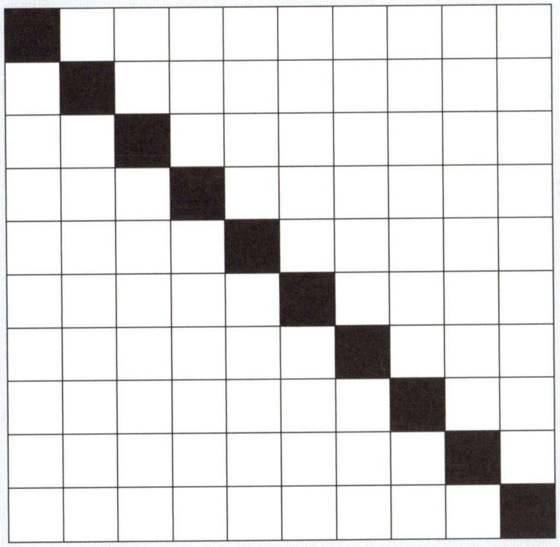

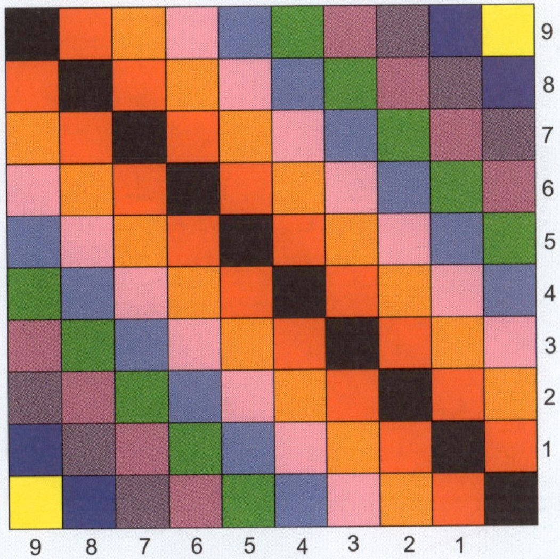

6 x 6

6 x 9

## ZELLEN-INFEKTION

### „Infiziertes“ Schachbrett

Ausgehend vom anfänglichen Muster der „infizierten“ schwarzen Zellen, erfolgt die automatische Zellen-Infektion nach folgendem Gesetz: Hat eine Zelle zwei oder mehr schwarze (später farbige) Nachbarzellen, wird sie in der nächsten Generation selbst schwarz (später farbig). Jede Zelle hat vier Nachbarn, jeweils einen oben, unten, rechts und links. Die Abbildung zeigt, dass innerhalb von neun Generationen das ganze Brett „infiziert“ ist. Muss es am Anfang in jeder Reihe oder Spalte ein schwarzes Feld geben, damit sich die Infektion auf dem ganzen Brett verbreitet? Nach wie vielen Generationen sind die vier Bretter ganz infiziert?

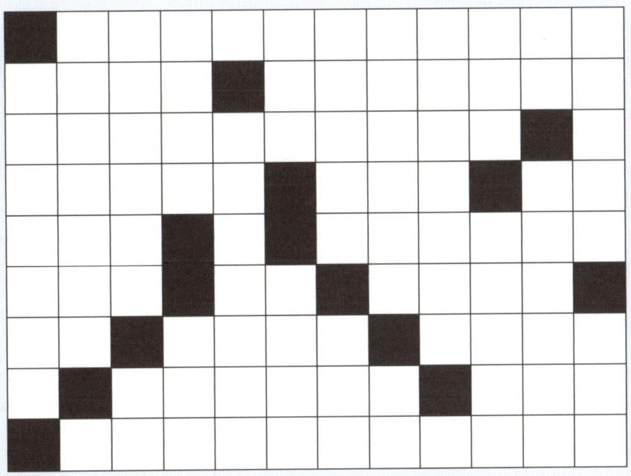

9 x 12

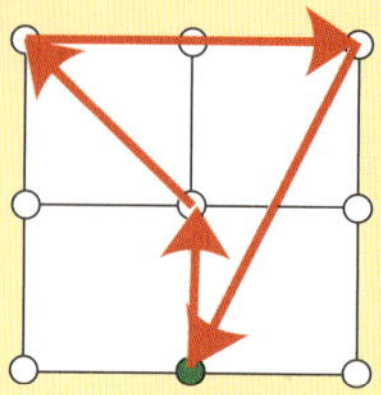

3x3-Quadratgitter

Rätsel **(1) 4 Schritte**

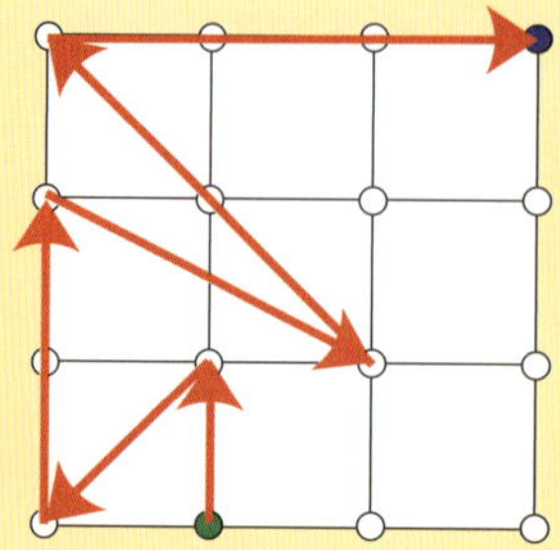

4x4-Quadratgitter

Rätsel **(2) 6 Schritte**

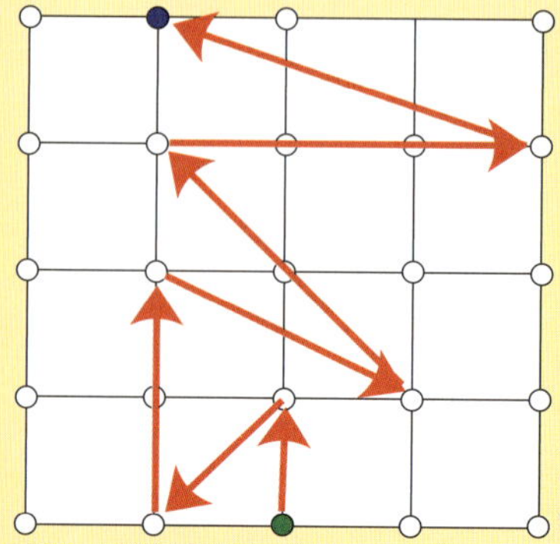

5x5-Quadratgitter

Rätsel **(3) 7 Schritte**

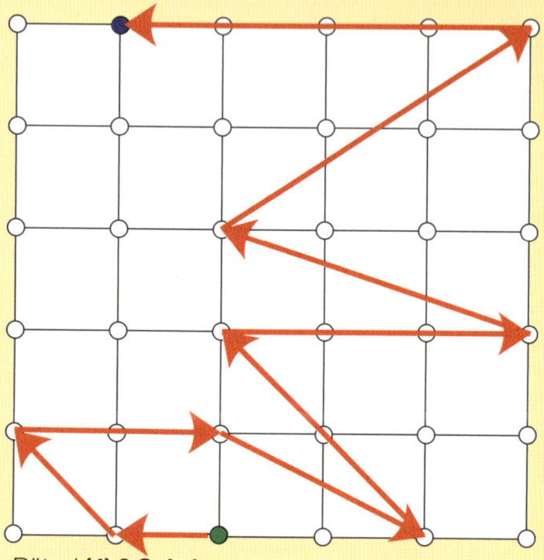

6x6-Quadratgitter

Rätsel **(4) 9 Schritte**

049 6

## PFADE DURCH QUADRATGITTER 1

### Quadratgitterpunkte verbinden

Bei diesem Rätsel besteht die Aufgabe darin, einen Pfad vom Ausgangspunkt (grün) zum Endpunkt (blau) zwischen den Schnittpunkten eines Quadratgitters kontinuierlich zu verfolgen. Die „Schrittlänge" zwischen den Punkten wird dabei immer länger, wie Sie aus der Grafik ersehen. Wie viele Schritte sind in jedem Rätsel möglich?

Die Höchstzahl aufeinanderfolgender Schritte wird für das erste Rätsel gezeigt. Wie viele Schritte sind in dem 7x7-Quadratgitter und dem 8x8-Quadratgitter möglich?

Die Verbindungslinien dürfen sich nicht überschneiden.

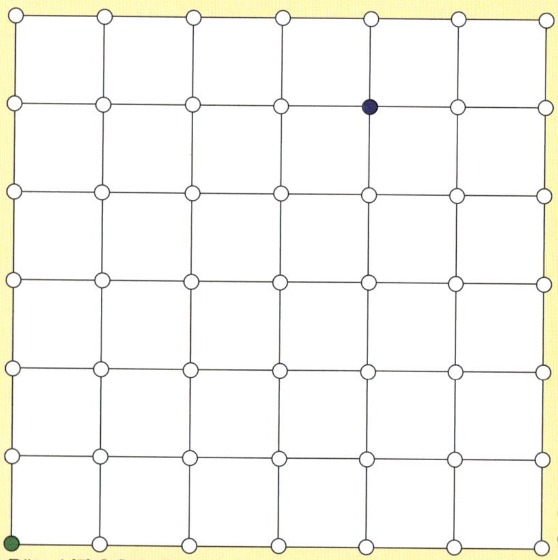

7x7-Quadratgitter

Rätsel **(5) ? Schritte**



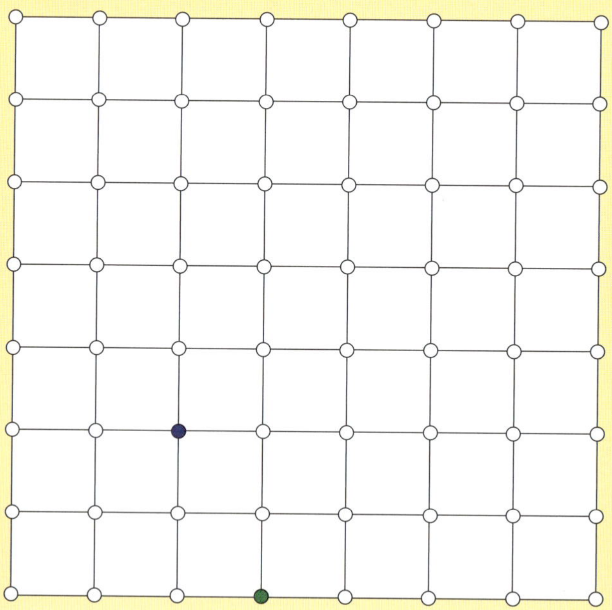

8x8-Quadratgitter

Rätsel **(6) ? Schritte**

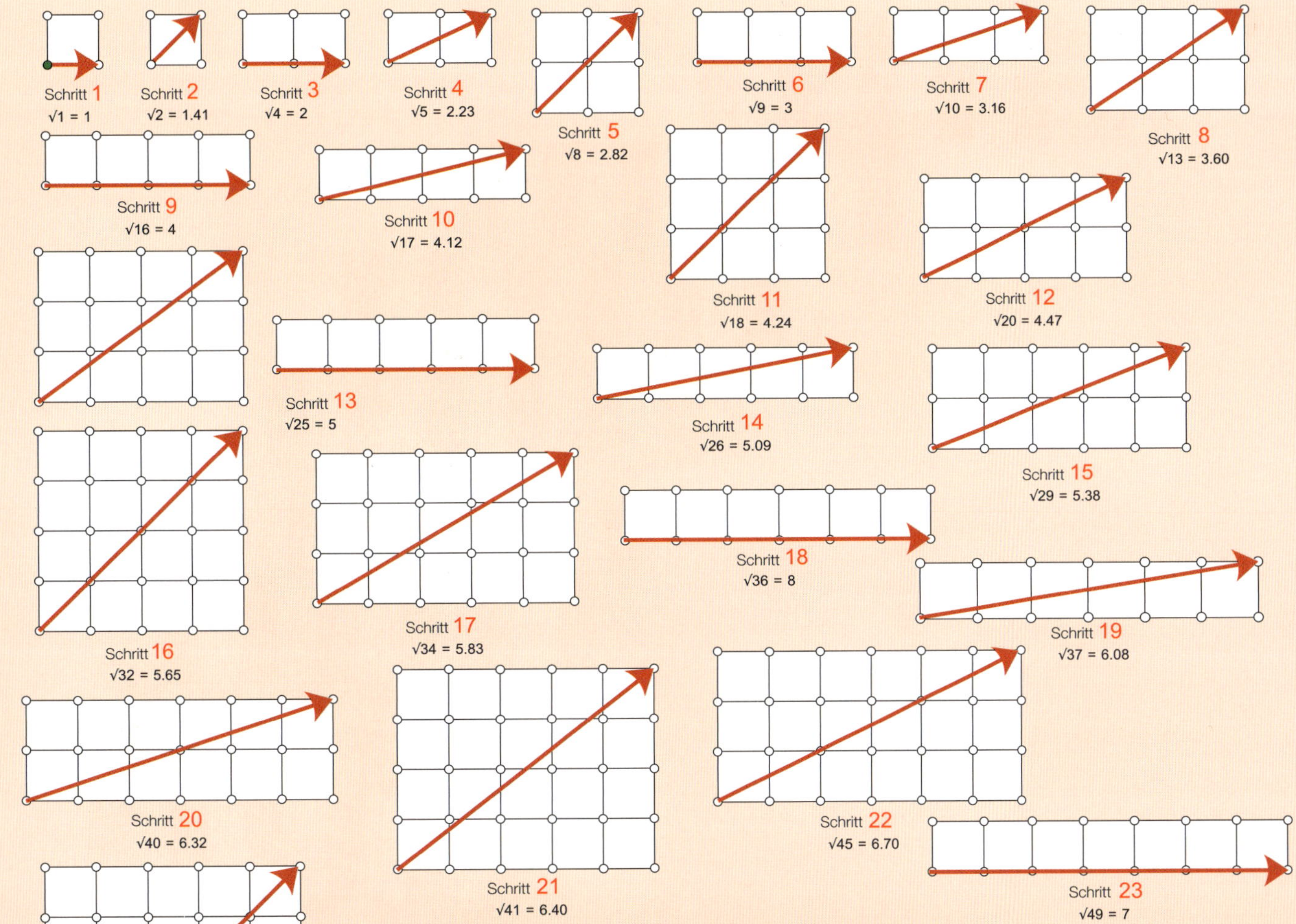


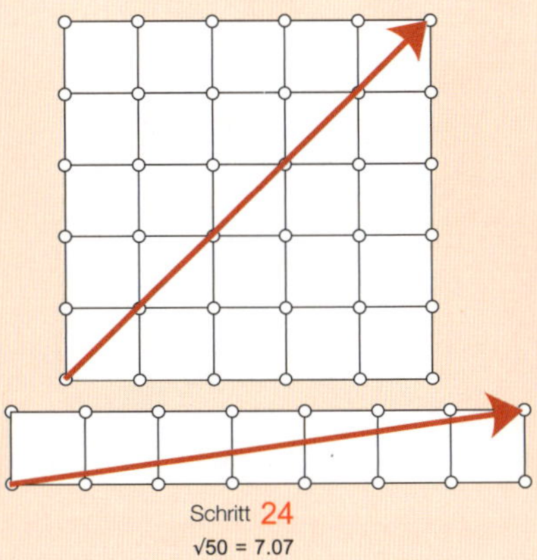


## PFADE DURCH QUADRATGITTER 2

### Quadratgitterpunkte verbinden

Das Solitärspiel, bei dem versucht wird, von einem Startpunkt aus ein Quadratgitter auf einem möglichst langen Pfad zu durchwandern, gibt es in zahlreichen Varianten. Es gilt dabei, möglichst viele Schritte zu schaffen.

In unserem Beispiel geht es darum, zwei Punkte eines Gitters aus Quadraten der Einheit 1 jeweils so miteinander zu verbinden, dass die Distanzen sich fortlaufend vergrößern. Dafür sind 24 Schritte vorgesehen.

In der Abbildung sehen Sie die fortlaufenden Schritte, beginnend bei 1, die jeweils zwei Punkte mit dem Abstand 1 Einheit miteinander verbinden. Nach Schritt 24 beginnt die Reihe von Neuem bei 1.

Die Spielvorlage dieses Papier-und-Bleistift-Spiels besteht aus einem Gitter mit 15 quadratischen Feldern der Einheit 1, also einem 15x15-Quadratgitter.

Spielen zwei Spieler das Spiel, wählen sie einen Startpunkt und konkurrieren um die beste Lösung, oder sie spielen auf durchnummerierten Vorlagen.

Die Verbindungslinien dürfen sich nicht überschneiden.

Wie Sie sehen, haben bei Schritt 13 und 24 die Spieler die Wahl zwischen zwei möglichen Schritten gleicher Länge.

050 8

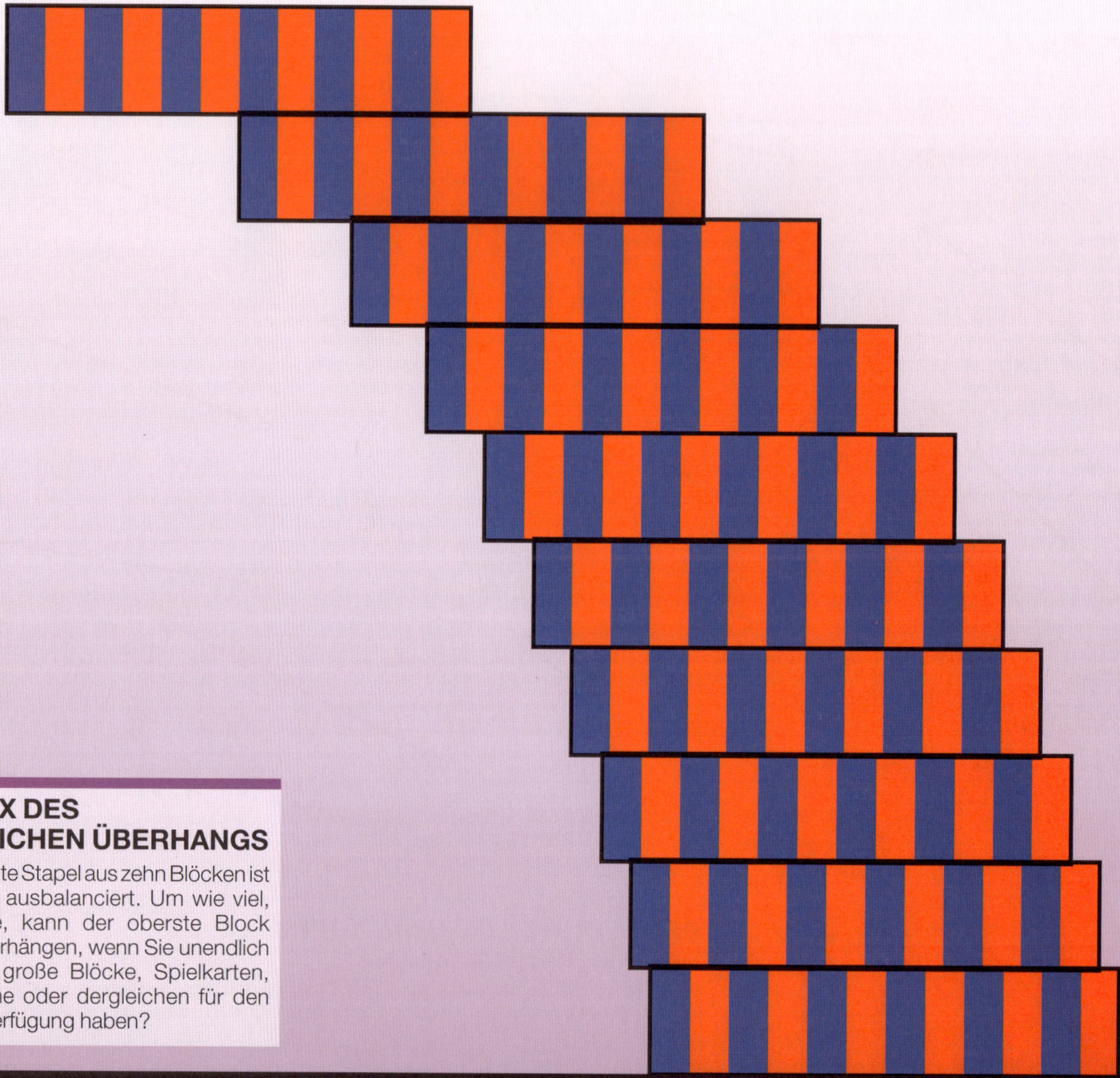

## PARADOX DES UNENDLICHEN ÜBERHANGS

Der gezeigte Stapel aus zehn Blöcken ist vollkommen ausbalanciert. Um wie viel, glauben Sie, kann der oberste Block maximal überhängen, wenn Sie unendlich viele gleich große Blöcke, Spielkarten, Dominosteine oder dergleichen für den Stapel zur Verfügung haben?

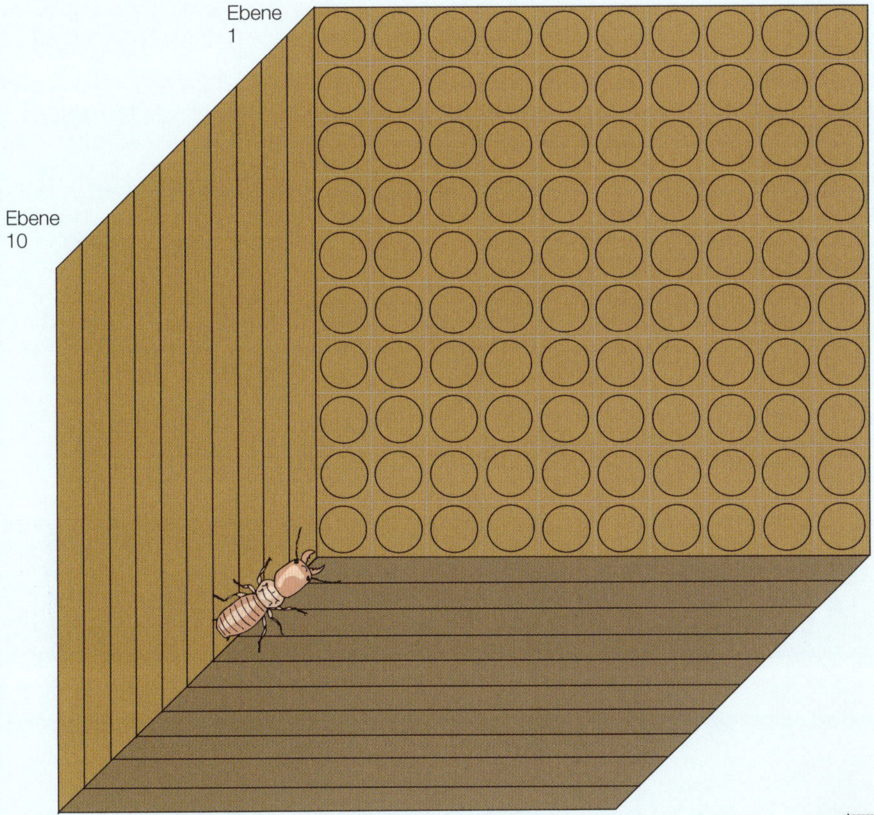


## HOLZWURM IM WÜRFEL

**3-D-Zellen-Tour durch einen 10x10x10-Würfel**

Der Würfel mit der Kantenlänge 10 Einheiten hat 10 Schichten. Ein Holzwurm startet seinen Angriff auf der obersten Ebene in der unteren linken Zelle. Die Länge seiner „Schritte" beginnt bei 1 Zelle und vergrößert sich fortlaufend bis auf 9 Zellen. Er bewegt sich nur senkrecht oder waagerecht, und jeder Schritt bildet einen rechten Winkel zum vorhergehenden.

Nach der maximalen Anzahl aufeinanderfolgender Schritte auf einer Ebene beginnt er wieder bei Schrittlänge 1. Sind keine weiteren Schritte mehr möglich, setzt er seine Attacke, vom letzten Schritt der durchwanderten Ebene aus, auf der nächsten Ebene fort, usw.

Wie viele Zellen hat der Holzwurm am Ende der letzten Ebene verspeist? Die Abbildung zeigt seinen Marsch durch die erste Ebene.

051 7

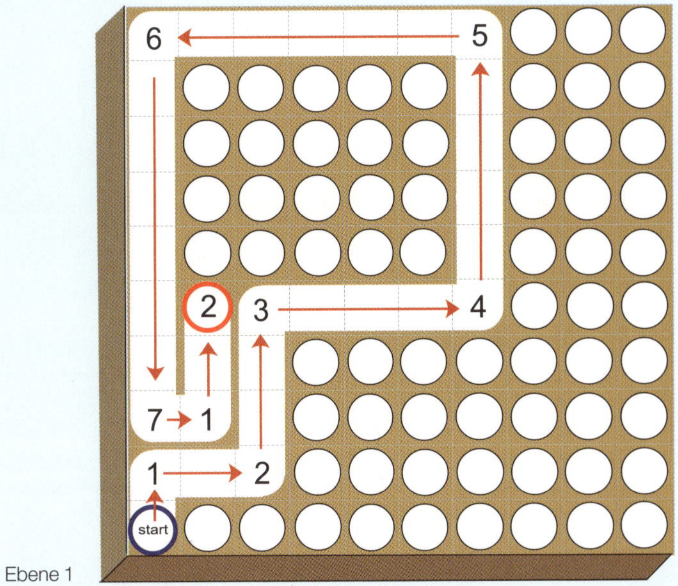

## PRIMZAHLEN

## DIE MUSIK DER PRIMZAHLEN

Primzahlen sind ganze Zahlen, die nur durch 1 und durch sich selbst teilbar sind. Sie sind die quasi die Bausteine der Ganzzahlen. Ihre Hauptbedeutung für die Mathematik besteht darin, dass sich alle Nichtprimzahlen aus Primzahlen zusammensetzen.

Jede Zahl ist entweder eine Primzahl oder eine zusammengesetzte Zahl, die sich als Produkt kleinerer Primzahlen ausdrücken lässt. So weit wir wissen, scheint es wahr zu sein, dass jede gerade Zahl größer als 2 als Summe zweier Primzahlen schreiben lässt – doch dies ist nur eine Theorie, die sogenannte „Goldbachsche Vermutung", da dieses Verhalten noch nicht für alle geraden Zahlen mathematisch nachgewiesen werden konnte. Wir wissen jedoch mit Sicherheit, dass jede ungerade Zahl größer als 9 als Summe dreier Primzahlen ausgedrückt werden kann – dies beweist der Satz von Winogradow. Die Goldbachsche Vermutung wurde erstmals im Jahre 1742 von dem preußischen Mathematiker Christian Goldbach (1690–1764) aufgestellt.

Der Satz von Winogradow geht auf den russischen Mathematiker Iwan Winogradow (1891–1983) zurück.

Auf den ersten Blick eine schlichte Angelegenheit, bleiben Primzahlen doch die geheimnisvollsten Studienobjekte der Mathematik. Mathematiker auf der ganzen Welt machen sich ein Spiel daraus, zu bestimmen, ob eine Zahl eine Primzahl oder eine zusammengesetzte Zahl ist. Wenn Sie auf der Suche nach Ordnungen und Mustern sind, stellen Primzahlen die ultimative Herausforderung dar. Manche Mathematiker glauben gar, die Primzahlen seien gleichsam der Code der Schöpfung!

Primzahlen lassen sich nicht durch Formeln fassen. Die einzige bekannte Methode, eine Liste von Primzahlen bis zu einem bestimmten Punkt zu erstellen, besteht darin, erst alle Ganzzahlen niederzuschreiben und anschließend alle zusammengesetzten Zahlen systematisch zu eliminieren. Diese Methode ist bekannt als „Sieb des Eratosthenes" und geht auf den griechischen Mathematiker, Geographen und Astronomen Eratosthenes (276–194 v. Chr.) zurück.

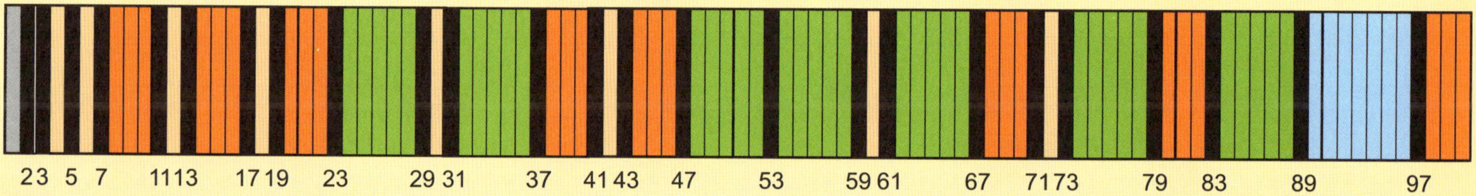


## DIE PRIMZAHLEN BIS 100

Sehen Sie sich das Primzahlenmuster bis 100 an. Ihre Verteilung erscheint vollkommen willkürlich. Es gibt kein Muster, aus dem sich die jeweils nächste Primzahl ableiten ließe. Von 1 bis 100 gibt es 25 von ihnen. Wie ist die Verteilung für die nächste 100er-Strecke?

In der Tat besteht das Hauptproblem der Primzahlenforschung darin, dass sich das Verteilungsmuster der Primzahlen entlang der Reihe der Ganzzahlen bislang allen Versuchen entzogen hat, sie präzise zu beschreiben. Dieser Umstand inspirierte den deutschen Mathematiker Bernhard Riemann (1826–66) dazu, das Primzahlenproblem von einem völlig neuen Blickwinkel aus zu betrachten. Jenseits der oberflächlichen Zufälligkeit der Primzahlenverteilung erblickte er eine subtile innere Harmonie – eine Harmonie, die wirklich existiert.

Seine mutige Behauptung, auch bekannt als Riemann-Hypothese, ist bis heute unbewiesen.

**052 8**

Die zahlreichen verblüffenden und immer noch unergründeten Eigenschaften der Primzahlen haben Mathematiker seit Euklid (323-283 BCE) in ihren Bann gezogen. Einige der damit verbundenen Fragen habe ich aufgelistet:

(1) Gibt es eine letzte Primzahl, oder geht die Reihe ewig weiter?

(2) Lässt sich jede Zahl größer als 1 als Produkt von Primzahlen ausdrücken?

(3) Je weiter wir gehen, desto seltener werden die Primzahlen. Wie groß ist der maximale Abstand zwischen zwei Zahlen ohne Primzahlen? Ist ein Intervall denkbar von, sagen wir, 1000 (einer beliebigen anderen Anzahl) ohne eine einzige Primzahl?

(4) Gibt es immer mindestens einme Primzahl zwischen jeder Zahl und ihrem Doppelten?

(5) Wenn die Reihe ewig weitergeht, gilt das auch für die Reihe der Primzahlenzwillinge k und k+2?

(6) Eine der aufregendsten Entdeckung auf dem Gebiet der Primzahlen ergab sich aus purem Zufall. Ordnet man Ganzzahlen in Form einer gegen den Uhrzeigersinn laufenden Spirale an, beginnend im Mittelpunkt, haben Primzahlen die unergründliche Neigung, sich in geraden Linien anzuordnen!

„Es wird mindestens noch einmal eine Million Jahre dauern, bevor wir die Primzahlen verstehen."

*Paul Erdös (1913–96)*

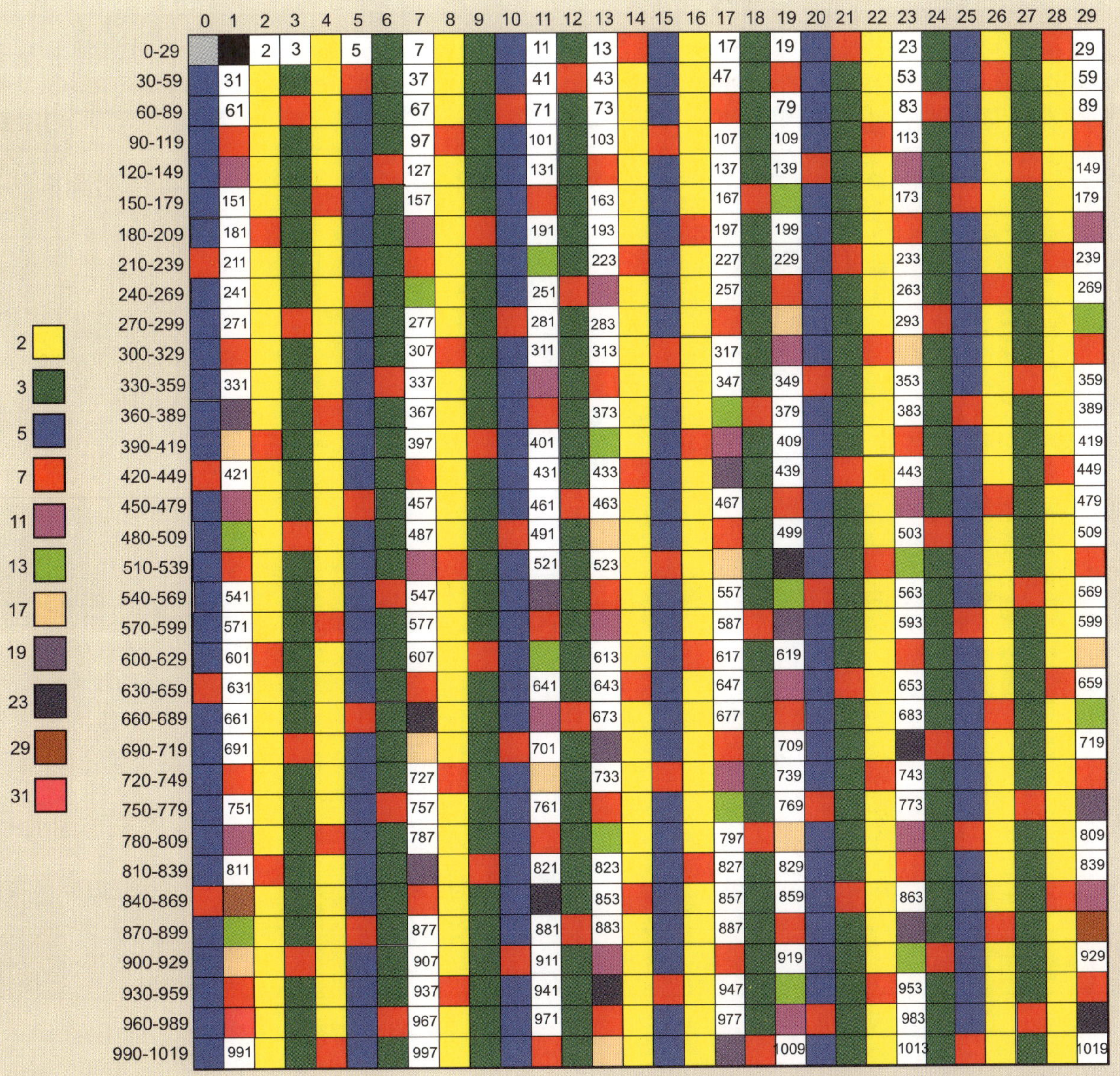


## DAS SIEB DES ERATOSTHENES

### Wie viele Primzahlen gibt es in den ersten 1019 Grundzahlen?

Nachdem alle zusammengesetzten (zerlegbaren) Zahlen eleminiert sind, bleiben 171 Primzahlen übrig, wie die Abbildung links zeigt.

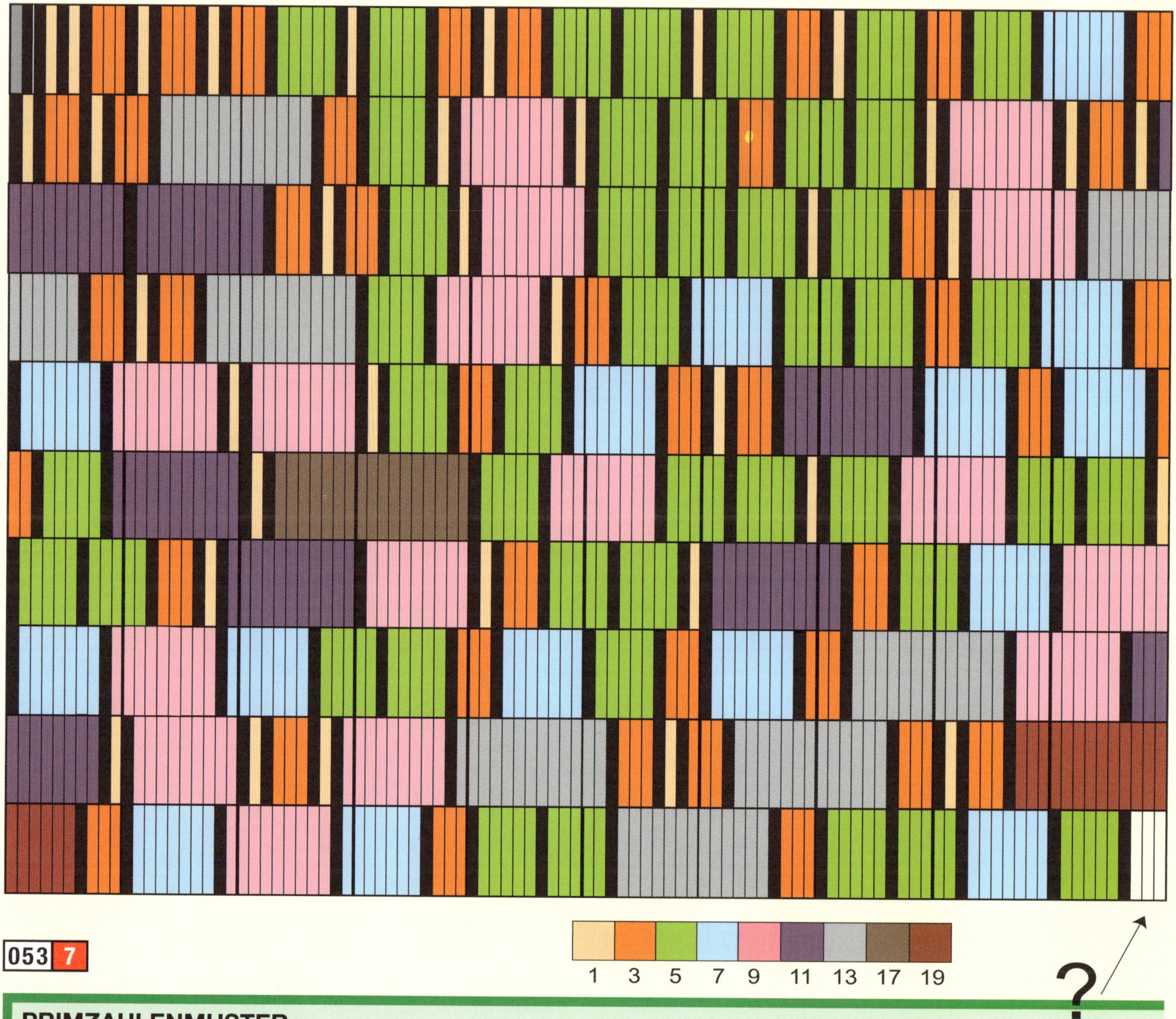


053 7

**PRIMZAHLENMUSTER**

## DIE MUSIK DER PRIMZAHLEN

Hier sehen Sie das Verteilungsmuster der Primzahlen von 1 bis 1000. Wissen Sie, mit welcher Farbe das Muster endet?

## ERATOSTHENES VON KYRENE (276–194 v. CHR.)

Eratosthenes, Geograf, Astronom, Poet, Athlet und Mathematiker, wurde in Kyrene im heutigen Libyen geboren. Er war der Erste, der sehr genau den Durchmesser der Erde und die Neigung der Erdachse bestimmte. Als Oberster Bibliothekar stand er der berühmten Bibliothek von Alexandria vor. Auf dem Gebiet der Mathematik ist sein „Sieb des Eratosthenes“ bekannt, eine Methode zur Identifizierung von Primzahlen.

## PRIMZAHLEN-TREPPE

Die Grafik zeigt die ersten 48 Primzahlen von 2 bis 223. Wie viele gerade Zahlen lassen sich durch Addition dieser Primzahlen in unterschiedlichen Kombinationen erzeugen?

**054** **8**

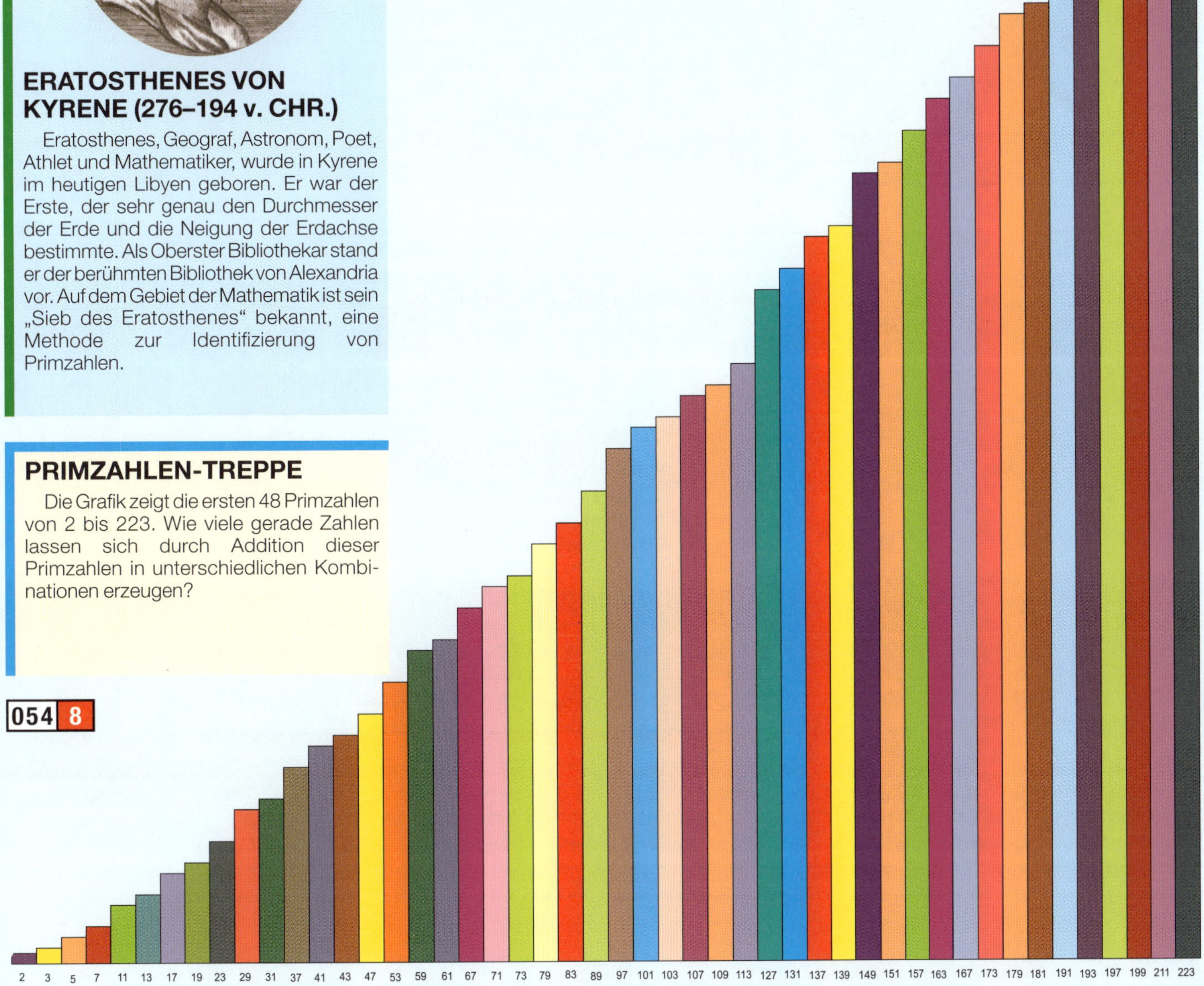

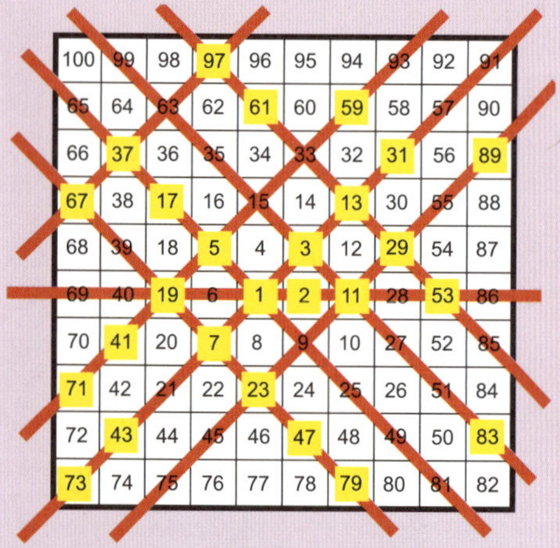


## PRIMZAHLEN-SPIRALE

Der polnische Mathematiker Stanislaw Ulam (1909–84) kritzelte 1963 während einer langweiligen Vorlesung Zahlen auf ein Blatt Papier. Er schrieb aufeinanderfolgende Zahlen in ein quadratisches Raster, beginnend mit 1 in der Mitte, und fuhr dann spiralförmig fort, wie in der Abbildung gezeigt. Zu seiner Verblüffung fielen die meisten Primzahlen auf Diagonalen und gerade Linien.

Genau gesagt liegen in seinem Raster die ersten 26 Primzahlen auf geraden Linien, mit mindestens je drei Primzahlen auf einer Linie, während einige Diagonalen sogar noch mehr Primzahlen enthalten. Dieselbe geheimnisvolle Primzahlverteilung findet man auch in größeren Rastern dieser Art mit Millionen von Primzahlen in Spiralform, alle mit ähnlicher Anordnung.

Handelt es sich hier um ein Naturgesetz oder um puren Zufall? Das hat bis jetzt noch niemand herausgefunden.

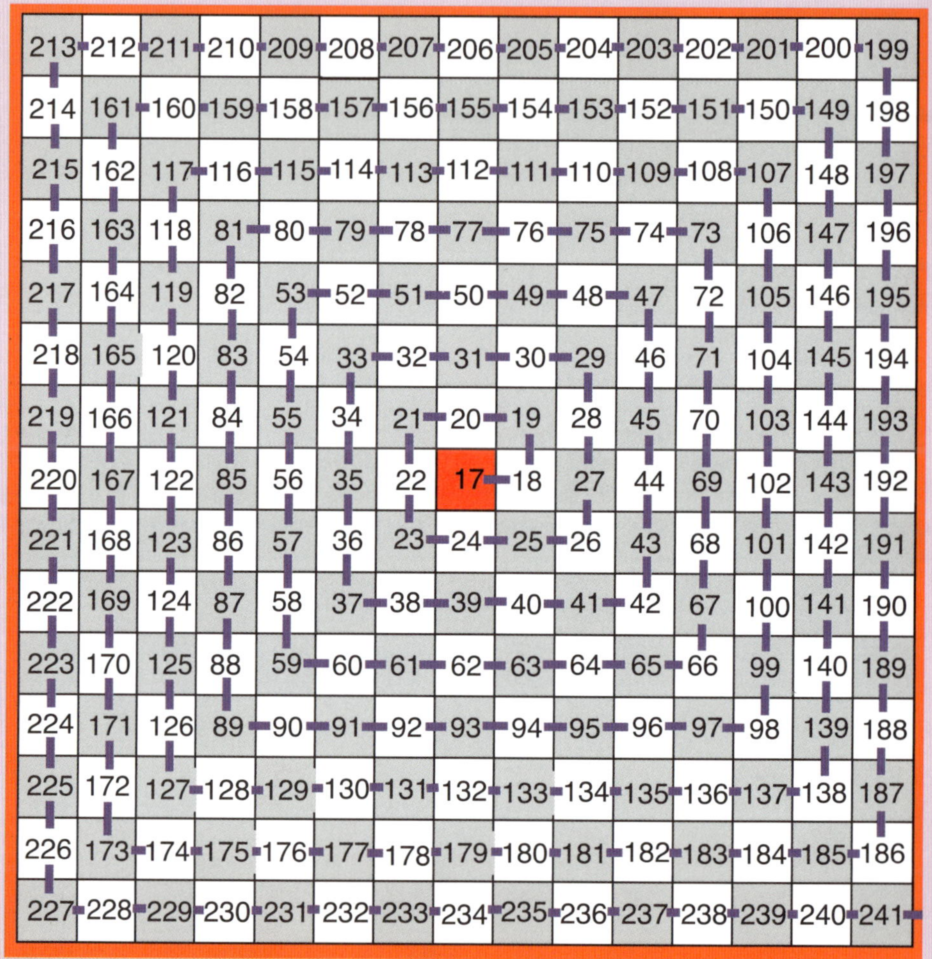


Ulam experimentierte auch mit Rastern, die als Startzahlen andere Ganzzahlen als 1 haben, wie zum Beispiel die Startzahl 17 in der Abbildung. Auch diesmal überraschten ihn die eigenartigen Verteilungsmuster der Primzahlen in den Spiralen.

Wenn Sie die folgenden Primzahlen in der Abbildung markieren, erkennen Sie das Muster:

17, 19, 23, 29, 31, 37, 41, 43, 47, 53, 59, 61, 67, 71, 73, 79, 83, 89, 97,

101, 103, 107, 109, 113, 127, 131, 137, 139, 149, 151, 157, 163, 167, 173, 179, 181, 191, 193, 197, 199, 211, 223, 227, 229, 233, 239, 241.

„Es gibt 10 Typen von Menschen auf dieser Welt. Solche, die das Dualsystem verstehen, und solche, die es nicht verstehen."

*Anonym*

„Binär ... also so einfach, dass selbst ein Computer es versteht."

*Kerry Redshaw*

## WELT DER BINÄRZAHLEN

### Das Dualsystem und die Sprache der Computer

Das Dualsystem ist das einfachste Zahlensystem, ein Stellenwertsystem mit der Basis 2. In diesem System kann jede Zahl mithilfe von Nullen und Einsen ausgedrückt werden: Die Zahl 2 wird beispielsweise als 10 geschrieben, die 3 als 11 und die 4 als 100. Einige primitive Stämme zählen mithilfe binärer Zahlen, und auch die Mathematiker im alten China kannten das Dualsystem. Doch erst der große deutsche Mathematiker Gottfried Wilhelm Leibniz (1646–1716) stellte es in voll entwickelter Form in seinem Artikel *Explication de l'Arithmétique Binaire* vor.

Für Leibniz verkörperte das Dualsystem eine metaphysische Wahrheit. Nach seiner Vorstellung wurde eine Welt erst möglich durch eine Trennung von Sein und Nichtsein. Die Struktur des Universums besteht demnach aus den voneinander abhängigen Gegensätzen zwischen Physischem (1) und Nichtphysischem (0), die Dualität wird damit zur Grundlage aller Dinge. Leibniz glaubte ferner, dass es mittels des Dualsystems möglich sei, sich der Logik durch einen rein mathematischen Ansatz zu nähern, bei dem 0 für falsch und 1 für richtig steht.

Doch das Dualsystem von Leibniz blieb Jahrhunderte lang nichts weiter als ein interessanter philosophischer Ansatz, bis 1854 der britische Mathematiker George Boole (1815–64) die Boolesche Algebra entwickelte, ein logisches System, mit dem sich das Dualsystem in die elektronische Verschaltungstechnik integrieren ließ. 1937 entwarf der amerikanische Mathematiker und Elektronikingenieur Claude Shannon (1916–2001) einen funktionierenden digitalen Schaltkreis, der schließlich zur Entwicklung des heutigen Computers führte.

Die gesamte Rechenleistung eines Computers beruht auf dem Dualsystem. Sein Kernbaustein war zunächst die Vakuumröhre, dann der Transistor, dann ein Chip. Seine Mathematik ist sehr einfach, wie wir an dem Binärabakus in der Abbildung leicht erkennen: Wir starten von 0 und zählen bis 1.

Heute leben wir in einer Welt von Binärzahlen. Der Computer nutzt das Dualsystem zur Verarbeitung von binärcodierten Daten und bedient sich dabei eines einfachen An-Aus-Mechanismus. Die An-Aus-Schalter arbeiten mit Geschwindigkeiten im Nanosekunden-Bereich, d.h., sie werden 1.000.000.000-mal pro Sekunde aktiv.

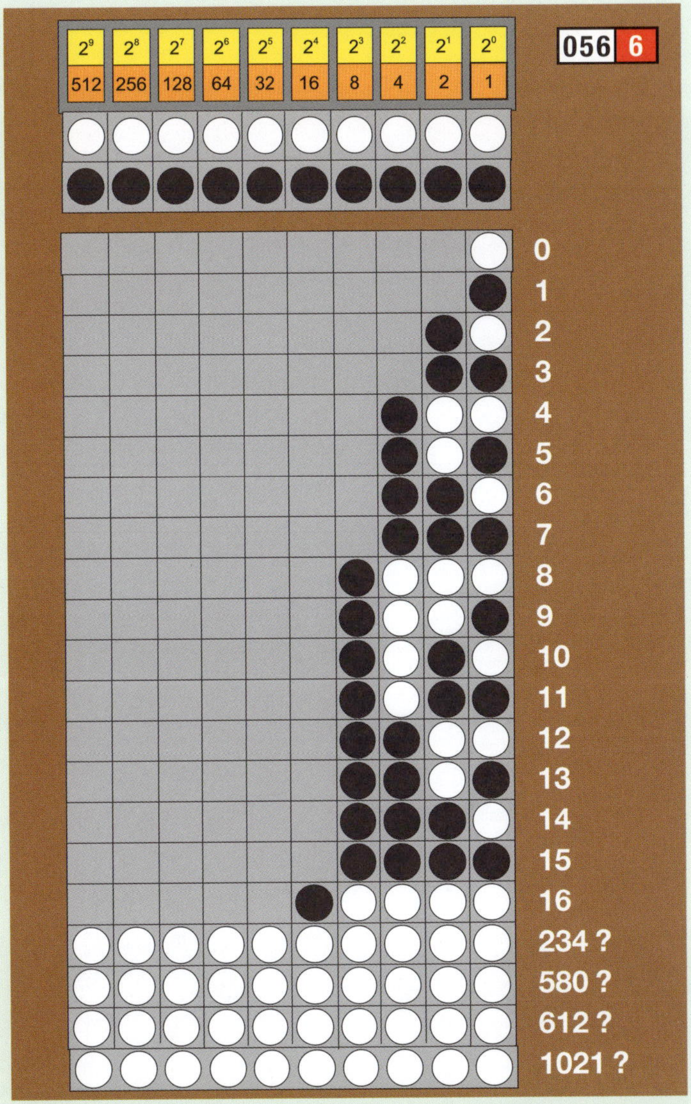


## BINÄRABAKUS

Dem Binärabakus liegt dasselbe Prinzip zugrunde wie dem klassischen Abakus oder Rechenbrett. Die Nullen und die Einsen in der Reihe repräsentieren eine Zahl, und Positionen in der Reihe haben unterschiedliche Werte. Unser Binärabakus zeigt die ersten 16 Binärzahlen.

Jedes Mal, wenn eine 1 zu einer besetzten Stelle addiert wird, wird diese geleert und die 1 wird an die erste leere Position links gesetzt. Unten sehen Sie vier weitere Zahlen des Dezimalsystems. Können Sie sie als Binärzahlen ausdrücken?

057 7

## TÜRME VON HANOI

### „Das Ende-der-Welt-Spiel“

1883 erfand der französische Mathematiker Edouard Lucas (1842–91) ein wunderbares Geduldsspiel, genannt die Türme von Hanoi. Drei vertikale Stäbe stehen nebeneinander. Der erste Stab hält einen Stapel von gelochten Scheiben, die von unten nach oben immer kleiner werden. Der Spieler muss die Scheiben von diesem Stab zum nächsten befördern, wo sie in derselben Reihenfolge gestapelt werden müssen. Der Dritte Stab dient als Zwischenstation.

Das Rätsel basiert auf einer Legende. Vor dem großen Tempel in Benares in Indien (heute Varanasi) stehen drei Säulen. Als die Welt erschaffen wurde, umschlossen 64 goldene Ringe, die nach oben immer kleiner wurden, eine der Säulen. Tag und Nacht, so die Legende, stapelt ein Priester die Ringe von der Säule auf eine andere. Ist eines Tages der Turm aus Ringen auf einer der anderen zwei Säulen aufgebaut, ist das Ende der Welt gekommen.

Selbst wenn die Geschichte wahr wäre, gäbe es keinen Grund zur Besorgnis. Wenn man für das Versetzen eines Rings eine Sekunde ansetzt, würde die Aufgabe etwa 600 Milliarden Jahre dauern, 60-mal mehr Jahre, als die Sonne alt ist. Wenn der Priester sein ganzes Leben lang nichts anderes täte, als seiner Aufgabe nachzugehen, wie viele Ringe könnte er versetzen?

Die Zahl der Spielzüge, die nötig sind, um den aus einer kleineren Zahl von Ringen bestehenden Turm von Hanoi aufzubauen, kann mit $2^n$-1 berechnet werden. Zwei Ringe erfordern drei Züge, drei Ringe erfordern sieben Züge usw.

## EDOUARD ANATOLE LUCAS (1842–91)

Der französische Mathematiker Edouard Anatole Lucas machte sich auf dem Gebiet der Zahlentheorie einen Namen. Er beschäftigte sich mit der Fibonacci-Reihe und stellte die dieser verwandte, nach ihm benannte „Lucas“-Reihe vor. Unter anderem konnte er beweisen, dass die Mersenne-Zahl $2^{127}$-1 eine Primzahl ist, die höchste Primzahl, die bis jetzt ohne Computerunterstützung entdeckt wurde. Lucas war auch ein genialer Erfinder von mathematischen Gedulds- und Knobelspielen, von denen einige unter seinem Pseudonym M. Claus de Siam bekannt wurden. Sein vierbändiges Werk zur Unterhaltungsmathematik, *Recréations Mathematiques* (1882-94), wurde ein Klassiker.

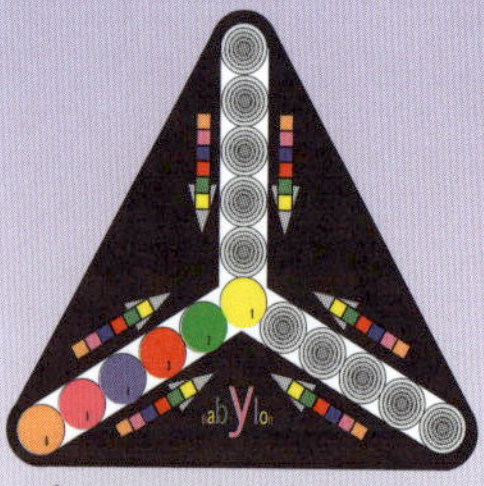

Ausgangskonfiguration

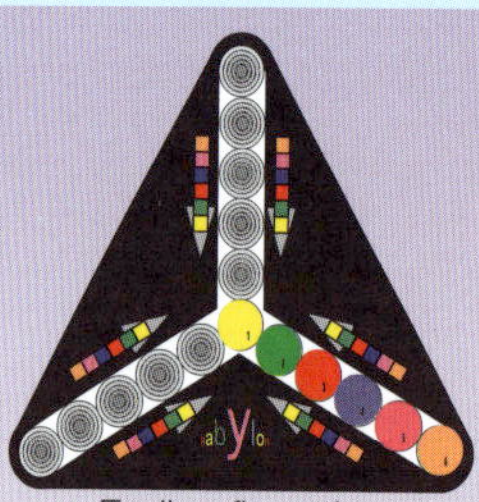

Endkonfiguration

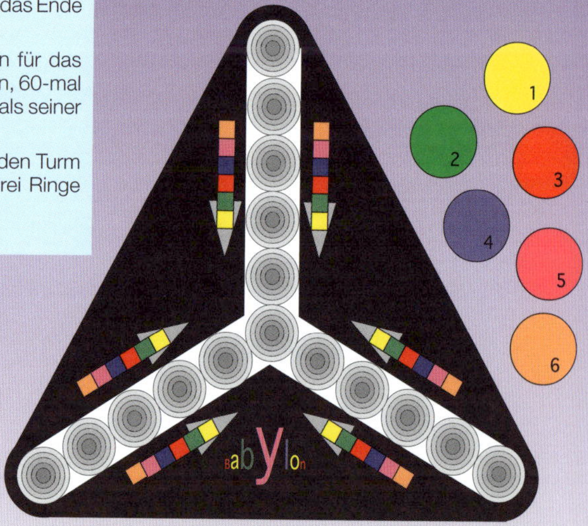


## DIE TÜRME VON BABYLON (BABYLON-SPIEL)

Dieses Spiel ist eine Variante der Türme von Hanoi. Zu Beginn sind sechs nummerierte Scheiben wie gezeigt aufeinandergestapelt. Ziel des Spiels ist es, die sechs Scheiben in derselben Anordnung im rechten Schacht unterzubringen, die Scheibe mit der höchsten Zahl ganz unten, in absteigender Reihenfolge nach oben, unter Beachtung der folgenden Regeln:

(1) Nur eine Scheibe darf gleichzeitig bewegt werden.
(2) Keine Scheibe darf auf einer kleineren Scheibe platziert werden.
(3) Der mittlere Schacht kann als Zwischenstation verwendet werden, aber auch hier gelten die Regeln (1) und (2).

Wie viele Züge sind nötig, um alle Scheiben korrekt in den anderen Schacht zu platzieren?

Sie können das Spiel am Anfang etwas vereinfachen. Versuchen Sie es zuerst mit nur drei Scheiben (1,2 und 3), dann mit vier Scheiben (1,2,3 und 4), dann fünf, und erst zum Schluss mit allen sechs Scheiben.

Vier Räder:
**Rot:** 3-Bit-Binärzahlen
**Grün:** 4-Bit-Binärzahlen
**Gelb:** 5-Bit-Binärzahlen
**Blau:** 6-Bit-Binärzahlen

## BINÄR-RINGE

Die möglichen 3-Bit-, 4-Bit-, 5-Bit und 6-Bit-Binärzahlen können wir uns als drei, vier, fünf oder sechs Schalter vorstellen, die entweder in „An“- oder „Aus“-Position gestellt sind. Diese Zahlen repräsentieren die ersten 64 Zahlen (einschließlich 0) des binären Zahlensystems.

Man braucht 24 Schalter gleichzeitig, um die ersten acht 3-Bit-Binärzahlen auszudrücken, 64 Schalter für die 4-Bit-Binärzahlen, 160 Schalter für die 5-Bit-Binärzahlen und 384 Schalter für die 6-Bit-Binärzahlen. Allerdings kann in einem Binär-Ring dieselbe Menge an Information auf 8, 16, 32 und 64 Schalter verdichtet werden – eine ganz schöne Einsparung. Dazu müssen sich die Schalter überlappen.

Können Sie eine Methode finden, die Binärzahlen auf den Binär-Ringen so zu verteilen, dass alle Binärzahlen durch einen Satz benachbarter „An“- und „Aus“-Schalter repräsentiert werden, wenn Sie die Ringe im Uhrzeigersinn durchgehen? Obwohl die Schalter, die jede Zahl ausdrücken, hintereinander liegen müssen, brauchen die Zahlen selbst nicht Teile einer fortlaufenden Sequenz zu sein.

## DER WETTLAUF ZWISCHEN ACHILLES UND DER SCHILDKRÖTE

Zenon von Elea, ein Mathematiker der griechischen Antike, der um 500 v. Chr. in Italien geboren wurde, schuf mehr als 40 Paradoxe, um die Lehre des Philosophen Parmenides zu untermauern, der sein Lehrer war. Als Verfechter des Monismus glaubte Parmenides, die Realität sei unveränderlich, und Veränderung (Bewegung) sei unmöglich. Zenons Paradoxe schienen zur damaligen Zeit unlösbar zu sein.

Das berühmteste von Zenons Paradoxen ist das vom Wettlauf zwischen Achilles und der Schildkröte. Bei diesem Paradox gibt Achilles der Schildkröte einen Vorsprung von 100 Einheiten, da er zehn mal schneller läuft als die Schildkröte. Zenons Argument lautete: Achilles läuft 100 Einheiten und erreicht den Ort, wo die Schildkröte gestartet ist, aber in dieser Zeit hat die Schildkröte wiederum ein Zehntel dessen zurückgelegt, was Achilles gelaufen ist, und befindet sich deshalb 10 Einheiten vor Achilles. Nun läuft Achilles diese 10 Einheiten, aber inzwischen ist die Schildkröte wieder um ein Zehntel vorangekommen und ist nun 1 Einheit vor Achilles. Achilles läuft diese 1 Einheit, und die Schildkröte legt derweil ein Zehntel einer Einheit zurück und ist demnach ein Zehntel einer Einheit vor Achilles. Also, so Zenons Argumentation, bleibt Achilles immer hinter der Schildkröte zurück – obwohl er ihr immer näher kommt, holt er sie nie ein. Zenons Schluss war, dass es Achilles eine unendlich lange Zeit kosten würde, die Schildkröte einzuholen, und dass die Strecke in eine unendliche Zahl von Abschnitten eingeteilt würde.

Bevor ein bewegliches Objekt eine gewisse Distanz zurücklegen kann, so glaubte Zenon, muss es die Hälfte dieser Distanz zurücklegen. Bevor es diese Hälfte zurücklegen kann, muss es ein Viertel zurücklegen, und so weiter. Die Gesamtdistanz kann nicht zurückgelegt werden, und deshalb ist Bewegung unmöglich. Wir wissen, dass Bewegung möglich ist, was stimmt also an Zenons Logik nicht? Wo liegt der Fehlschluss in Zenons Argumentation?

Seine Zeitgenossen spielten mit Geometrie, wie die Menschen heute Kreuzworträtsel oder Schach spielen. Sie erkannten wohl, dass in der Realität Achilles die Schildkröte überholen würde. Aber es gab keinen Mathematiker, der ihnen hätte sagen können, worin Zenons Denkfehler lag. Die griechische Geometrie war zeitlos. Sie konnte nicht erklären, warum Achilles die Schildkröte überholt. Die von dem englischen Wissenschaftler Sir Isaac Newton im 17. und 18. Jahrhundert entwickelte neue Geometrie führte den Faktor Zeit in der Geometrie ein: Unser einfacher Graph zeigt deutlich, wann und an welchem Punkt Achilles die Schildkröte überholt.

059 | 7

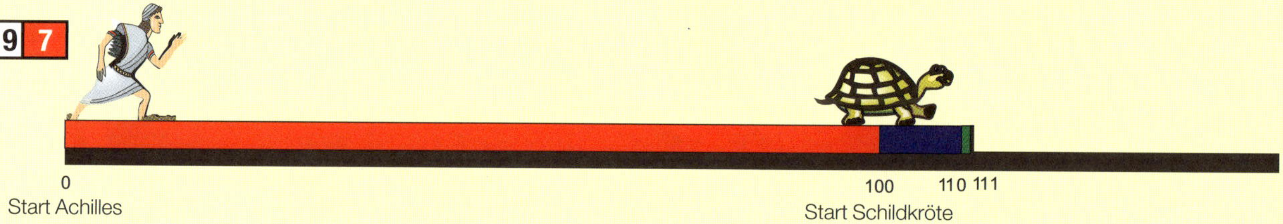


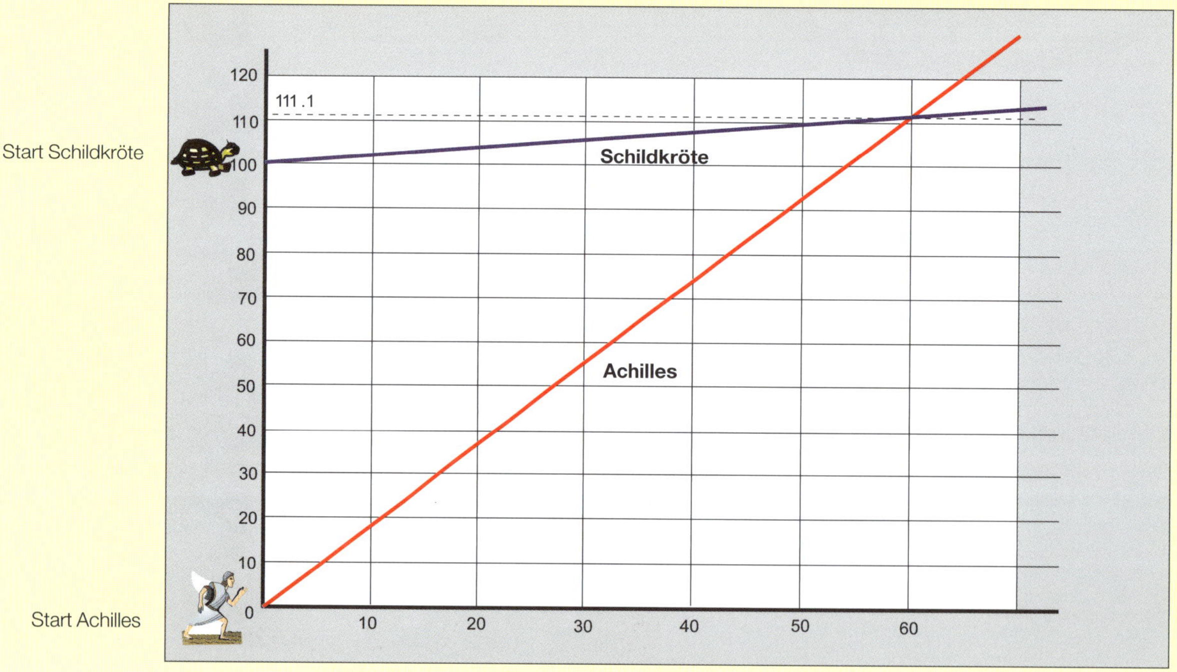

### DIE STRASSE ZUR WAHRHEIT

Die Einwohner der Stadt der Wahrheit sagen immer die Wahrheit, die der Stadt der Lügen lügen immer. Sie wollen zur Stadt der Wahrheit und kommen an die Kreuzung, an der es zu beiden Städten geht. Wie Sie sehen, ist das Schild etwas verwirrend, deshalb müssen Sie jemanden nach dem richtigen Weg fragen. Leider wissen Sie nicht, ob der Mann nicht vielleicht einer von den Lügnern ist. Sie dürfen ihm nur eine Frage stellen. Was müssen Sie fragen, damit er Ihnen auf jeden Fall den Weg zur Stadt der Wahrheit sagt?

### WAHRHEIT UND HOCHZEIT

Ein König hat 2 Töchter, Amelia und Leila. Eine ist verheiratet, die andere nicht. Amelia sagt immer die Wahrheit, Leila lügt immer. Ein junger Mann darf einer der beiden eine einzige Frage stellen, um herauszufinden, welche von ihnen verheiratet ist – gelingt ihm das, darf er die ledige heiraten. Der Haken ist, dass seine Frage nicht mehr als 3 Worte haben darf. Außerdem weiß er nicht, welche welche ist. Wie kann er also die Braut erobern?

060 6

### WAHRHEIT, LÜGEN UND WAS DAZWISCHEN LIEGT

Die Stadt „Keinerkenntdiewahrheit" hat 3 Gruppen von Einwohnern: Die einen sagen immer die Wahrheit, die anderen lügen immer, und die 3. Gruppe sagt abwechselnd die Wahrheit und lügt dann wieder. Sie treffen einen der Bewohner und dürfen ihm 2 Fragen stellen. Anhand seiner Antworten müssen Sie herausfinden, zu welcher der 3 Gruppen er gehört. Welche 2 Fragen stellen Sie ihm?

(Diese 3 Rätsel stammen aus einem interessanten Vortrag von Raymond Smullyan während eines „Gathering for Gardner" in Atlanta, Georgia, USA, im Jahr 2000)

## VENN-DIAGRAMME 1

Mathematische Beweisführung nutzt ein logisches System, das auf Symbolen und Gedanken mit exakten Bedeutungen basiert. Wir alle haben ein intuitives Verständnis mathematischer Prinzipien.

Mathematiker bedienen sich der Logik, um aus bestimmten Gegebenheiten Schlussfolgerungen zu ziehen. „Venn-Diagramme" veranschaulichen die Beziehungen zwischen 2 oder mehr Mengen und können das Schlussfolgern erheblich vereinfachen.

Die von dem britischen Mathematiker John Venn (1834-1923) erdachten Venn-Diagramme veranschaulichen die logischen Relationen zwischen Mengen. Ein einfaches Venn-Diagramm besteht aus einem Rechteck, in dem sich alle Elemente befinden. Innerhalb des Rechtecks wird jede Menge durch einen Kreis veranschaulicht. Überschneiden sich die Kreise, bedeutet das, dass es gemeinsame Elemente gibt.

Venns Wunsch war, möglichst symmetrische Diagramme zu erstellen, darunter ein aus 4 Mengen bestehendes Diagramm mit Ellipsen. D.W. Henderson hat zusammen mit anderen gezeigt, dass n symmetrische Venn-Diagramme nur möglich sind, wenn n eine Primzahl ist.

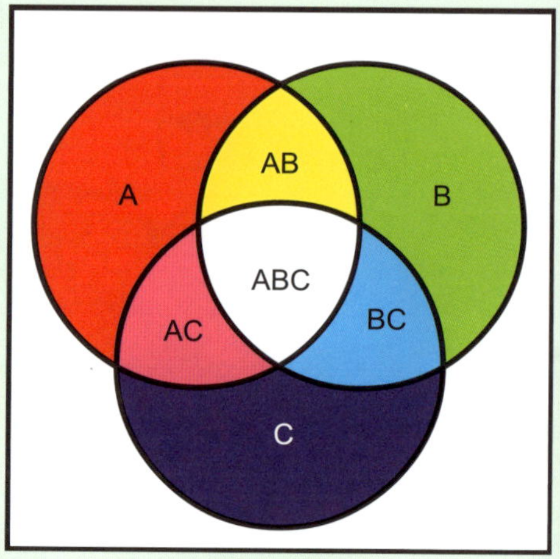

061 9

## KUCHEN, GRÜTZE UND PUDDING

Auf einer Party sind 99 Kinder. Es gibt Grütze, Pudding und Kuchen.

59 Kinder essen Grütze, 22 essen Pudding, 61 essen Kuchen. 1 Kind isst Grütze, Pudding und Kuchen, 7 essen Grütze und Pudding, 4 essen Pudding und Kuchen. Wie viele von ihnen essen nur 1 Süßspeise? Wie viele essen gar nichts?

## VENN-DIAGRAMME

Branko Grünbaum, einem Mathematiker der Universität von Washington, gelang es zu zeigen, dass man aus 5 Gruppen mit je 5 deckungsgleichen, einander überschneidenden Ellipsen symmetrische Venn-Diagramme erstellen kann.

Bei 7-blättrigen Venn-Diagrammen war diese Aufgabe so schwer, dass es fast unmöglich schien. Im Jahr 2001 jedoch konstruierten Dr. Peter Hamburger und Edith Hepp dieses wunderschöne und komplexe 11-blättrige Diagramm.

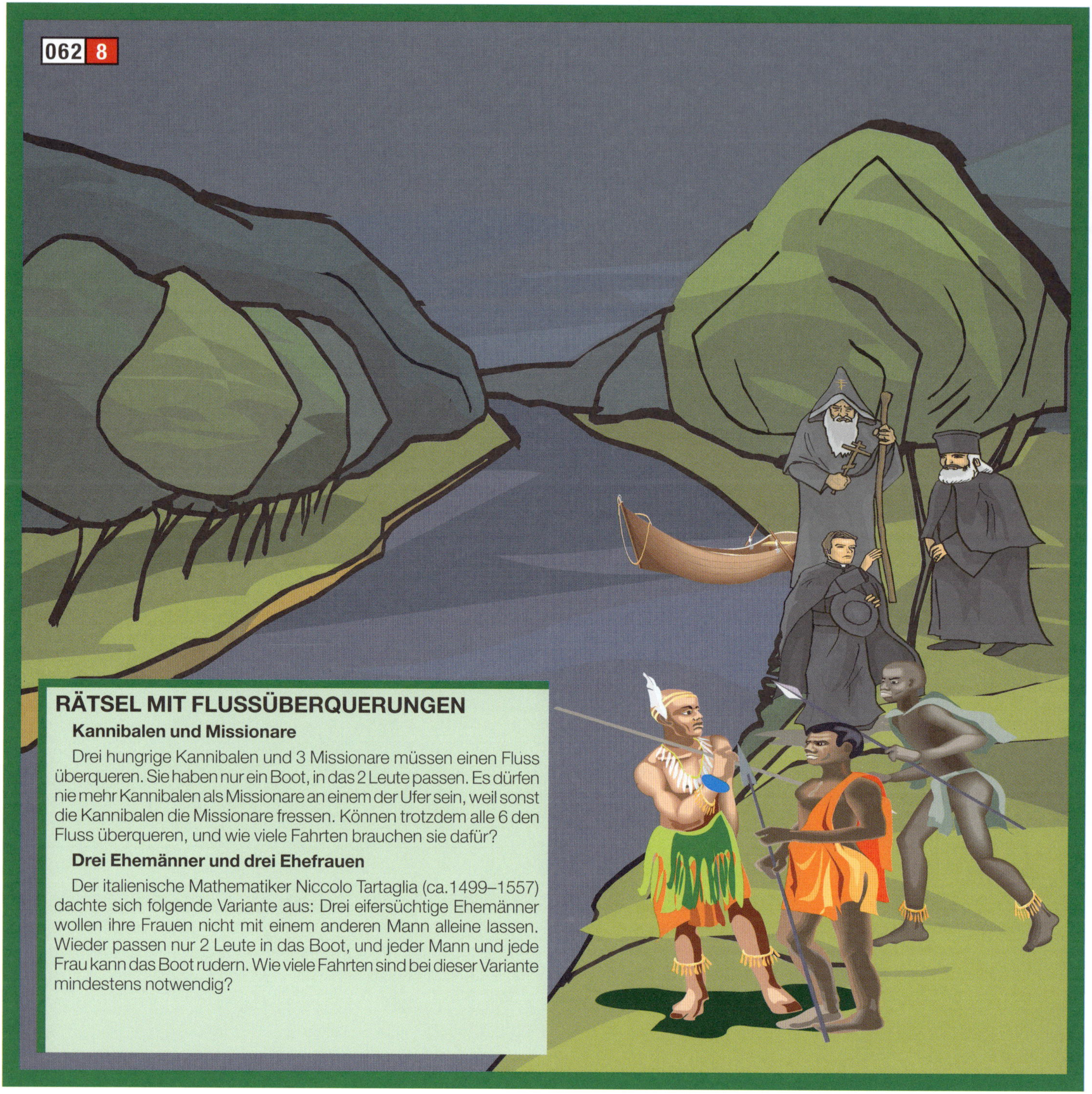


## RÄTSEL MIT FLUSSÜBERQUERUNGEN

### Kannibalen und Missionare

Drei hungrige Kannibalen und 3 Missionare müssen einen Fluss überqueren. Sie haben nur ein Boot, in das 2 Leute passen. Es dürfen nie mehr Kannibalen als Missionare an einem der Ufer sein, weil sonst die Kannibalen die Missionare fressen. Können trotzdem alle 6 den Fluss überqueren, und wie viele Fahrten brauchen sie dafür?

### Drei Ehemänner und drei Ehefrauen

Der italienische Mathematiker Niccolo Tartaglia (ca. 1499–1557) dachte sich folgende Variante aus: Drei eifersüchtige Ehemänner wollen ihre Frauen nicht mit einem anderen Mann alleine lassen. Wieder passen nur 2 Leute in das Boot, und jeder Mann und jede Frau kann das Boot rudern. Wie viele Fahrten sind bei dieser Variante mindestens notwendig?

063 8

## SOLDATEN ÜBERQUEREN EINEN FLUSS

Drei Soldaten müssen einen Fluss überqueren. 2 Jungen in einem kleinen Boot wollen ihnen helfen, aber in ihr Boot passen nur 2 Jungen oder ein Soldat. Keiner der Soldaten kann schwimmen. Wie schaffen es die Soldaten, auf die andere Seite des Flusses zu kommen und den Jungen das Boot zurückzugeben?

## NACHTWANDERUNG

Vier Wanderer müssen in vollkommener Dunkelheit eine Brücke überqueren. Die Brücke wird in exakt 17 Minuten einstürzen. Die Wanderer haben nur eine Taschenlampe, die sie zum Überqueren der Brücke brauchen. Es können maximal 2 Leute gleichzeitig die Brücke überqueren, und die Taschenlampe muss jedes Mal wieder zurückgebracht werden.

Jeder der 4 geht unterschiedlich schnell: Der Erste braucht 1 Minute, um die Brücke zu überqueren, der Zweite 2, der Dritte 5 und der Vierte 10 Minuten. Jedes Paar überquert die Brücke mit der Geschwindigkeit des Langsameren - Wanderer 1 und Wanderer 3 brauchen zusammen also 3 Minuten.

Wie kommen alle 4 innerhalb von 17 Minuten über die Brücke? Keine Tricks: Die Taschenlampe darf nicht zurückgeworfen werden, und kein Wanderer darf den anderen tragen. Es gibt 2 Lösungen. Kommen Sie darauf?

## LAMPEN AUF DEM DACHBODEN

***Rätsel 1* –** Das alte Schloss hat schwarze Vorhänge vor den Fenstern und nur eine Lampe auf dem Dachboden. Am Eingang gibt es 3 Lichtschalter. Mit einem davon schaltet man die Lampe an. Finden Sie heraus, welcher Schalter das ist. Sie dürfen nur einmal auf den Dachboden gehen, um nachzusehen, ob die Lampe brennt. Können Sie die Aufgabe lösen?

***Rätsel 2* -** In dem obigen Rätsel gab es 3 Schalter und nur eine Lampe, aber 2 der Schalter hatten keine Funktion. Diesmal gibt es 3 Schalter und 3 Lampen in dem Schloss – für jede Lampe einen Schalter. Wie zuvor dürfen Sie nur einmal in das Schloss gehen und nachsehen, ob die Lampen brennen. Wie finden Sie diesmal heraus, welcher Schalter zu welcher Lampe gehört?

**066 10**

## LANGFORD-PROBLEME

### Rätsel 1: Vier Teams, 2 Läufer pro Team

Sehen Sie sich das Bild an: 4 Teams mit je 2 Läufern während eines Rennens. Im Verlauf des Rennens wechseln sie die Positionen. Auf der Ziellinie sehen die Positionen so aus: Ein Läufer befindet sich zwischen dem roten Paar, 2 Läufer zwischen dem blauen Paar, 3 zwischen dem grünen Paar und 4 befinden sich zwischen dem gelben Paar. Wir wissen nur, dass ein gelber Läufer Letzter wird. Welche Farben haben die ersten 3 Läufer?

### Rätsel 2: Neun Teams, 3 Läufer pro Team

Diesmal sind es 9 Teams mit 3 Läufern pro Team. Jedes Team hat eine andere Farbe und sie tragen 9 aufeinanderfolgende Startnummern: Die 3 Läufer des ersten Teams tragen alle die 1, das zweite Team trägt die 2 usw. Auf der Ziellinie sieht die Reihenfolge der Zahlen so aus: Der mittlere Läufer aus jedem Trio wurde von den beiden anderen Teammitgliedern getrennt, wie wir es unten an Team 2 sehen, wo die Grünen 2er als 3., 6. und 9. durchs Ziel gehen. Können Sie die Platzierungen der übrigen Läufer ermitteln?

auf jeder Seite durch zwei Läufer getrennt

067 6

## ZAUBERHÜTE

Ein Zauberer legt 4 gelbe, 4 grüne und 4 rote Eier in jeden Hut. Ein Zuschauer muss mit verbundenen Augen 5 Eier von Hut 1 in Hut 2 legen. Dann bittet der Zauberer das Publikum, dem Mann zu sagen, wie viele Eier er wieder in Hut 1 legen soll, damit in diesem mindestens 3 Eier von jeder Farbe sind.

068 7

## HÜTE UND FARBEN 1

Diese klassischen Logikrätsel rund um Hüte und Farben basieren auf mathematischer Induktion. Sie sind wahre Schätze der Unterhaltungsmathematik mit unzähligen Varianten. Zwei davon werden hier vorgestellt.

Die vier Clowns tragen 2 rote und 2 grüne Hüte. Keiner von ihnen kennt die Farbe seines Hutes, und keiner darf sich umdrehen. Der Clown, der zuerst die Farbe seines Hutes herausfindet, muss laut rufen. Welchem von ihnen kann das gelingen? Beachten Sie, dass der erste Clown von den anderen Clowns nicht gesehen werden kann - das Zirkusplakat verdeckt ihn.

## HÜTE UND FARBEN 2

Fünf Clowns haben 3 rote und 2 blaue Hüte erhalten. Sie stehen, wie gezeigt, in einer Reihe, doch nur Clown D kann Clown E sehen. Die Farbe der Hüte A und E (grau wiedergegeben) kennen wir nicht. Keiner der Clowns weiß, welche Farbe sein Hut hat, und sie dürfen sich auch nicht umdrehen und nach hinten schauen. Welcher von ihnen wird als erster herausfinden, welche Farbe der Hut von Clown A hat?

Der Mensch, den sie lieben, besteht zu 72,8 Prozent aus Wasser.

## WASSERMELONENRÄTSEL

In einem Restaurant wird eine Wassermelone serviert, die ursprünglich 10 kg wog und 90 % Wasser enthielt. Für die Lieferung wurden die ursprünglichen 90 % auf 80 % reduziert.

Wie schwer war die Wassermelone, als sie auf den Tisch des Gasts kam?

069 8

## SIEBEN AUFEINANDERFOLGENDE WASSERMELONEN

Das Gewicht von 7 großen Wassermelonen entspricht (in Kilogramm) 7 aufeinanderfolgenden ungeraden Zahlen. Ihr Durchschnittsgewicht beträgt 7 Kilo. Wie schwer ist die schwerste Melone?

070 8

## KAMPF MIT DEM DRACHEN

Ein furchteinflößender Drache hat 3 Köpfe und 3 Schwänze. Um den Drachen zu töten, muss der tapfere Ritter dem Ungeheuer alle Köpfe und Schwänze abschlagen – was selbst bei all seiner Tapferkeit keine leichte Aufgabe ist.

Mit einem Hieb seines magischen Schwerts kann der Ritter einen Kopf abschneiden oder zwei, einen Schwanz oder zwei Schwänze, aber...

(1) Sobald er einen Kopf abschlägt, wachsen an seiner Stelle zwei neue.

(2) Sobald er einen Schwanz abschlägt, wachsen an seiner Stelle ebenfalls zwei neue.

(3) Schlägt er zwei Schwänze ab, wächst dafür ein weiterer Kopf.

(4) Schlägt er zwei Köpfe ab, wächst nichts.

Wie viele Schwerthiebe braucht der Ritter, um den Drachen zu töten?

## GEBURTSTAGSPROBLEME

(1) Wie groß muss eine Gruppe zufällig ausgewählter Menschen sein, damit die Chance, dass zwei von ihnen am selben Tag Geburtstag haben, größer als 50% ist?

(2) Wie viele Leute müssen außer Ihnen in der Gruppe sein, damit die Chance, dass einer davon am selben Tag Geburtstag hat wie Sie, größer als 50% ist?

072 6

Wenn das Glück an die Tür klopft... muss man es auch hereinlassen... (und sich ein bisschen mit Wahrscheinlichkeitsrechnung auskennen).

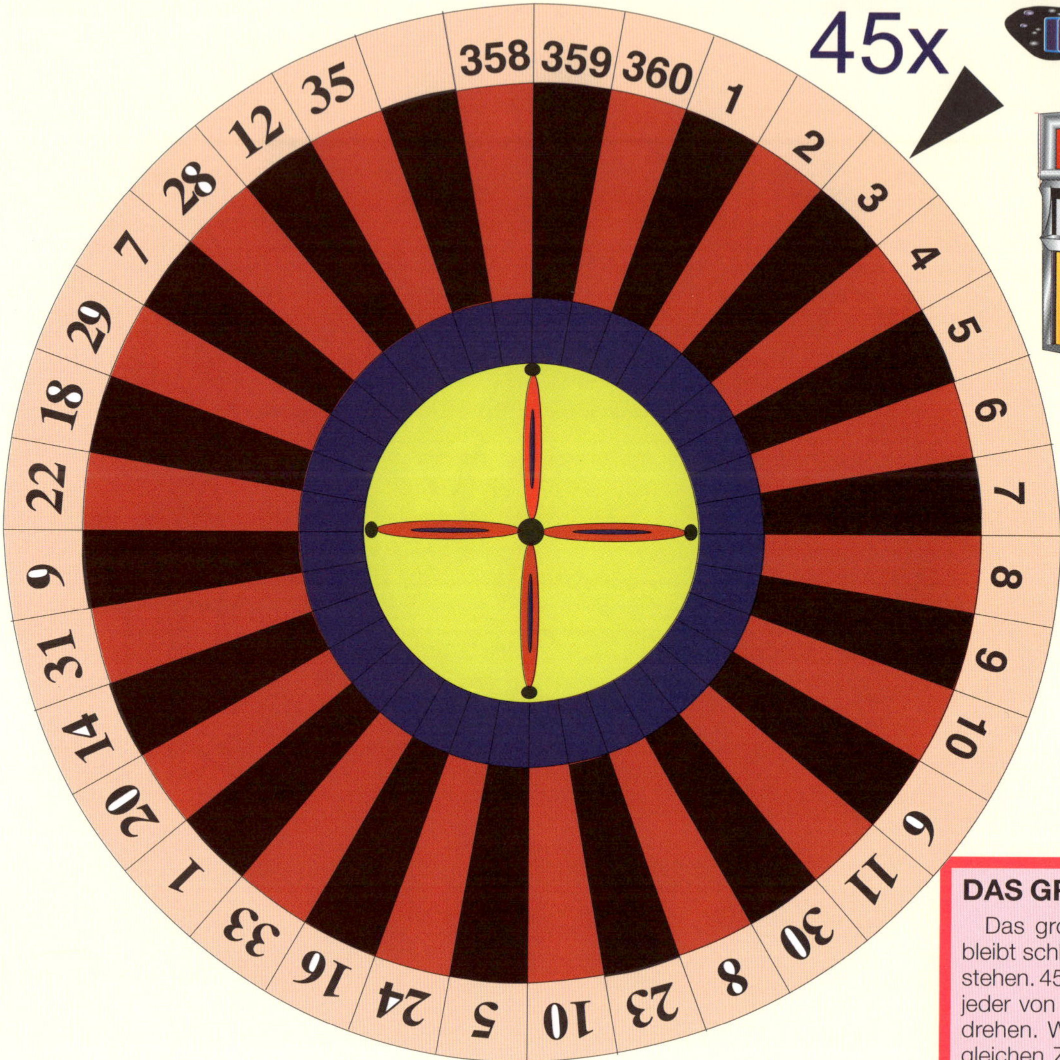


45x

## DAS GROSSE GLÜCKSRAD

Das große Glücksrad dreht sich und bleibt schließlich bei einer der 360 Zahlen stehen. 45 Leute schließen Wetten ab, und jeder von ihnen darf einmal an dem Rad drehen. Wenn das Rad zweimal bei der gleichen Zahl stehen bleibt, gewinnt das Kasino. Wenn nicht, gewinnen Sie.

Klingt gut: 360 Zahlen und 45 Versuche, bei denen das Rad auf der gleichen Zahl stehen bleiben kann – Ihre Chancen, zu gewinnen, stehen gut, oder etwa nicht?

073 7

# MÜNZENWERFEN

## MÜNZENWERFEN UND ZUFALL

Im frühen 18. Jahrhundert legte der französische Mathematiker Abraham De Moivre (1667–1754) in seinem wichtigen Buch *The Doctrine of Chances* die Grundlagen für die Wahrscheinlichkeitstheorie. Er erklärte das Problem der Wahrscheinlichkeit anhand von Würfeln, Münzen und Spielen.

Eine der vielen interessanten Tatsachen über De Moivre ist, dass er nicht an Zufall glaubte. Seine Hypothese war, dass nichts jemals „zufällig" geschieht - dass jedes scheinbar zufällige Ereignis auf eine physikalische Ursache zurückgeführt werden kann.

Seine Position lässt sich folgendermaßen erklären: Wenn Sie alle physikalischen Einflussfaktoren kennen, die beim Münzenwerfen eine Rolle spielen - Handhaltung, Abstand vom Boden, die Kraft, mit der sie die Münze in die Luft werfen, Wind, Zusammensetzung der Münze usw. -, müssten Sie in der Lage sein, das Ergebnis vorherzusagen. Schließlich unterliegt die Münze den Gesetzen der Physik, die immer und überall gelten. Wir können jedoch nicht alle Einflussfaktoren berücksichtigen, und deshalb erscheinen Ereignisse zufällig, obwohl sie von den physikalischen Gesetzen bestimmt sind. Diese Schule nennt sich Determinismus.

### DREI MÜNZEN

Wie groß ist die Wahrscheinlichkeit, dass 3 Münzen auf die gleiche Seite fallen - entweder alle 3 auf Kopf oder alle 3 auf Zahl?

Liefert die folgende Begründung die richtige Antwort?

Bei 3 Münzen müssen mindestens 2 auf die gleiche Seite fallen. Da die Chance, dass die dritte Münze auch auf die gleiche Seite fällt, 1 zu 1 ist, ist die Wahrscheinlichkeit, dass alle 3 Münzen auf die gleiche Seite fallen, ebenfalls 1 zu 1... oder etwa nicht?

### FÜNF MÜNZEN

Wie viele verschiedene Möglichkeiten gibt es, wenn Sie eine Münze fünfmal werfen?

### MÜNZENWERFEN-SPIEL

Zwei Spieler werfen abwechselnd eine Münze. Wer als Erster Kopf wirft, hat gewonnen. Welcher Spieler hat die höheren Gewinnchancen? Oder haben beide die gleiche Chance?

### MÜNZEN BALANCIEREN

Nehmen Sie eine vollkommen glatte und absolut horizontale Oberfläche und stellen Sie 20 Münzen auf ihre Kante. Schlagen Sie nun mit der Hand auf den Tisch, sodass alle Münzen umfallen. Zählen Sie die Anzahl von Kopf und Zahl. Sie werden überrascht sein. Wenn Sie das Experiment wiederholen, werden Sie feststellen, dass öfter Zahl als Kopf erscheint. Können Sie erklären warum?

## MÜNZENWERFEN UND WAHRSCHEINLICHKEIT

Beim Münzenwerfen kann niemand vorhersagen, auf welcher Seite sie landen wird. Wenn man die Münze 1.000.000 Mal wirft, wird sie, mit kleinen Abweichungen, zur einen Hälfte mit dem Kopf, zur anderen mit der Zahl nach oben liegen bleiben. Dies ist die Basis der Wahrscheinlichkeitstheorie.

Es gibt zwei Arten von Wahrscheinlichkeitsgesetz, ein Sowohl-als-auch-Gesetz (für die Wahrscheinlichkeit, dass 2 Ereignisse gleichzeitig eintreten) und ein Entweder-oder-Gesetz (für die Wahrscheinlichkeit, dass nur eines der beiden Ereignisse eintritt).

Das Sowohl-als-auch-Gesetz besagt, dass die Wahrscheinlichkeit, dass 2 voneinander unabhängige Ereignisse eintreten, genauso groß ist wie die Wahrscheinlichkeit, dass das eine davon eintritt multipliziert mit der Wahrscheinlichkeit des Eintretens des anderen Ereignisses. Die Wahrscheinlichkeit, dass die Münze mit dem Kopf nach oben liegen bleibt, ist z. B. 1/2. Die Wahrscheinlichkeit, dass zweimal hintereinander Zahl fällt, ist 1/2 x 1/2 bzw. nur 1/4.

Das Weder-noch-Gesetz besagt, dass die Wahrscheinlichkeit des Eintretens eines von 2 sich gegenseitig ausschließenden Ereignissen der Summe der beiden einzelnen Wahrscheinlichkeiten entspricht. So entspricht die Wahrscheinlichkeit, dass bei einem Wurf entweder Kopf oder Zahl fällt, der Wahrscheinlichkeit für Kopf plus die Wahrscheinlichkeit für Zahl: 1/2 + 1/2 = 1.

Wirft man 2 Münzen (oder eine einzelne Münze zweimal), gibt es insgesamt 4 Möglichkeiten.
(1) Erster Wurf: Kopf; zweiter Wurf: Kopf
(2) Erster Wurf: Zahl; zweiter Wurf: Zahl
(3) Erster Wurf: Kopf; zweiter Wurf: Zahl
(4) Erster Wurf: Zahl; zweiter Wurf: Kopf

Die Wahrscheinlichkeit, dass sowohl Kopf als auch Zahl fallen (2:4 = 1:2), ist doppelt so hoch wie die, dass eine der anderen Kombinationen eintritt (beide 1:4).

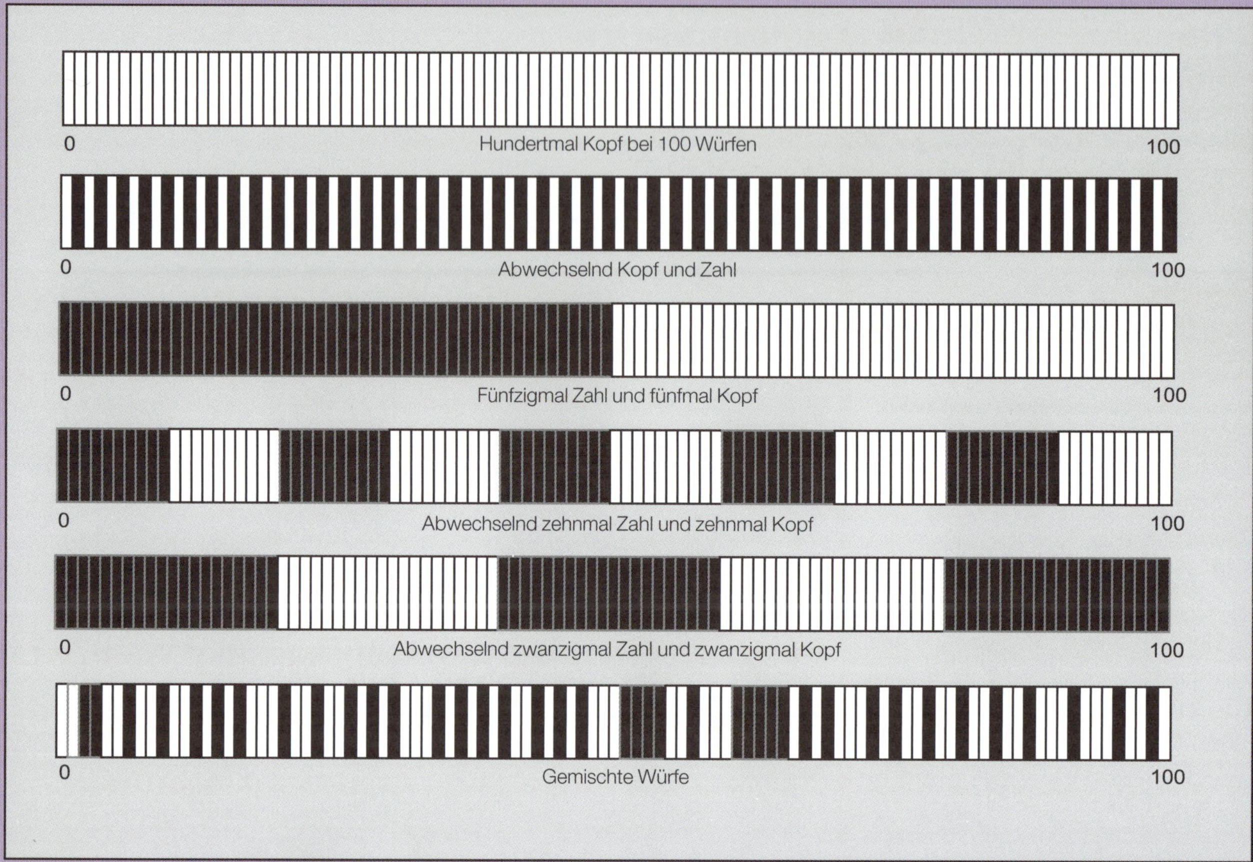

074 7

## EINE MÜNZE HUNDERTMAL WERFEN

Wie wahrscheinlich ist es, dass eine Münze bei 100 Würfen hundertmal auf Kopf fällt?

Oder dass sie immer abwechselnd auf Kopf oder Zahl fällt?

Oder fünfzigmal auf Kopf und dann fünfzigmal auf Zahl?

Oder eine der obenstehenden Abfolgen ?

Test 1

Test 2

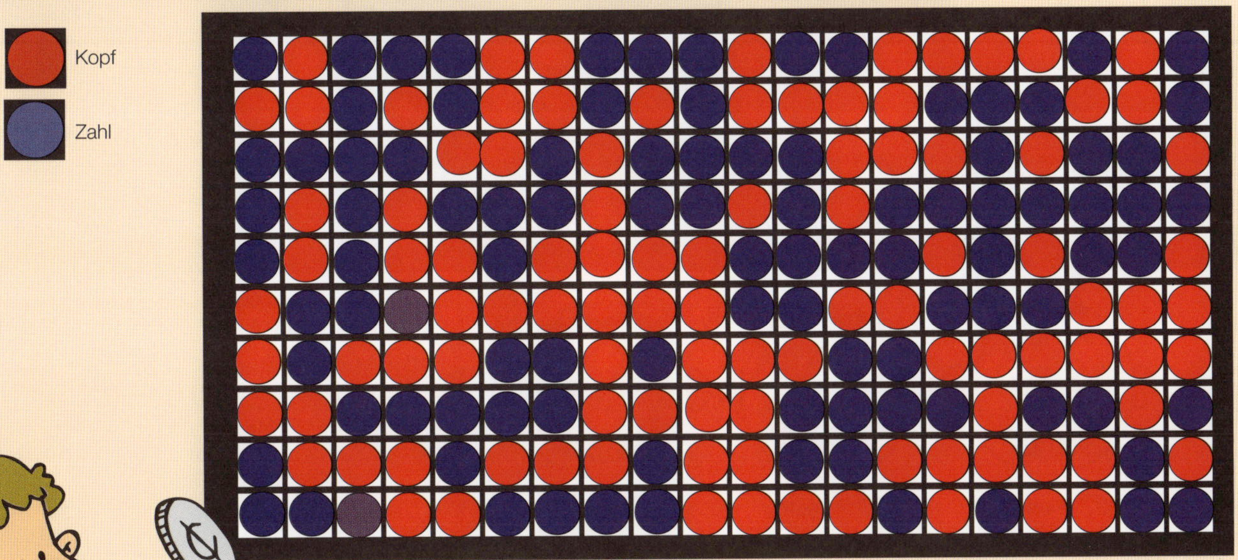

## BENFORDSCHES GESETZ

### Fälschungen aufdecken oder das „Eine Münze 200-mal werfen“-Experiment

Dr. Theodore P. Hill vom Georgia Institute of Technology bat seine Mathematikstudenten, eines der folgenden beiden Dinge zu tun: entweder eine Münze 250-mal zu werfen und das Ergebnis aufzuschreiben, oder nur so zu tun als ob und das Ergebnis zu „fälschen“. Als er die Aufzeichnungen überprüfte, erkannte er zur großen Überraschung seiner Studenten die gefälschten Resultate sofort.

Hier sehen Sie 2 solche Aufzeichnungen, eine davon ist gefälscht. Wissen Sie, welche?

## SCATTERHEAD

### Die Macht statistischer Stichproben

Der Scatterhead ist ein Spielzeug, mit dem man die statistische Methode, anhand einer kleinen Stichprobe die Eigenschaften einer weit größeren Gesamtmenge abzuleiten, demonstrieren kann.

Der Scatterhead enthält 60 kleine Bälle in vier verschiedenen Farben: Grün, Gelb, Blau und Rot. Wir wissen nicht, wie viele Bälle es von der jeweiligen Farbe gibt. Wenn wir den Scatterhead anstoßen, dreht sich sein Kopf und die Bälle darin werden gemischt. Wenn er wieder in seine Normalposition zurückgekehrt ist, sehen wir in seinen Augen, in Nase und Mund verschiedene zufällige Kombinationen von zehn farbigen Bällen.

Unten sehen wir sechs verschiedene zufällige Ergebnisse. Können Sie abschätzen, wie viele Bälle von einer Farbe jeweils in dem Kopf verborgen sind?

076 8

> „Nichts in der Natur ist Zufall… nur aufgrund unseres unvollkommenen Wissens erscheinen Dinge zufällig.“
>
> *(Spinoza)*

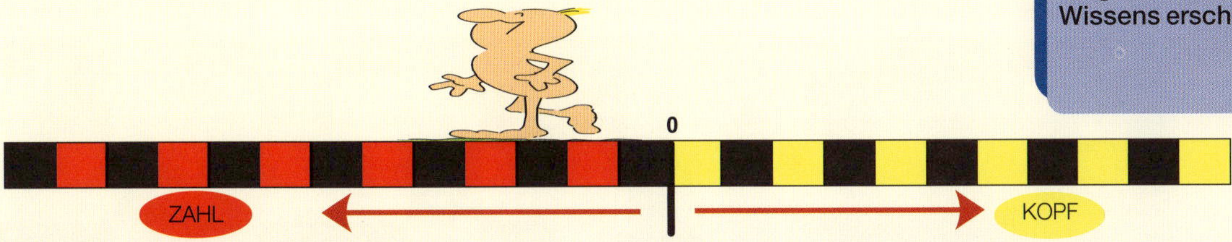


## ZUFALLSSPAZIERGANG

Werfen Sie eine Münze. Fällt Kopf, bewegen Sie das Männchen ein Feld nach rechts; fällt Zahl, gehen Sie ein Feld nach links. Können Sie erraten, wie weit das Männchen nach, sagen wir, 36 Würfen gekommen ist?

Nachdem Sie geraten haben, werfen Sie die Münze 36-mal und überprüfen Ihre Vorhersage. Wie hoch ist die Wahrscheinlichkeit, dass das Männchen während seines Spaziergangs wieder zum Start zurückkehrt? (Nehmen Sie dabei an, das Lineal wäre unendlich lang.)

**077 9**

## ZUFALLSSPAZIERGANG EINES BETRUNKENEN

Bei diesem Zufallsspaziergang, der bei der Laterne in der Mitte beginnt, werden die Schritte durch Werfen von zwei Münzen (rot und gelb) bestimmt. Dies ist die einfachste Demonstration eines stochastischen Prozesses und eine gute Analogie, um die Brownsche Bewegung zu erklären, bei der ein Teilchen von den Molekülen eines umgebenden Gases oder einer Flüssigkeit „herumgeschubst“ wird.

Wo, glauben Sie, wird der Betrunkene nach ein paar Würfen (N) sein? Wie hoch ist die Wahrscheinlichkeit, dass der Betrunkene während seines Spaziergangs wieder zu der Laterne zurückkehrt? Lassen Sie uns diesmal den Spaziergang auf das Gitterquadrat begrenzen: Was geschieht, wenn er an den Rand kommt?

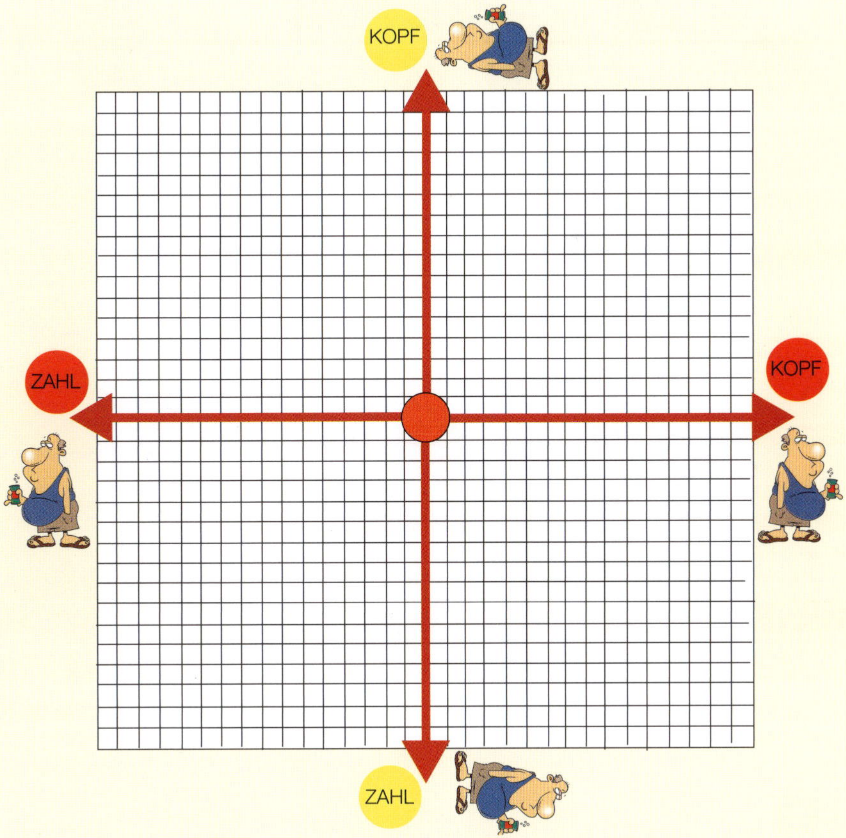

## ZUFÄLLIGE MUSTER?

Welches der beiden aus 50 weißen und 50 schwarzen Felder bestehenden Muster erscheint Ihnen zufälliger angeordnet?

| | | | | | | | | | | |
|---|---|---|---|---|---|---|---|---|---|---|
| 1 | 2 | 3 | 4 | 5 | 6 | 7 | 8 | 9 | 10 | geordnet |
| 6 | 3 | 8 | 1 | 7 | 5 | 9 | 2 | 8 | 4 | verschoben in Richtung 8 |
| 6 | 2 | 5 | 8 | 4 | 7 | 1 | 10 | 3 | 9 | nicht verschoben |
| 4 | 8 | 3 | 5 | 10 | 2 | 7 | ? | 1 | 9 | nicht verschoben die leere Stelle muss eine 6 sein |

## ZUFALLSZIFFERN-PARADOX

Versuchen Sie, die ersten zehn Zahlen dieser geordneten Reihe in eine zufällige Abfolge umzuarrangieren.

Wenn Sie eine oder mehrere Zahlen duplizieren, verschiebt sich die Zahlenverteilung innerhalb der Reihe in ihre Richtung. Weist die Reihe keine solche Verschiebung auf, enthält sie alle zehn Zahlen und weist ein deutliches „Muster" auf – wenn Sie eine der Zahlen entfernen, sieht man sofort, welche. Ähnliche Gegensätze treten bei jeder zufälligen Reihung auf. Wird sie zu zufällig, tritt ein „Muster der Unordnung" auf.

Wir haben hier also ein interessantes Paradox.

Mathematiker sind sich einig, dass eine völlig ungeordnete Zahlenreihe eine der Logik widersprechende Vorstellung ist. Je ungeordneter eine Zahlenreihe erscheint, desto mehr vermittelt sie den Eindruck, dass sie mit großer Sorgfalt von einem Mathematiker angelegt wurde, anstatt rein zufällig entstanden zu sein.

Eine Zahlenreihe kann genauso wenig zufällig sein wie eine Sternenkonstellation am Himmel. Und im Verlauf der ganzen Menschheitsgeschichte haben Sternengucker unendlich viele Muster am Himmel entdeckt.

078 8

079 9

## DREIFACH-DUELL

Tom, Bill und Mike haben beschlossen auszulosen, wer als Erster, Zweiter und Dritter auf wen schießen darf, bis nur noch einer übrig ist. Tom und Bill verfehlen ihr Ziel nie, wohingegen Mike eine nur 50%-ige Trefferquote hat. Wer hat die besten Überlebenschancen?

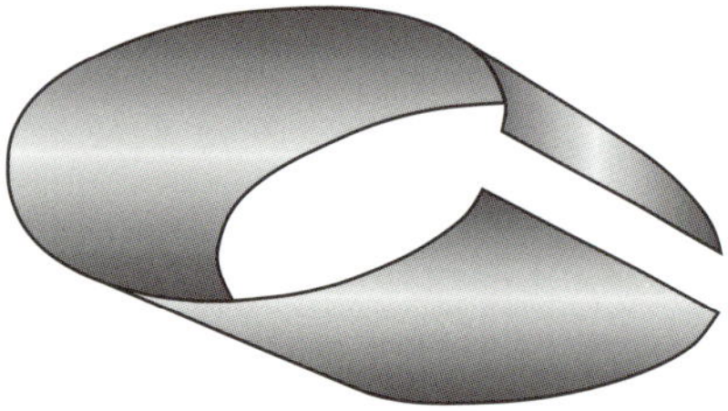

Ein Papierstreifen zu einem Ring oder einem Zylinder zusammengeklebt

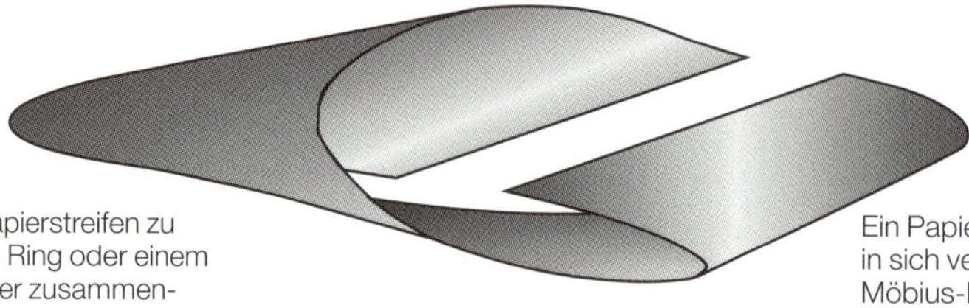

Ein Papierstreifen, einmal in sich verdreht – ein Möbius-Band

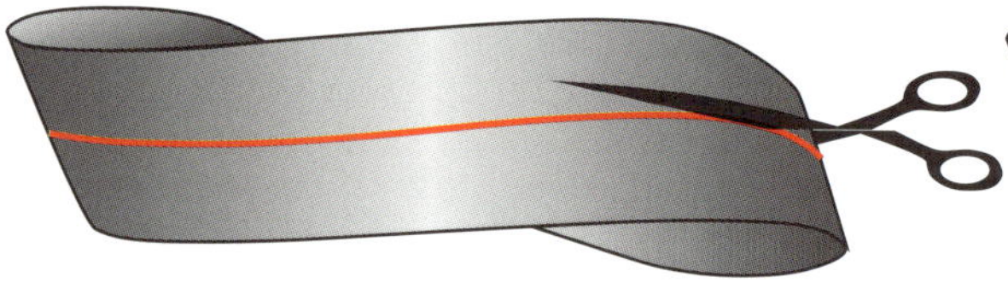

## MÖBIUS-BAND DER LÄNGE NACH AUSEINANDERGESCHNITTEN

Schneiden Sie Ihr Möbius-Band in der Mitte entlang der roten Linie auseinander. Wie wird es danach aussehen?

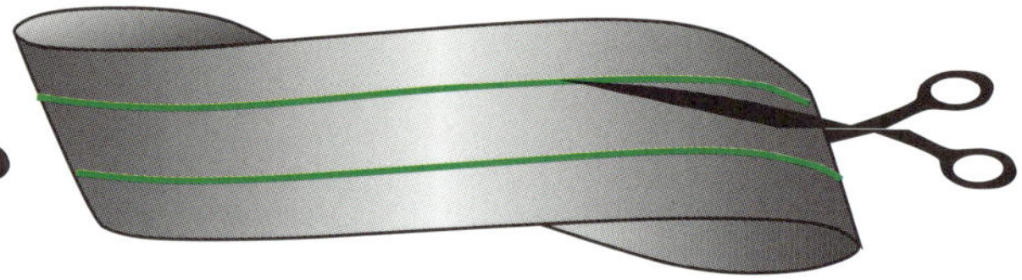

## MÖBIUS-BAND NAHE AM RAND AUSEINANDERGESCHNITTEN

Schneiden Sie Ihr Möbius-Band entlang der grünen Linie nahe dem Rand auseinander. Wie wird es danach aussehen?

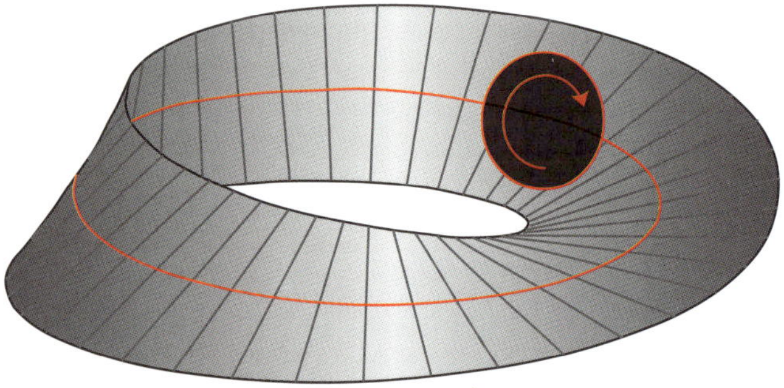

## REISENDER AUF EINEM MÖBIUS-BAND

Was geschieht mit einem Reisenden und seiner Uhr, wenn er auf einem Möbius-Band reist und wieder an seinen Ausgangspunkt zurückkehrt? Versuchen Sie anhand Ihres Bandes, es herauszufinden!

## MÖBIUS-BAND

080 3

**Ein wunderschönes Objekt mit einem geheimnisvollen Dreh**

Der Deutsche Mathematiker A.F. Möbius (1790-1868) entdeckte eine Oberfläche, die nur eine Seite und eine Kante hat und bei der es kein „Innen" und kein „Außen" gibt. Das Papier hat natürlich eine gewisse Dicke, die wir jedoch vernachlässigen.

Obwohl man sich ein solches Objekt nur schwer vorstellen kann, ist es ganz einfach, ein Möbius-Band herzustellen: Nehmen Sie einen Streifen ganz gewöhnliches Papier, verdrehen Sie eines der Enden und kleben Sie dann die beiden Enden zusammen. Schon haben Sie ein Möbius-Band.

Ein Möbius-Band ist die Basis für eine endlose Anzahl interessanter Gebilde und Rätsel, und es hat viele überraschende Eigenschaften, die zu wichtigen Entwicklungen in der Topologie geführt haben.

Was, glauben Sie, passiert, wenn man ein Möbius-Band in der Mitte der Länge nach auseinanderschneidet? Oder in der Nähe des Randes? Und was geschieht mit einem Reisenden und seiner Uhr, wenn er auf einem Möbius-Band reist und wieder an seinen Ausgangspunkt zurückkehrt?

Fällt Ihnen irgendein Gegenstand ein, den man berühren kann und der nur zwei Dimensionen hat?

## NICHT-TRANSITIVITÄT

Die meisten mathematischen Relationen sind ***transitiv,*** also binär, was so viel bedeutet wie: Wenn A größer als B ist und B größer als C, dann muss A auch größer als C sein. Manche Relationen sind jedoch nicht-transitiv. Wenn A der Vater von B ist und B der Vater von C, kann A nicht der Vater von C sein.

Das bekannte Kinderspiel Knobeln ist nicht-transitiv. Bei diesem Spiel bestimmen die Relationen Stein zerbricht Schere, Schere zerschneidet Papier und Papier wickelt Stein ein die Gewinnregeln.

In der traditionellen chinesischen Weltanschauung wird die Materie in fünf Kategorien eines nicht-transitiven Zyklus eingeteilt: Holz gebiert Feuer, Feuer gebiert Erde, Erde gebiert Metall, Metall gebiert Wasser und Wasser gebiert Holz.

In der Wahrscheinlichkeitstheorie gibt es Relationen, die transitiv zu sein scheinen, es aber nicht sind. Manchmal ist diese Nicht-Transitivität so überraschend und paradox, dass die entsprechenden Relationen „nicht-transitive Paradoxe oder Spiele" genannt werden.

In die Entwicklung solcher Paradoxe wurde viel Denkarbeit investiert, und sie sind gefährliche „Fallen", da die aufgestellten Behauptungen so unglaubwürdig klingen, dass die meisten Menschen dagegen wetten … und verlieren.

Eines der einfachsten und zugleich verblüffendsten Beispiele ist das nicht-transitive Würfel-Set des hier gezeigten Rätsels. Bradley Efron von der Stanford University hat es als Erster entwickelt, und Martin Gardner hat es mit seiner Kolumne im Scientific American Magazine einem breiteren Publikum zugänglich gemacht.

## NICHT-TRANSITIVER WÜRFEL

Bei einem Würfelspiel erwartet man, dass die Augenzahlen zufällig sind. Aufgabe dieses Spiels ist es herauszufinden, was das Besondere an den vier hier verwendeten Würfeln ist.

Als Erstes basteln Sie sich vier Würfel, wie in der Illustration gezeigt. Schritt zwei:

1. Lassen Sie Ihren Spielpartner einen Würfel auswählen und suchen Sie sich dann einen der übrigen drei aus.
2. Würfeln Sie abwechselnd, immer mit einem neuen Würfel. Wie üblich gewinnt die höhere Zahl.
3. Gelingt es Ihnen, immer den richtigen Würfel zu wählen, damit Sie ein Spiel über mehrere Runden gewinnen?

081 | 6

**NICHT-TRANSITIVER WÜRFEL**

Die Vorlage für die vier nicht-transitiven Würfel

082 6

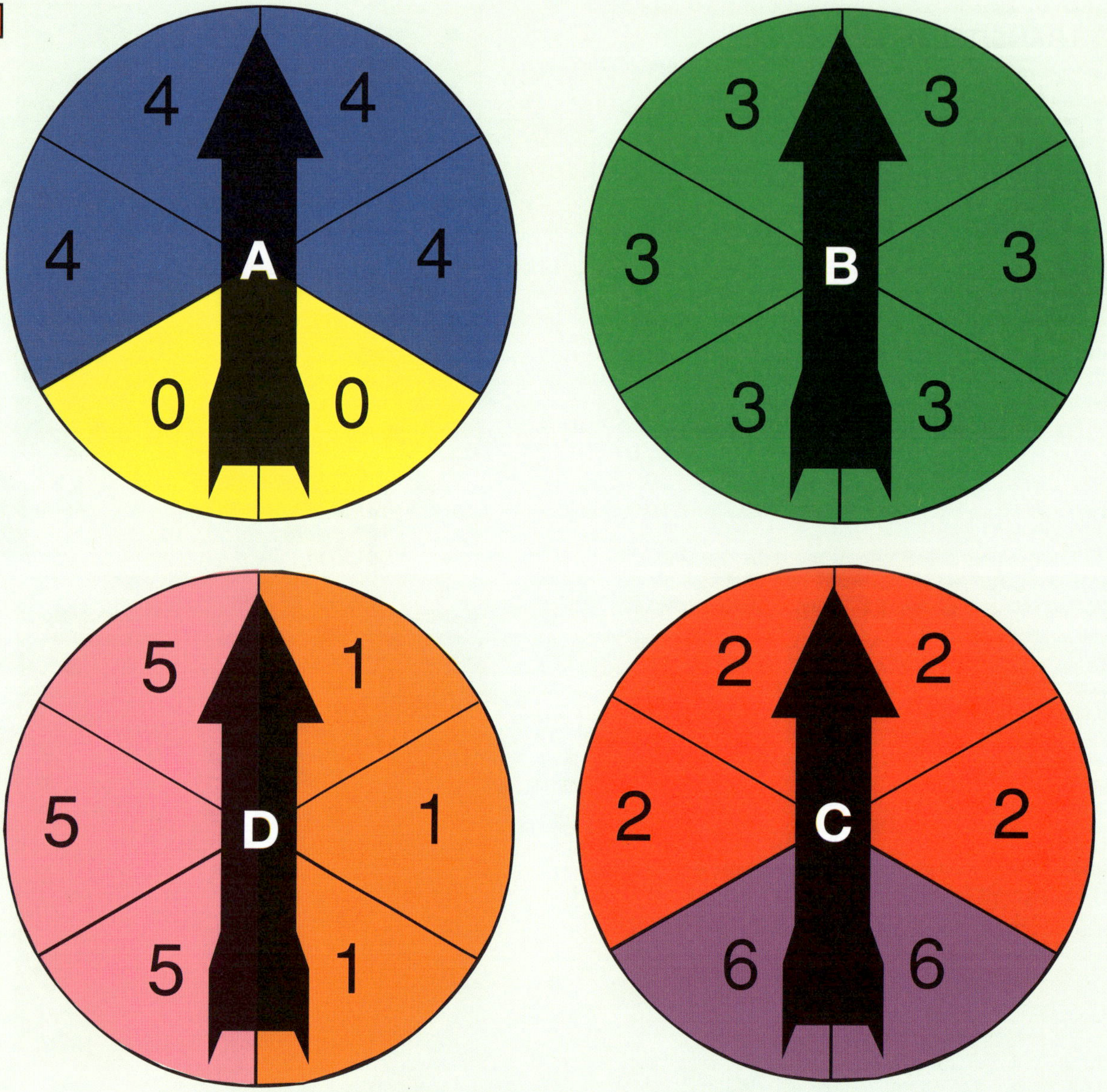


## NICHT-TRANSITIVE ZAHLENSCHEIBEN

Zwei Spieler wählen je eine Zahlenscheibe und spielen mehrere Runden. Die höhere Zahl gewinnt. Können Sie die Gewinnchancen zwischen den verschiedenen Zahlenscheiben ermitteln, sodass Sie immer im Vorteil sind, egal welche Scheibe Ihr Gegner wählt?

## DIE FÜNFTE FARBE

Am 1. April 1975 veröffentlichte Martin Gardner die hier gezeigte Karte, die von William McGregor so angelegt wurde, dass man mindestens fünf Farben benötigt, wie unten gezeigt. Sehen Sie sich die Karte genau an – können Sie es besser?

Die fünfte Farbe

083 5

## VIER-FARBEN-SATZ

Wie viele Farben braucht man, um eine beliebige Landkarte so zu färben, dass zwei aneinandergrenzende Gebiete nie dieselbe Farbe haben? Die aneinandergrenzenden Gebiete müssen sich an einer ganzen Seite berühren, nicht nur in einem Punkt.

Dies wurde bis vor Kurzem noch das „Vier-Farben-Problem“ genannt, erstmals 1852 formuliert von dem südafrikanischen Mathematiker Francis Guthrie (1831-1899).

Dass man mindestens vier Farben braucht, lässt sich leicht beweisen. 1879 veröffentlichte der britische Mathematiker Alfred Kempe (1849-1922) einen Beweis, dass es keine Landkarte gibt, für die man fünf Farben braucht. Zehn Jahre später fand man jedoch einen Fehler in seinem Beweis, dass nämlich das korrekte Ergebnis sechs, nicht fünf Farben lauten muss.

Etwa ein Jahrhundert lang befassten sich Mathematiker mit dem Problem, aber niemand konnte eine Karte entwerfen, für die man fünf Farben braucht. Genauso wenig konnte jedoch bewiesen werden, dass eine solche Karte nicht trotzdem existieren könnte. Dieses Problem wurde als eines der simpelsten klassischen mathematischen Rätsel bekannt, die unlösbar schienen.

Was die Sache noch schlimmer machte, war, dass analoge Probleme mit komplizierteren Oberflächen durchaus lösbar waren. Für eine Karte auf einem Donut (Krapfen mit Loch in der Mitte) genügen z. B. in jedem Fall sieben Farben, auf manchen tun es auch sechs; auf der sog. Kleinschen Flasche, einer etwas seltsam aussehenden einseitigen Oberfläche, sind sechs Farben nötig *und* ausreichend.

1976 lösten Kenneth Appel und Wolfgang Haken an der University of Illinois das Problem schließlich mithilfe eines Supercomputers, und heute haben wir den Vier-Farben-Satz: Um eine beliebige Landkarte in der Ebene so einzufärben, dass keine zwei aneinandergrenzenden Länder die gleiche Farbe haben, genügen vier Farben.

Viele Rätsel aus der Unterhaltungsmathematik drehen sich um das Problem, wie viele Farben man für ein gegebenes Muster braucht, damit keine zwei benachbarten Felder die gleiche Farbe haben. Oft lässt sich aus solch einem Rätsel auch ein Wettbewerb für zwei Spieler machen. Die Herausforderung, eine potenzielle „Farb-Sackgasse“, die vermeintlich eine fünfte Farbe notwendig macht, im Voraus zu erkennen, macht diese Spiele sehr reizvoll.

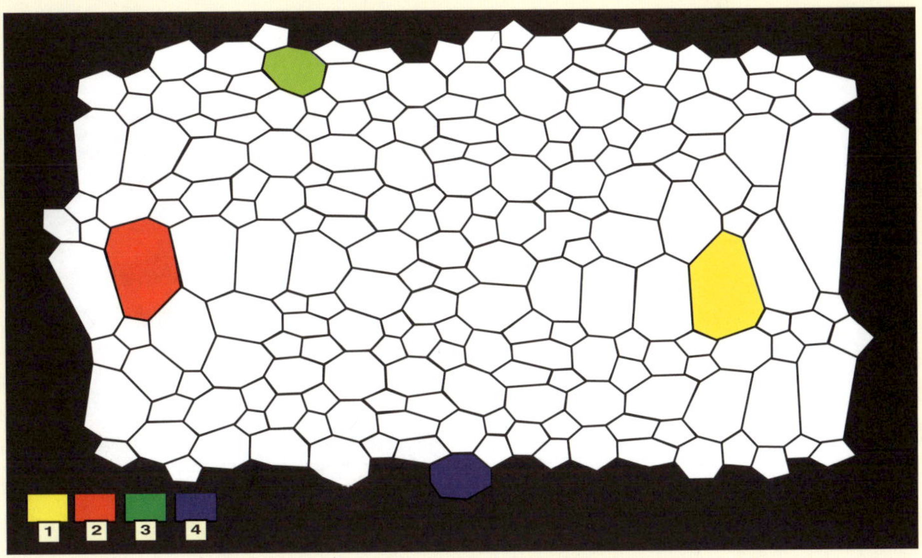

## SPRINGER-TOUR

Beim Schach zieht der Springer entweder zwei Felder geradeaus und eines zur Seite oder zwei zur Seite und eines geradeaus.

Eines der ältesten und interessantesten Schachbrett-Rätsel ist die von dem Englischen Mathematiker Brook Taylor (1685–1731) erdachte „Springer-Tour". Kann man mit dem Springer so ziehen, dass er jedes Feld auf dem Brett genau einmal besucht? Die Größe des Bretts kann dabei auch von den üblichen 8x8-Brettern abweichen.

Mathematisch betrachtet ist dieses Rätsel ein Graphen-Problem. Stellen Sie sich die Felder einfach als Knoten vor und verbinden Sie die Knoten entlang der Kanten, und zwar so, dass ihr „Zug" dem eines Springers entspricht.

Die Tour ist „geschlossen", sobald der Springer mit dem letzten Zug wieder auf das Ausgangsfeld zurückkehrt. Auf Brettern mit ungerader Seitenlänge sind geschlossene Touren möglich: Auf einem zweifarbigen Brett wechselt bei jedem Zug die Farbe des Feldes, auf dem der Springer landet. Auf einem Brett mit ungerader Seitenlänge braucht der Springer eine gerade Anzahl von Zügen, um auf jedes Quadrat zu kommen. Bei seinem letzten Zug in Richtung Ausgangsfeld müsste das Feld eine andere Farbe haben als beim Beginn der Tour, was natürlich unmöglich ist.

Auf einem Standardschachbrett gibt es mehrere Millionen verschiedene Springer-Touren. Der Schweizer Mathematiker Leonard Euler (1707-1783) entdeckte viele ungewöhnliche Symmetrien. Hier sehen Sie ein paar seiner Entwürfe, die auf geschlossenen Springer-Touren basieren.

Sie können Ihre eigene Springer-Tour entwickeln, indem Sie die Quadrate des Bretts nummerieren und die Züge aufschreiben. Alternativ dazu können Sie den Weg des Springers auch verfolgen, indem Sie durch die Mitte der Quadrate eine durchgehende Linie zeichnen. Oft entstehen auf diese Weise ästhetische Muster. Auch auf anders geformten Brettern ist die Springer-Tour eine interessante Herausforderung.

**Entwerfen Sie Ihre eigene Springer-Tour!**

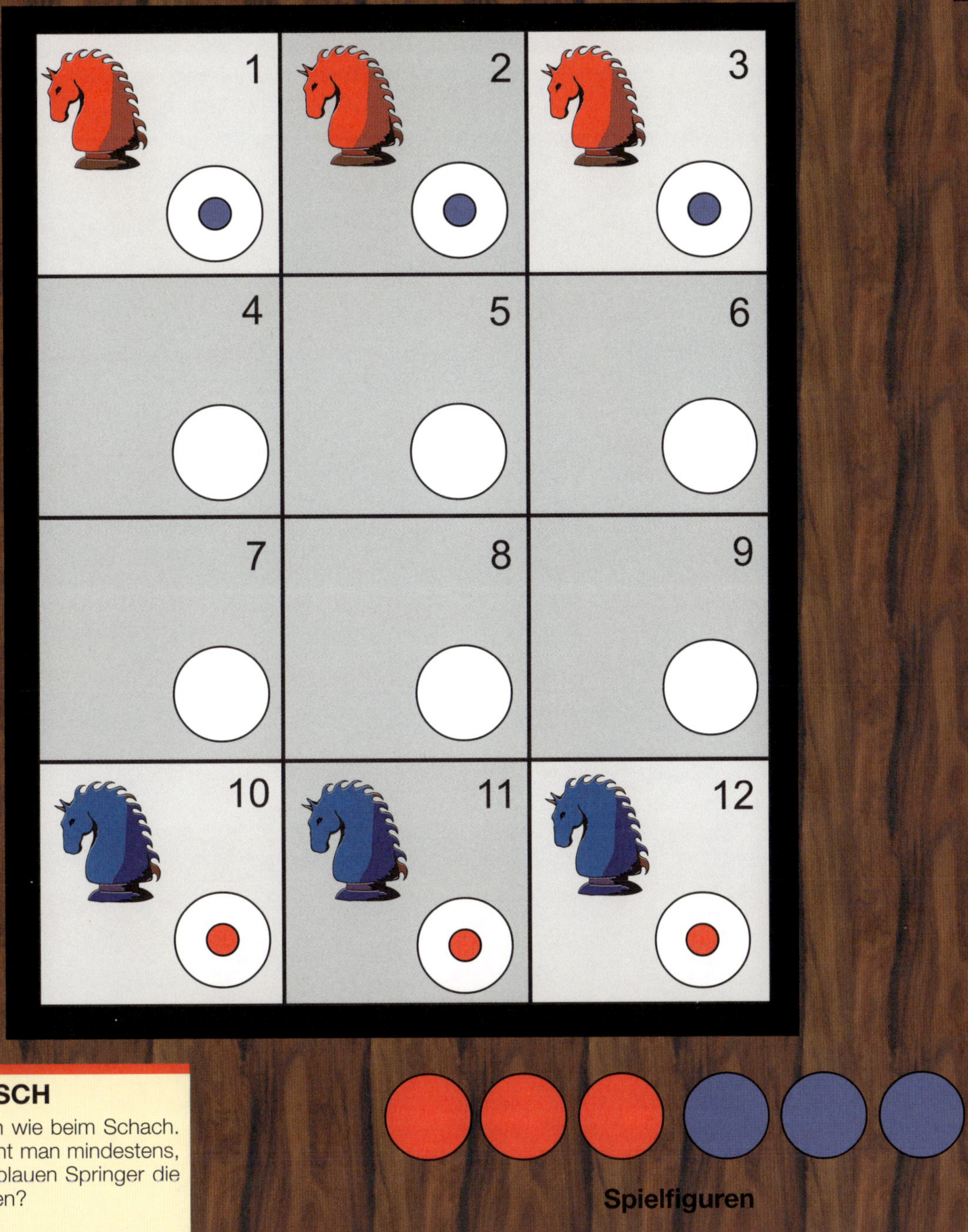


## SPRINGERTAUSCH

Die Springer ziehen wie beim Schach. Wie viele Züge braucht man mindestens, damit die roten und blauen Springer die Plätze getauscht haben?

085 3

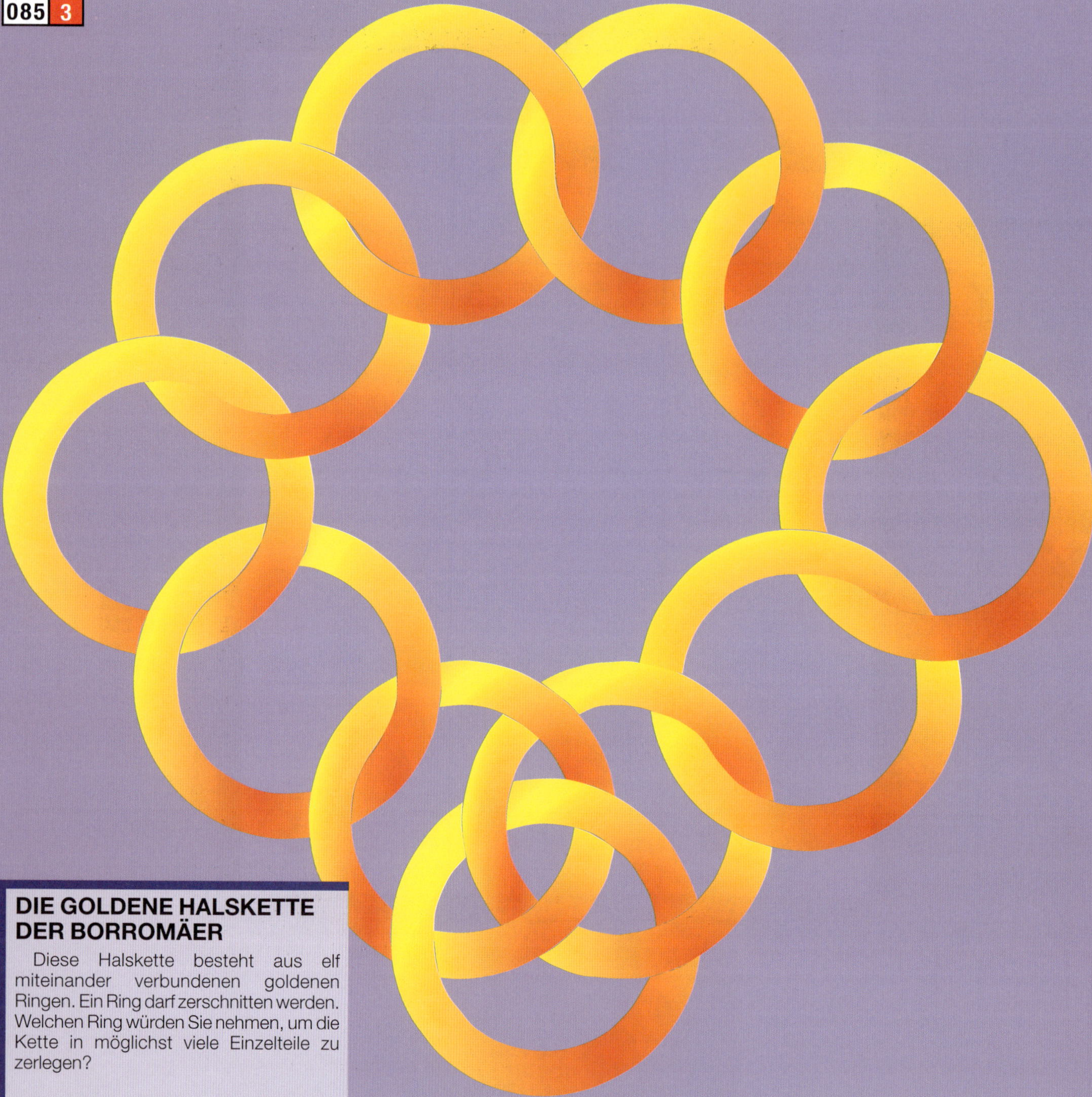

## DIE GOLDENE HALSKETTE DER BORROMÄER

Diese Halskette besteht aus elf miteinander verbundenen goldenen Ringen. Ein Ring darf zerschnitten werden. Welchen Ring würden Sie nehmen, um die Kette in möglichst viele Einzelteile zu zerlegen?

## DIE MUSTER DER ALHAMBRA

### DIE ALHAMBRA

Erbaut von 1238 bis 1358 auf einem Hügel in Granada, Spanien, war die Alhambra der Palast und zugleich die Festung der damaligen Maurischen Herrscher. Nachdem diese 1492 vertrieben worden waren, wurden die Gebäude stark beschädigt und später mit viel Geld wieder restauriert. Die Alhambra ist einer der schönsten Belege der einstigen Maurischen Kultur in Spanien. Das Innere der Gebäude ist mit wunderschönen komplexen geometrischen Ornamenten verziert.

### DIE MUSTER DER ALHAMBRA

Der einstige Herrscherpalast von Granada ist eine einzige Demonstration mathematischer Schönheit. Das oben gezeigte komplizierte Muster ist nur eine ihrer komplexen geometrischen Strukturen. Können Sie sagen, ob das Muster aus einer einzigen durchgezogenen Linie besteht oder aus verschiedenen Einzelteilen? Wenn ja, wie viele?

086 6

### ABSTRAKTE KUNST

Sowohl die Araber als auch die Juden nahmen das Verbot der darstellenden Kunst in ihren Religionen sehr ernst und entwickelten stattdessen eine rein abstrakte und geometrische Kunsttradition. Eines der schönsten Beispiele dieser Tradition sind die Wandfliesen aus dem 14. Jahrhundert in der Alhambra in Granada, Spanien.

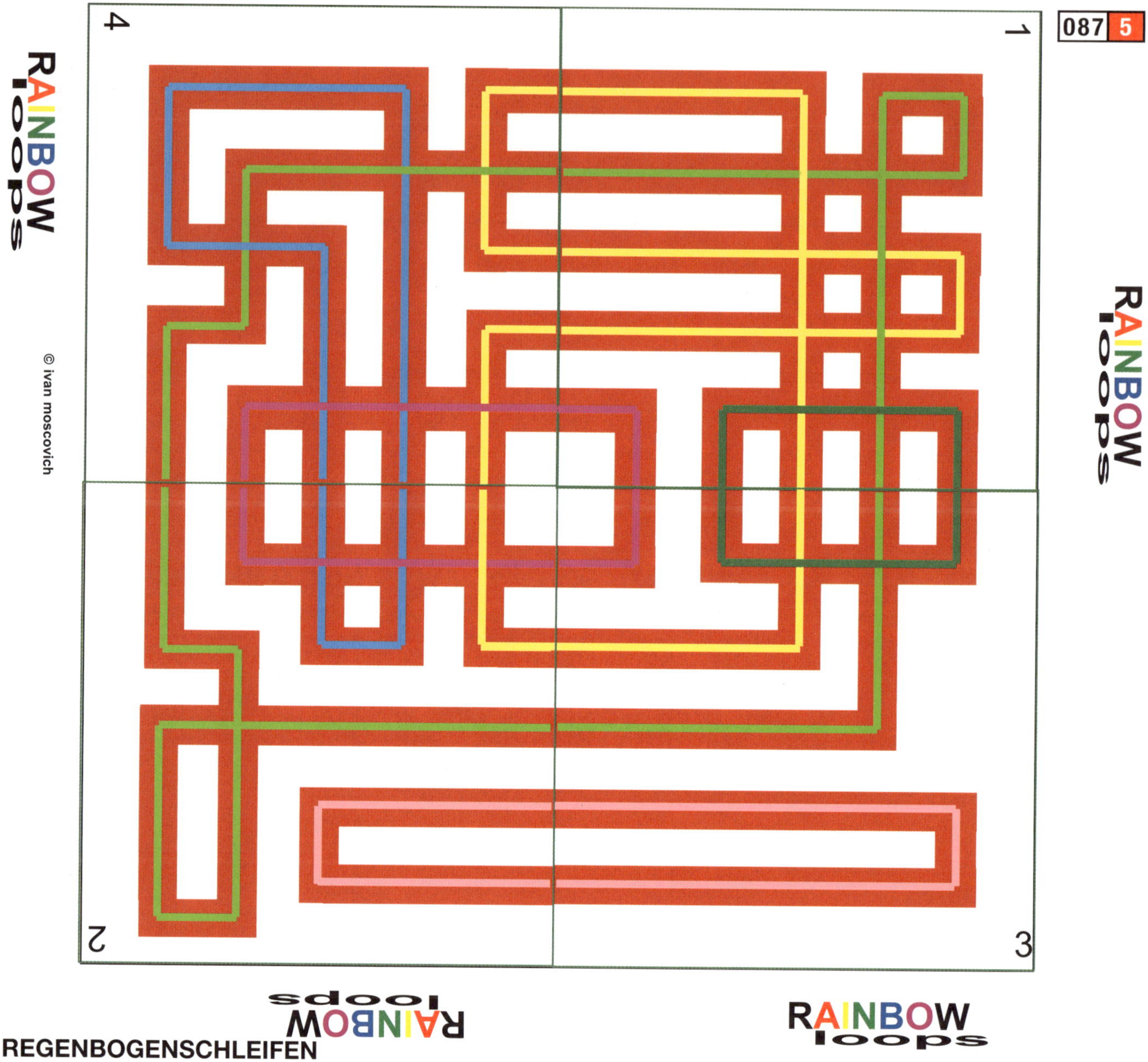


## REGENBOGENSCHLEIFEN

Die vier quadratischen Fliesen sind so miteinander verbunden, dass sechs Schleifen entstehen. Können Sie die Fliesen auch zu anderen Mustern arrangieren? Wie viele neue Muster schaffen Sie? Können Sie die Fliesen in derselben quadratischen Konfiguration so arrangieren, dass sie 1 bis 6 Schleifen bilden?

Kopieren Sie das Bild und schneiden Sie die vier Quadrate entlang der dünnen Linien aus.

088 3

## REGELMÄSSIGE KONVEXE POLYEDER

Ein Polyeder ist ein dreidimensionales geometrisches Objekt mit mehreren ebenen Seitenflächen, die über gerade Kanten miteinander verbunden sind. Der Name geht zurück auf die altgriechischen Wörter *poly* („viel") und *edron* („Gesicht"). Regelmäßige konvexe Polyeder haben deckungsgleiche Seitenflächen, die aus konvexen regelmäßigen Polygonen bestehen. Es gibt nur fünf verschiedene regelmäßige Polyeder – das Tetraeder (Vierflächner), den Würfel (Sechsflächner), das Oktaeder (Achtflächner), das Dodekaeder (Zwölfflächner) und das Ikosaeder (Zwanzigflächner). Da unendlich viele regelmäßige Polygone existieren, ist es umso erstaunlicher, dass es nur fünf regelmäßige Polyeder gibt.

Polyeder verkörpern die Symbiose von Mathematik und Kunst. Ihre abstrakte Einfachheit und Perfektion entzückt alle Liebhaber von Form und Symmetrie. Sie faszinieren die Menschen seit Jahrhunderten. Schon die alten Griechen wussten, dass es nur fünf regelmäßige Polyeder gibt. Für sie waren sie die schönsten Objekte überhaupt. Regelmäßige konvexe Polyeder werden, nach dem griechischen Philosophen Platon (428 – 348 v. Chr.), auch Platonische Körper genannt. Er behauptete, dass die vier Elemente Feuer, Erde, Wasser und Luft aus regelmäßigen Polyedern bestehen.

Dreidimensionale Abbildungen der „ausgeklappten" Körper werden oft zur Einführung der grundlegenden Prinzipien der räumlichen Geometrie verwendet. Mit ihnen lassen sich Volumen und Flächen vergleichen, und man kann daraus verschiedenste Strukturen, Rätsel und Spiele herstellen, wie z. B. das hier gezeigte Mobile aus fünf Platonischen Körpern.

## TABELLE REGELMÄSSIGER POLYEDER

Können Sie die Charakteristika der fünf regelmäßigen Körper eintragen?

| Körper | Ecken (V) | Kanten (E) | Flächen (F | V - E + F |
|---|---|---|---|---|
| Tetraeder | | | | |
| Würfel | | | | |
| Oktaeder | | | | |
| Ikosaeder | | | | |
| Dodekaeder | | | | |

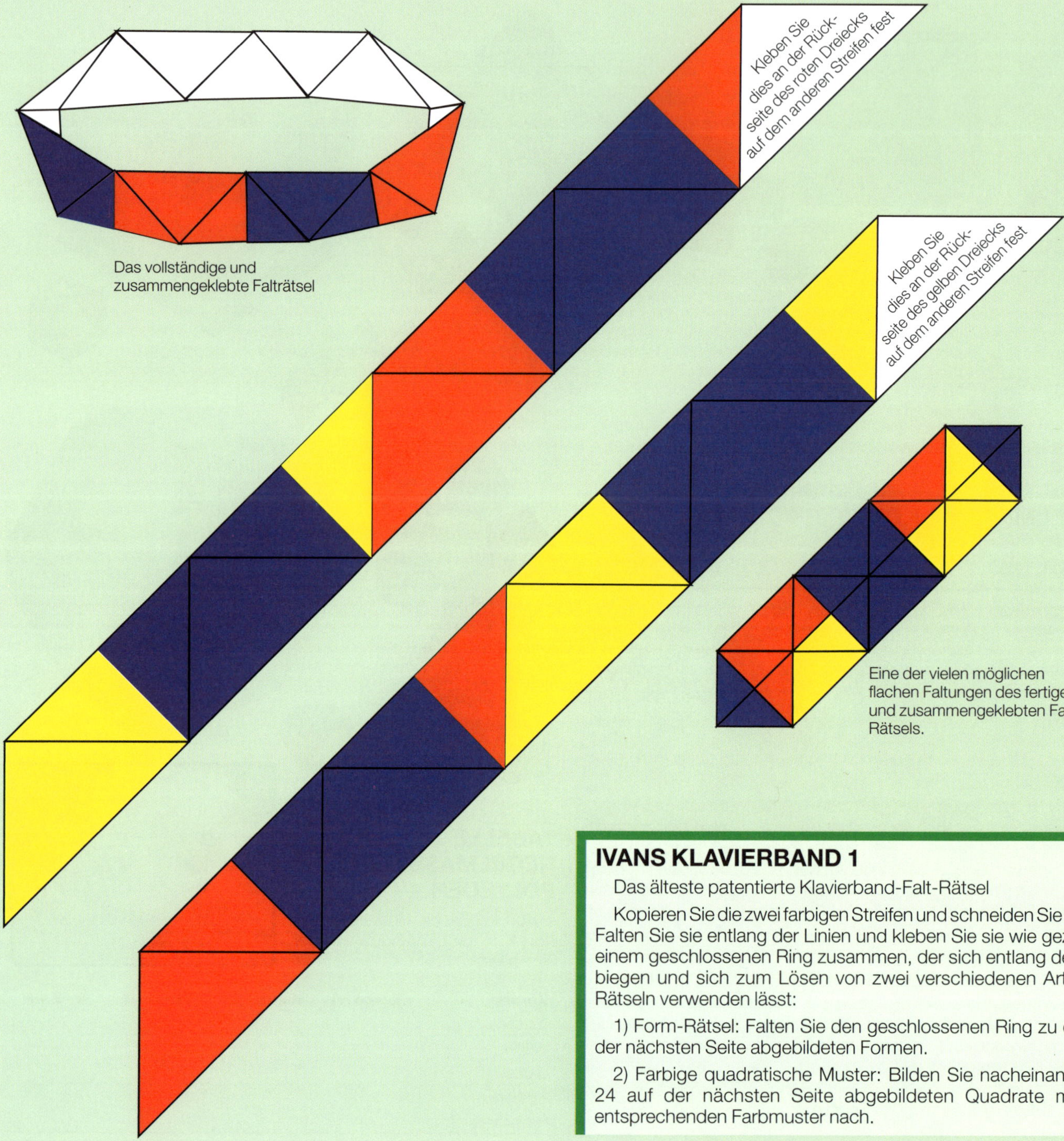


Das vollständige und zusammengeklebte Falträtsel

Eine der vielen möglichen flachen Faltungen des fertigen und zusammengeklebten Falt-Rätsels.

## IVANS KLAVIERBAND 1

Das älteste patentierte Klavierband-Falt-Rätsel

Kopieren Sie die zwei farbigen Streifen und schneiden Sie sie aus. Falten Sie sie entlang der Linien und kleben Sie sie wie gezeigt zu einem geschlossenen Ring zusammen, der sich entlang der Falze biegen und sich zum Lösen von zwei verschiedenen Arten von Rätseln verwenden lässt:

1) Form-Rätsel: Falten Sie den geschlossenen Ring zu den auf der nächsten Seite abgebildeten Formen.

2) Farbige quadratische Muster: Bilden Sie nacheinander die 24 auf der nächsten Seite abgebildeten Quadrate mit den entsprechenden Farbmuster nach.

Farbige Quadrate falten

Formen falten

## IVANS KLAVIERBAND

### 24 Rätsel mit farbigen Quadraten und einer Auswahl von Form-Rätseln.

Aus *The Piano-Hinged Dissections: Time to Fold!* von Greg N. Frederickson, dem Buch schlechthin zur Geschichte der Falt-Rätsel:

„Später erwartete mich eine weitere Überraschung: Ich hörte von einem Ring aus 16 gleichschenkligen und rechtwinkligen Dreiecken, der sich sowohl zu einem Quadrat als auch zu allen anderen Tetrominos (Figuren aus vier Quadraten) falten lässt. Auch er wurde Mitte bis Ende der 1990er Jahre verkauft, und zwar unter dem Namen ‚Ivan's Hinge' von dem Spielehersteller Paradigm Games."

„1994 meldete der israelische Rätselerfinder und Autor Ivan Moscovich zusammen mit Jan Essebaggers den Ring aus 16 gleichschenkligen und rechtwinkligen Dreiecken zum Patent an. Es ist nicht klar, ob Moscovich ahnte, dass sich mit seinem Ring die gleichen Tetrominos formen ließen wie mit Stevens' Erfindung. Er schien hauptsächlich daran interessiert, Quadrate zu formen, und die Patentschrift deutete an, dass sich mit einem Ring aus 64 Dreiecken ein 4x4-Quadrat bilden ließ. Jedenfalls vermarktete Moscovich ihn nicht nur als Rätsel, sondern auch als Promotion-Arikel für verschiedene Körperschaften, wie die Eastman Kodak Company und die Mid Glamorgan Economic Development Unit in Cardiff, Wales, und viele andere."

Vorderseite

## FLEXI-TWIST

Flexi-Twist ist ein Falt-Rätsel, das ich in den 1970er Jahren entwickelte. Es sind eigentlich 12 Rätsel in einem.

Kopieren Sie das auf beiden Seiten mit einem Muster bedruckte Quadrat und schneiden Sie es wie gezeigt aus. Knicken und falten Sie es entlang der Linien in beide Richtungen. Schneiden Sie in dem mittleren gelben Quadrat entlang der beiden Diagonalen.

Falten Sie das Papier dann entlang der Faltmarkierungen zu einem Quadrat der halben Größe mit den auf der nächsten Seite abgebildeten Mustern.

Rückseite

## FLEXI-TWIST 2

Durch Falten lassen sich selbst mit einem einfachen quadratischen Stück Papier viele mathematische, geometrische und topologische Entdeckungen machen. Solche Aktivitäten eignen sich sowohl für Kinder als auch für Erwachsene hervorragend als Einführung in die ebene Geometrie. Die traditionelle Kunst des Origami und die Entwicklung des Flexagons im 20. Jahrhundert sind hierfür gute Beispiele.

Ein Flexagon ist ein Stück Papier, das sich zu einer ganzen Reihe ebener Flächen falten lässt. Flexagon-Macher Adam Walsh definierte sie als flache Stücke Papier, die mehr Oberflächen haben als die „offensichtlichen" zwei. 1939 schuf der Princeton-Student Arthur Stone das erste Flexagon, als er mit einem Papierstreifen herumspielte. Seitdem wurden Falt-Rätsel in der Unterhaltungsmathematik immer beliebter.

Meine Faszination für Flexagone begann in den frühen 1950er Jahren, als Martin Gardner sie einem breiten Publikum vorstellte. Ich erdachte in der darauf folgenden Zeit mehrere Falt-Rätsel, die grob in den Bereich der Flexagone gehören.

Eine meiner Entwicklungen war das Flexi-Twist. Ich wollte interessante Falt-Rätsel entwickeln, die man nicht schon vorher falten und zusammenkleben muss, die aber trotzdem viele „Oberflächenformen" und Rätselmöglichkeiten bieten. Herausgekommen ist dabei das Flexi-Twist.

Das Magistrip war eine weitere meiner Entwicklungen. Es wurde in Großbritannien unter den Namen „Ivan's Hinge" und „Magic Mat" produziert.

Robert E. Neale, der weltweit führende Experte und Erfinder von Falt-Rätseln, erdachte viele bemerkenswerte Papier-Faltgebilde und neuartige Flexagone.

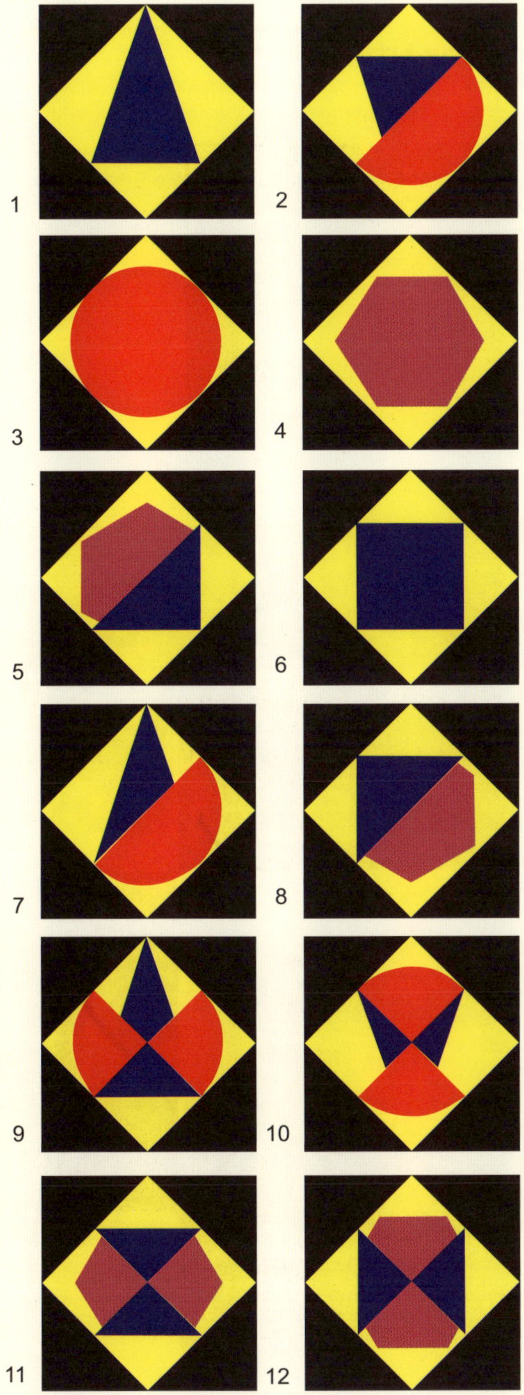


**FLEXI-TWIST FALT-RÄTSEL**

## FALT-RÄTSEL

### DREI BRIEFMARKEN FALTEN

Können Sie nur durch Anschauen herausfinden, auf wie viele verschiedene Arten sich ein Streifen mit drei Briefmarken falten lässt? Sie dürfen ihn nur entlang der Perforation falten und am Schluss müssen die drei Briefmarken übereinander sein. Ob sie mit dem Aufdruck nach oben oder unten zeigen, ist dabei egal.

Bei drei Farben gibt es sechs mögliche Faltungen, wie nebenstehend gezeigt.

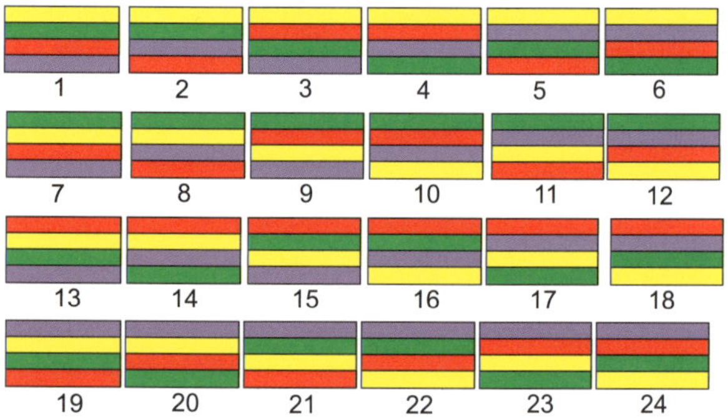


### VIER BRIEFMARKEN FALTEN

Können Sie nur durch Anschauen herausfinden, auf wie viele verschiedene Arten sich ein Streifen mit vier Briefmarken falten lässt? Wie oben dürfen Sie nur entlang der Perforation falten, und das Ergebnis muss ein Stapel von vier übereinanderliegenden Briefmarken sein. Ob sie mit dem Aufdruck nach oben oder unten zeigen, ist wieder egal. Bei vier Farben gibt es 24 mögliche Faltungen wie gezeigt. Wie viele davon schaffen Sie?

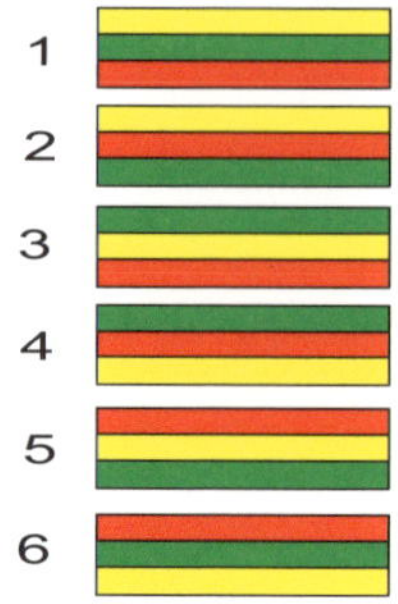


### LANDKARTEN FALTEN

Auf wie viele verschiedene Arten lässt sich eine Landkarte falten?

Der Polnische Mathematiker Stanislaw Ulam (1909–1984) stellte diese Frage als Erster, und seither treibt sie Kombinatorik-Experten zur Verzweiflung: Das allgemeine Problem der Landkartenfaltung ist in der Tat immer noch ungelöst.

089 3

### ACHT BRIEFMARKEN FALTEN

Können Sie diesen Block aus acht Briefmarken entlang der Perforation so falten, dass die Marken in der Reihenfolge 1 bis 8 übereinanderliegen?

### FALT-ZEITUNG

Wie oft glauben Sie, können Sie eine Zeitungsseite in der Mitte falten? Fünfmal? Achtmal? Mehr als zehnmal? Versuchen Sie's und finden Sie es heraus!

## SECHS BRIEFMARKEN FALTEN

Sechs Briefmarken hängen in einem 2x6-Rechteck zusammen. Es gibt viele Möglichkeiten, es entlang der Perforation zu einem Stapel zu falten.

Vier Stapel werden mit ihrer Farbfolge gezeigt. Können Sie sagen, welchen davon man nicht falten kann? Stellen Sie sich vor, die Briefmarken haben auf beiden Seiten die gleiche Farbe und es ist deshalb egal, welche Seite in dem Stapel nach „oben" zeigt.

090 5

## EIN QUADRAT AUS BRIEFMARKEN FALTEN

Können Sie nur durch Anschauen herausfinden, auf wie viele verschiedene Arten sich ein Quadrat aus vier Briefmarken falten lässt? Sie dürfen sie nur entlang der Perforation falten, und als Ergebnis muss ein Stapel aus vier übereinander liegenden Briefmarken herauskommen. Ob die Marken mit dem Aufdruck nach oben oder unten zeigen, ist dabei egal.

Wie vorhin schon gezeigt, gibt es bei vier Farben 24 Umsetzungen. Wie viele davon können Sie falten?

091 7

„Es hat gar keinen Sinn, das zu versuchen“, sagte Alice lachend, „an unmögliche Dinge kann man nicht glauben.“

„Ich glaube eher, dass du es noch gar nicht versucht hast“, entgegnete die Weiße Königin. „Als ich so alt war wie du, habe ich jeden Tag eine halbe Stunde lang geübt. Und manchmal glaubte ich schon vor dem Frühstück an sechs unmögliche Dinge.“

Lewis Carroll, *Alice im Wunderland*

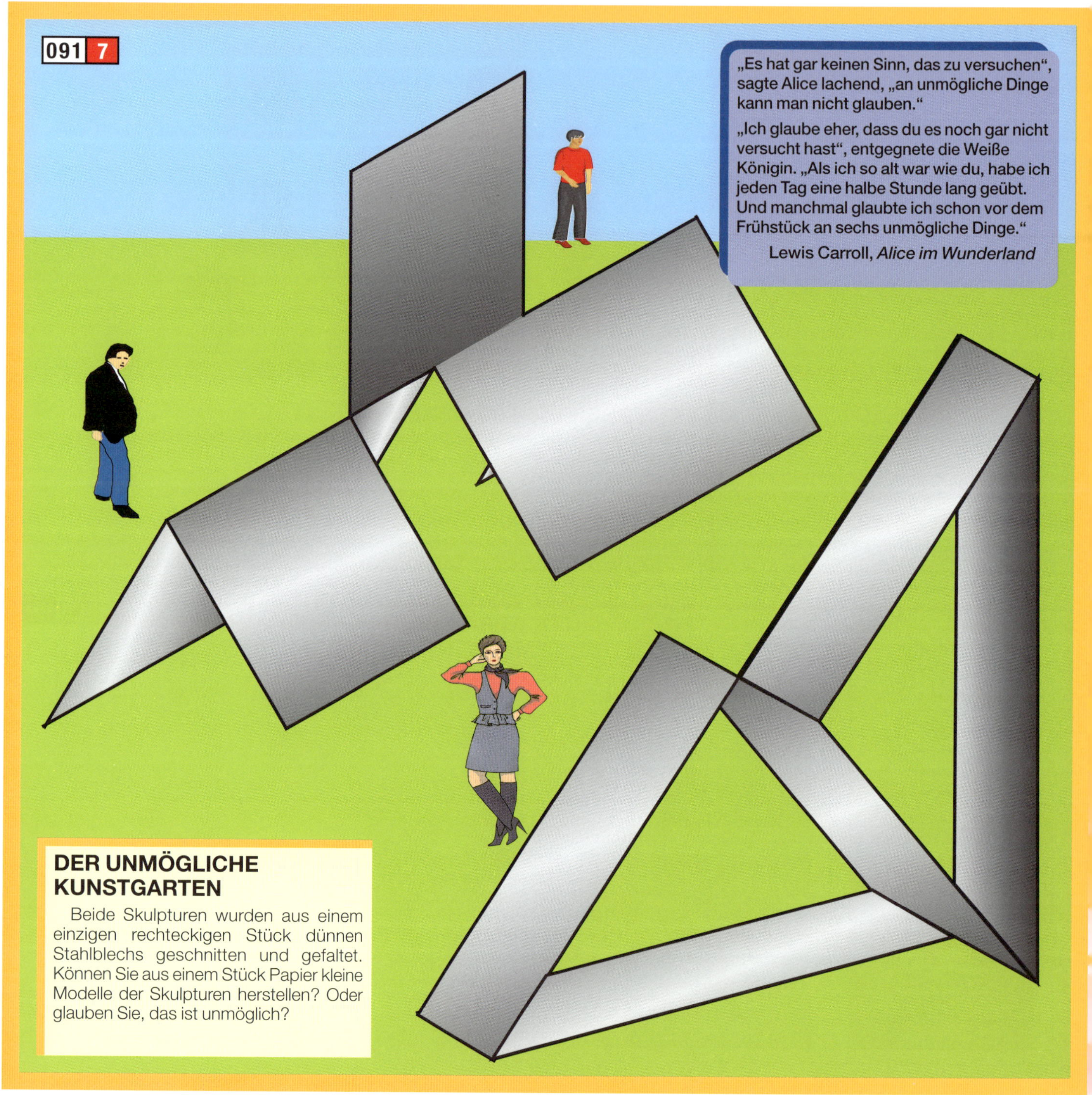

## DER UNMÖGLICHE KUNSTGARTEN

Beide Skulpturen wurden aus einem einzigen rechteckigen Stück dünnen Stahlblechs geschnitten und gefaltet. Können Sie aus einem Stück Papier kleine Modelle der Skulpturen herstellen? Oder glauben Sie, das ist unmöglich?

## DAS UNMÖGLICHE DREIECK

Was ist die größte Illusion von allen, wenn nicht die ***Illusion der Unmöglichkeit?***

Roger Penrose erfand das unmögliche Dreieck und zeichnete es als Erster auf Papier. Es sah folgendermaßen aus:

Zuerst glaubt man, man sehe ein vertrautes Objekt, aber dann merkt man, dass etwas daran nicht stimmt. Die Ecken des Dreiecks ergeben Sinn, aber das Gesamtbild ist verwirrend, irgendwie unmöglich. Wenn man versuchte, es nachzubauen, würde es nicht gelingen.

Viele Jahre lang ging man davon aus, dass es unmöglich ist, Penrose´s berühmtes Dreieck zu bauen. Doch dann tat Richard Gregory genau das. Auf dem Foto (oben rechts) sehen Sie eine später von John Beetlestone (Direktor des „Mitmachmuseums" Techniquest in Cardiff) reproduzierte Version. Beetlestone baute das Dreieck so groß, dass die Besucher am Eingang des Museums durch es hindurchgehen können.

Aber hat Gregory tatsächlich ein unmögliches Dreieck gebaut? Nein. Er hat ein einfaches Gebilde gebaut, das von einem bestimmten Ort aus betrachtet genau wie das unmögliche Dreieck von Penrose aussieht. Wenn Sie von diesem Punkt aus auf das Gebilde blicken, fügen die beiden Schenkel des Dreiecks sich aneinander, und das Gehirn geht davon aus, dass sie in einer Ebene liegen. Und wegen dieser falschen Annahme „sehen" Sie ein vollständiges Dreieck.

## TORBÖGEN – UNMÖGLICH ODER MÖGLICH?

Die drei Torbögen (oben rechts) sind ein anschauliches Beispiel für den Unterschied zwischen einfachen flachen Ebenen und komplexen Ebenen, auf denen viele unmögliche Figuren basieren. Von einem bestimmten Punkt in der Zeichnung aus betrachtet sieht eine komplexe Ebene aus wie eine flache Ebene, doch von einem anderen Punkt in der Zeichnung aus betrachtet, besteht sie aus zwei oder mehreren Ebenen. Sieht man sich den Plan für die Basis an (rechts), erkennt man leicht, welche Torbögen nicht möglich sind.

092 7

## HARRYS UNMÖGLICHES FALTRING-RÄTSEL

Falten Sie das Papier entlang der schwarzen Faltlinien so, dass das große Oktagon wie gezeigt durch den Ring passt. (Dieses Rätsel stammt von Harry Eng. Ich erhielt es als Andenken an die International Puzzle Party am 11. Juni 1994.)

„Das Unmögliche dauert nur etwas länger“

*Harry Eng*

## HARRYS UNMÖGLICHER RING

## DAS UNMÖGLICHE

Hätten Sie um 1900 einem Wissenschaftler erzählt, dass im Jahr 2000, nur hundert Jahre später, Bilder von Satelliten übertragen werden, sich täglich Millionen von Menschen in die Lüfte erheben und mit fast 1000 km/h den Atlantik überqueren, dass Menschen auf dem Mond waren und es Telefone geben wird, die nur wenige hundert Gramm wiegen und mit denen man überall auf der Welt ohne ein Kabel telefonieren kann, oder dass die meisten dieser Wunder von nur briefmarkengroßen Geräten ermöglicht werden – der Wissenschaftler hätte Sie höchstwahrscheinlich für verrückt erklärt. Die meisten dieser Entwicklungen konnten um 1900 nicht vorhergesagt werden, weil die vorherrschende Wissenschaft sie für unmöglich hielt.

Die Zukunft genau vorherzusagen ist nicht leicht, wie jeder, der es versucht, schnell herausfinden wird. Im Lauf der Geschichte gab es viele Experten-Vorhersagen, die nicht eingetroffen sind.

Wenn wir sagen, etwas ist unmöglich, meinen wir damit meistens nicht, dass es unter keinen Umständen möglich wäre: Wir meinen ganz einfach, dass wir keine Möglichkeit sehen, es zu verwirklichen. In der Mathematik lässt sich jedoch oft beweisen, dass etwas unmöglich ist.

Stellen Sie sich vor, Sie glauben, dass Sie eine neue Primzahl entdeckt haben, Tausende von Ziffern lang. Die letzte Ziffer ist 6. Ganz aufgeregt schicken Sie sie einem führenden Mathematiker, der sie sofort wieder zurücksendet, mit der Bemerkung, dass Ihre Behauptung Unsinn ist. Sie fragen ihn, wo der Fehler liegt, und er antwortet, dass er Ihre Arbeit gar nicht gelesen hat und deshalb nicht weiß, wo Sie einen Fehler gemacht haben. Sie wären natürlich ziemlich frustriert. Aber in der Mathematik ist seine Antwort nur logisch. Es wurde bewiesen, dass die einzige gerade Primzahl die 2 ist. Es gibt keine anderen.

## IVANS „UNMÖGLICHES“ FÜNFFACH-SCHLAUFEN-RÄTSEL

Kopieren Sie die Form auf ein dünnes, biegsames Blatt Papier und schneiden Sie sie aus. Können Sie sie zu der scheinbar unmöglichen 3-D-Skulptur auf dem Foto falten? Sie müssen nichts kleben oder zerschneiden und keine Tricks anwenden. Es ist möglich.

093 7

## VERFORMUNG - ANAMORPHOSE

Um 1500, während der Renaissance, entwickelten in Italien viele Künstler perspektivische Tricks. Einer der interessantesten davon ist die Anamorphose (Altgriechisch für „Verformung"). Sie malten Bilder auf eine Leinwand oder in einen zylindrischen oder konischen Spiegel, die nur aus einem bestimmten Winkel betrachtet einen Sinn ergaben. Von jedem anderen Blickwinkel aus waren sie so verzerrt, dass man praktisch nicht erkennen konnte, was darauf abgebildet war – so wie auf unseren verzerrten Fotos.

Der größte und wahrscheinlich auch erste Experte der Anamorphosen war Leonardo da Vinci (1452–1519). Die oben abgebildete Zeichnung aus seinem Notizbuch ist wahrscheinlich die erste anamorphotische Zeichnung überhaupt.

## ANAMORPHOSEN

Können Sie erkennen, was auf der Abbildung ist? **094** **2**

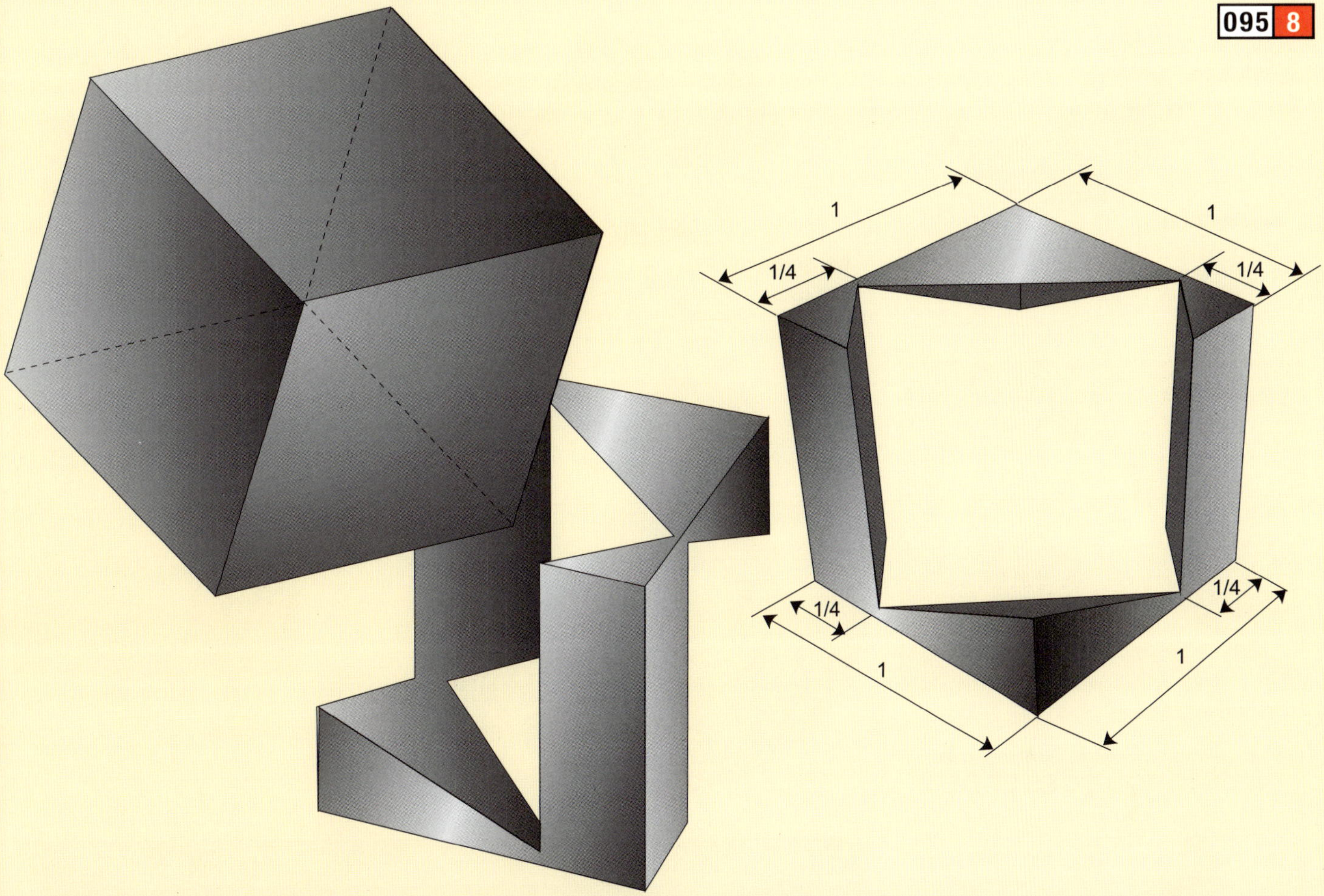


## WÜRFEL DURCH WÜRFEL

### PRINZ-RUPRECHT-PROBLEM

Können Sie ein Loch in einen Würfel schneiden, durch das ein größerer Würfel hindurchpasst? Wenn das möglich ist, wie groß darf der größere Würfel maximal sein?

Im 17. Jahrhundert wettete Prinz Ruprecht von der Pfalz, dass man in einen Würfel ein Loch machen kann, durch das ein gleich großer Würfel hindurchpasst, und gewann. Ein Jahrhundert später fand Pieter Nieuwland heraus, wie groß ein Würfel maximal sein darf, damit er durch einen Einheitswürfel hindurchpasst, indem er das größte Quadrat ermittelte, das in den Würfel passt.

***Prinz Ruprecht***

Prinz Ruprecht war der Neffe König Karls I. von England (Regierungszeit 1625–49). Er war der Sohn von Karls Schwester Elizabeth, die mit Friedrich V. verheiratet war. Während des Englischen Bürgerkriegs (1642-51) war Ruprecht General der königlichen Kavallerie.

**EIN SPIDRON**

Eine plane Figur aus abwechselnd gleichseitigen und gleichschenkligen rotationssymmetrischen Dreiecken – wie ein Polygon aus zwei gegenläufigen Spiralen.

**EIN SPIDRONARM**

Sechs ineinandergeschachtelte Spidrone in einem untergliederten Sechseck, das sich zu einem ästhetischen dreidimensionalen Relief falten lässt.

Foto von Regina Markus

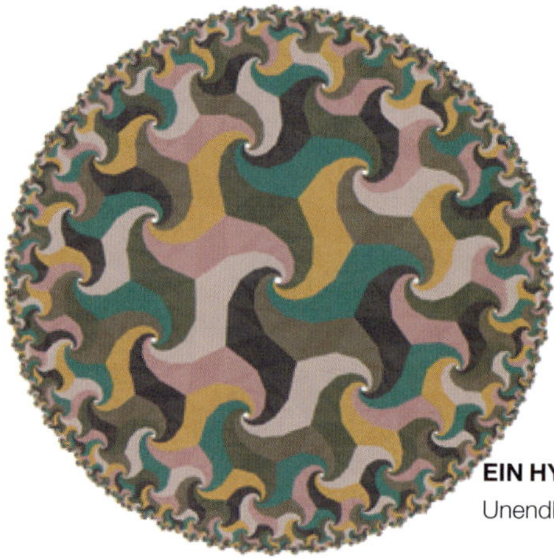

**EIN HYPERBOLISCHES SPIDRON**

Unendlich viele Spidrone von Craig S. Kaplan.

**TESSELLIERTE SPIDRONE**

## DIE SPIDRONE DES ERDELY

Der Ungarische Industrie-Designer und Künstler Daniel Erdely erschuf beim Herumspielen mit Dreiecken eine wundervolle dreidimensionale Welt von großer mathematischer Schönheit.

In den frühen 1970er Jahren entdeckte Erdely ein neues geometrisches Objekt, das er „Spidron“ nannte. Das Spidron ist eigentlich ein flaches Gebilde. Seine herausragendste Eigenschaft ist, dass es sich in komplexe dreidimensionale Formen und Gebilde falten lässt.

Das Spidron taucht in erstaunlich vielen Gebieten der Mathematik auf, so z. B. in der ebenen Geometrie, Fraktalen, Tessellation, in Polygonen und Polyedern sowie vielen anderen dreidimensionalen raumfüllenden Gebilden.

Die Grafiken zeigen nur einige wenige Spidron-Gebilde, darunter wunderschöne Arbeiten von Erdely und seinen Mitarbeitern Marc Pelletier, Amira Buhler Allen, Walt van Ballegooijen, Craig S. Kaplan, Rinus Roelofs und vielen anderen.

Foto von Rinus Roelofs

**GEFALTETE SPIDRONE**

Dreidimensionale, aus Spidronen bestehende Reliefe lassen sich wie ein Akkordeon bis zu einer gewissen Grenze so zusammendrücken, sich nur die räumlichen Winkel zwischen den Flächen ändern, ohne dass die einzelnen dreieckigen Oberflächen verbogen werden.

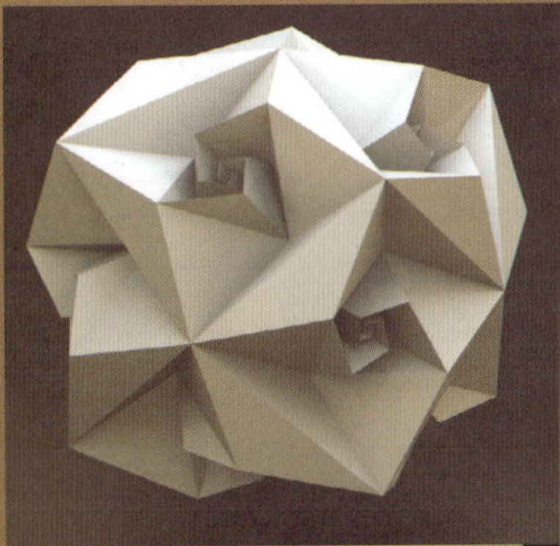
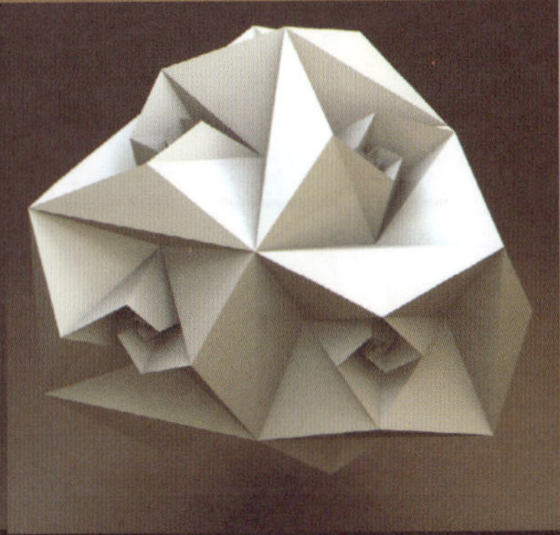
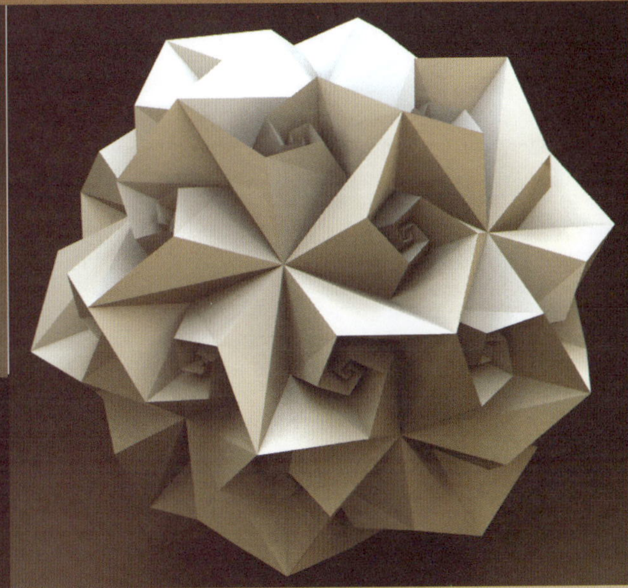

## SPIDRONE 2

### DIE UNBEGRENZTE DREIDIMENSIONALE WELT DER SPIDROEDER

**SPIDROEDER-SKULPTUR**

Ein aus 24 Spidronen bestehendes geschlossenes Polyeder in einem Park in der Nähe von Leeuwarden, Niederlande.

Foto von Walt van Ballegooijen

## DREISSIG FARBIGE WÜRFEL

Der auf Malta geborene Mathematiker Percy Alexander MacMahon (1854–1929) entwickelte 1893 ein Set von 30 farbigen Würfeln, das zu den großen Schätzen der Unterhaltungsmathematik zählt. Das Set basiert auf dem folgenden Problem: Wie viele verschieden aussehende Würfel kann man herstellen, wenn man alle sechs Seiten unterschiedlich färbt, dabei aber für alle Würfel dieselbe Auswahl von Farben verwendet? Rotationen sind nicht erlaubt, Spiegelungen schon.

1964 produzierte ich unter dem Namen „Cu-Zoo" das einzige käufliche Set von MacMahon-Würfeln, und es war bis 1970 im Handel. 1969 stellte ich für die Kunstausstellung „Play Orbit" am Institute of Contemporary Art (ICA) in London ein Riesen-Set aus 30 farbigen Würfeln her, das bei Kindern und Erwachsenen gleichermaßen gut ankam.

Heute bleibt einem nichts anderes übrig, als das Set selbst herzustellen, um in seinen Genuss zu kommen. Doch es ist die Mühe auf jeden Fall wert, denn das Set ist eine schier unerschöpfliche Quelle von Spaß und Unterhaltung mit Knobeleien aller Schwierigkeitsgrade.

Wie lässt sich das Set von 30 Würfeln herstellen?

Betrachten Sie die Diagramme der 30 Würfel. Können Sie sie mit sechs Farben so färben (oder mit den Zahlen 1 bis 6 so nummerieren) wie in dem Set? Eine (ermüdende) Methode wäre, alle 720 möglichen Konstellationen der sechs Farben bzw. Zahlen zu ermitteln. Jeder Würfel lässt sich in 24 verschiedenen Positionen aufstellen, was eine Gesamtanzahl von 30 verschiedenen Würfeln ergibt. Eine bessere Methode wäre, die Würfel nach einem geeigneten System zu färben.

## BIG BROTHER

Eine Zwei-mal-zwei-mal-zwei-Replik eines bestimmten Würfels aus dem 30er-Set zu bauen ist das ursprüngliche MacMahon-Problem und zugleich ein Klassiker der Freizeitmathematik.

Wählen Sie einen beliebigen Würfel aus dem Set aus. Nehmen Sie ihn als Vorlage für eine größere Replik aus acht Würfeln, die auf der Vorderseite alle die gleiche Farbe haben und deren sich berührende Seiten wie beim Domino zueinanderpassen.

1921 ließ MacMahon dieses Rätsel unter dem Namen „Mayblox" patentieren, und später gab es viele Variationen davon zu kaufen. Um die acht Würfel zu finden, mit denen sich dieses Rätsel lösen lässt, müssen Sie systematisch vorgehen, denn: Es gibt $24^8$= 110.075.314.176 verschiedene Möglichkeiten, acht Würfel zu einem großen zusammenzusetzen – also über 110 Milliarden.

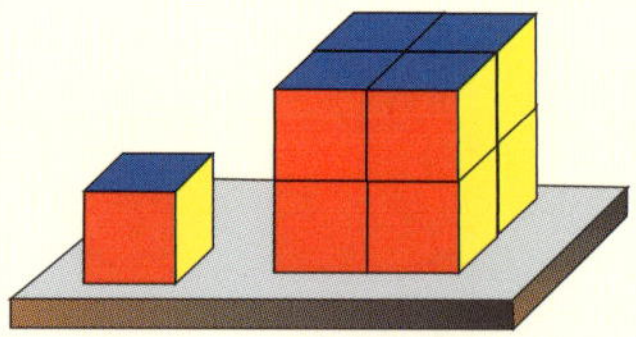

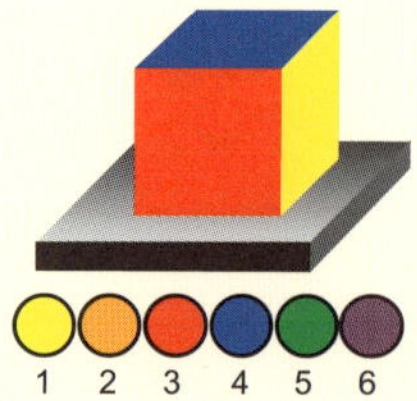


## WÜRFEL IN EINER REIHE

Können Sie sechs Würfel aus dem 30er-Set auswählen und wie gezeigt in einer Reihe hintereinander aufstellen, sodass ihre sechs Farben auf allen vier Seiten in unterschiedlicher Reihenfolge erscheinen und die Innenseiten wie beim Domino zusammenpassen?

096 9

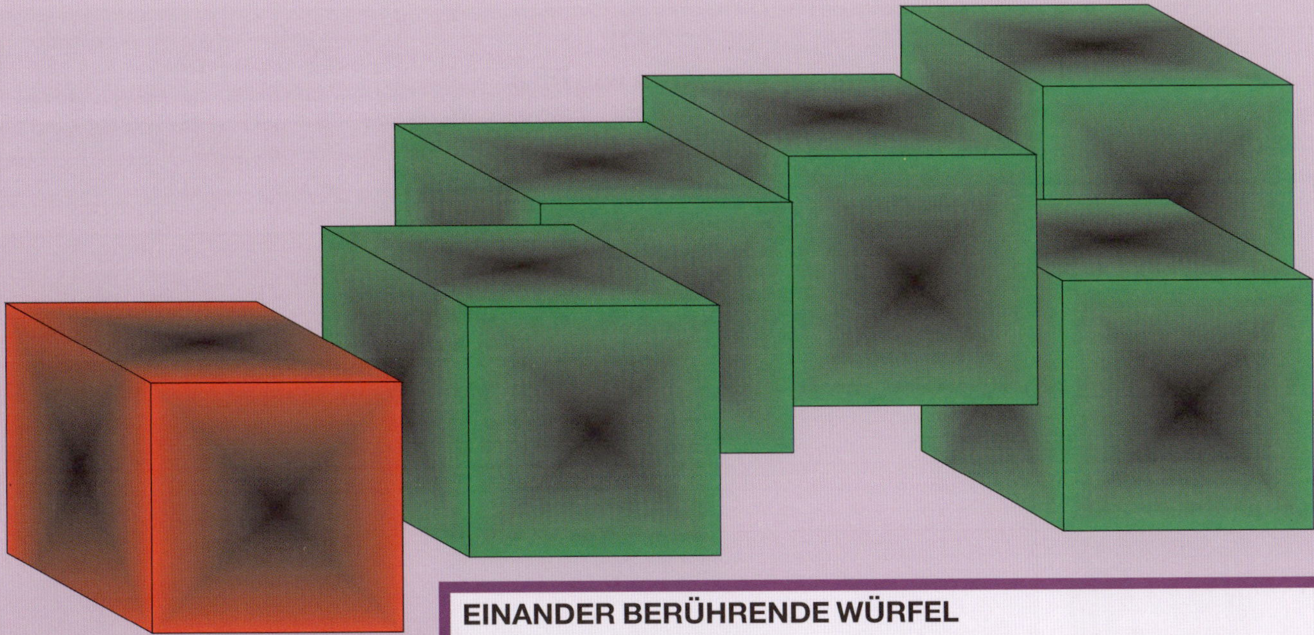

# EINANDER BERÜHRENDE WÜRFEL

## Rote und grüne Würfel

Sie haben einen roten und mehrere grüne Würfel, alle von der gleichen Größe. Wie viele grüne Würfel können die Seitenflächen des roten berühren? Sie müssen nicht die ganze Seite abdecken, es gilt auch eine nur teilweise Überschneidung; Ecken und Kanten als einzige Kontaktpunkte zählen jedoch nicht.

Martin Gardner stellte dieses scheinbar simple Problem in seiner Kolumne im Scientific American vor. Seine ursprüngliche Antwort war 20 Würfel, wie hier gezeigt, und er war ziemlich überrascht, als er sofort Lösungen mit 22 Würfeln (und später sogar noch mehr) vorgelegt bekam. Können Sie eine dieser Lösungen finden?

097 10

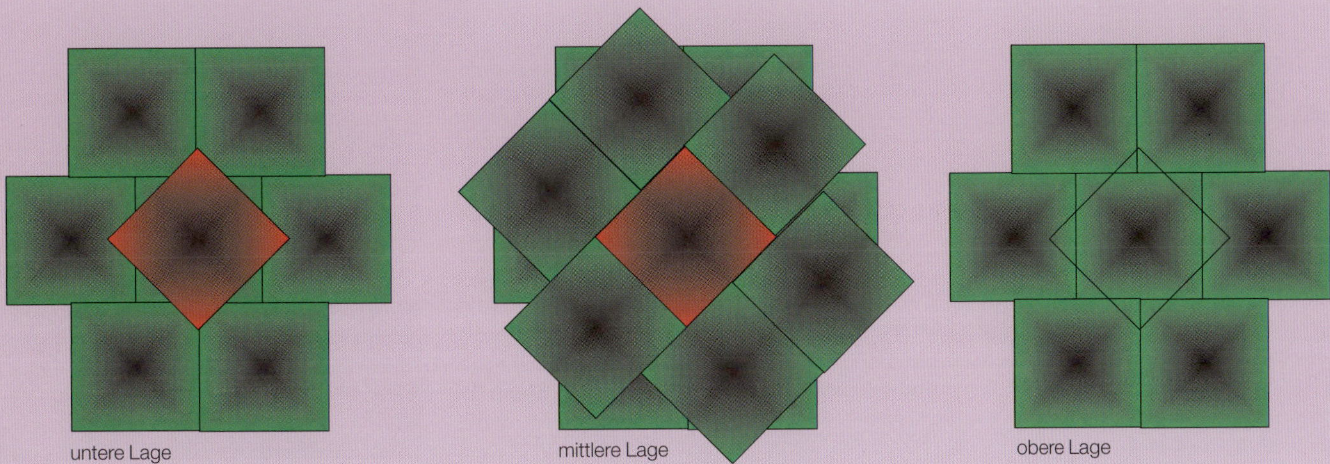

# DER FREIE FALL – GRAVITATION

## Galilei und der schiefe Turm von Pisa

Schon sehr früh hat sich der Mensch dafür interessiert, wie Gegenstände fallen. Für Aristoteles (385-322 v. Chr.) war es genauso logisch wie offensichtlich, dass schwere Objekte schneller fallen als leichte, und zwar direkt proportional zu ihrem Gewicht. Fast 2.000 Jahr später behauptete der italienische Mathematiker Galileo Galilei (1564-1642) jedoch etwas anderes und versuchte, Aristoteles' Theorie mit einem Experiment zu widerlegen. Es heißt, dass Galilei zwei unterschiedlich schwere Kanonenkugeln gleichzeitig vom schiefen Turm von Pisa fallen ließ, um zu zeigen, dass der Gewichtsunterschied die Fallgeschwindigkeit nicht beeinflusst.

Aber sowohl Aristoteles als auch Galilei machten den Fehler, nur die vernachlässigbaren Massen der fallenden Objekte zu berücksichtigen und die der Erde außer Acht zu lassen. Erst Newton brachte in seinem Gravitationsgesetz die Masse der Erde als Größe ins Spiel.

Newtons Gesetz besagt, dass die Beschleunigung, mit der sich zwei Massen über eine spezifische Entfernung gegenseitig anziehen, proportional ist zur Summe ihrer Massen. Theoretisch sollte es möglich sein, den Unterschied in der Beschleunigung zu messen. Lässt man z. B. eine Masse von 2 Kilogramm aus einer Höhe von ungefähr 10 Metern fallen, beschleunigt sie etwas schneller als eine Masse von 1 Kilogramm. Die schwerere Masse kommt zuerst auf, aber nur ganz knapp – weniger als der Durchmesser eines Wasserstoff-Atomkerns.

„Wir wissen nichts. Die Gravitation ist ein einziges Mysterium."

***Michael Martin Nieto, theoretischer Physiker am Los Alamos National Lab, New Mexico, USA***

## GRAVITATION UND EIN BERÜHMTER APFEL

Eine weitere Anekdote besagt, dass der britische Physiker Isaac Newton (1642-1727) die Schwerkraft entdeckte, als er einen Apfel von einem Baum fallen sah. Newton kam der Gedanke, dass die Kraft, die den Mond um die Erde und die Planeten um die Sonne kreisen lässt, dieselbe ist, die auch den Apfel auf die Erde fallen lässt. Nur, wie schafft sie das?

Objekte ziehen sich gegenseitig an. Normalerweise ist diese Anziehung so klein, dass sie nicht messbar ist. Ist das Objekt jedoch so groß wie z. B. die Erde, reicht die Kraft aus, um andere Objekte anzuziehen, selbst wenn sie so groß sind wie der Mond. Die Erde ist viel größer und schwerer als der Mond, und ihre Gravitation hält den Mond in seiner Umlaufbahn. Wenn die Gravitation den Mond in seiner Umlaufbahn halten kann, welchen Effekt hat sie dann wohl auf einen winzig kleinen Apfel? Sie zieht ihn sicherlich an, und zwar so, wie ein Magnet eine Nadel anzieht: ziemlich stark! Bis zum heutigen Tag wissen wir kaum mehr, als dass es die Gravitation gibt, aber woher ihre Kraft kommt, wissen wir immer noch nicht genau.

## GALILEIS EXPERIMENT AUF DEM MOND

1971, etwa 500 Jahre später, wiederholte der Astronaut David R. Scott während der Apollo-15-Mission zum Mond Galileos ebenso einfaches wie wunderbares Experiment. Auch Scott ließ zwei Objekte von unterschiedlicher Masse – eine Feder und einen Hammer – gleichzeitig fallen, und beide kamen gleichzeitig auf der Mondoberfläche auf. Der Beweis, dass zwei unterschiedlich schwere Objekte im Vakuum gleich schnell fallen, war erbracht. Galilei hatte recht gehabt.

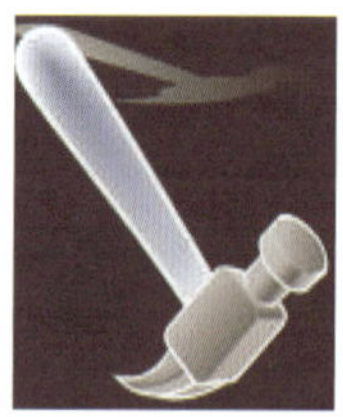

## SCHIEFE EBENEN, FREIER FALL UND GALILEIS EXPERIMENTE

Galilei erkannte, dass die Bewegung von Körpern im freien Fall der Schlüssel zum Verständnis jeglicher Bewegung ist. Er schlug eine einfache Art von Bewegung vor, die wir heute gleichförmige oder konstante Beschleunigung nennen.

Eine Bewegung unterliegt einer konstanten Beschleunigung, wenn sie aus dem Ruhezustand in gleichbleibenden Zeitintervallen eine gleichbleibende Geschwindigkeitszunahme erfährt.

Wenn Sie ein Objekt aus einer Höhe h fallen lassen, ist $h = {}^{1}/_{2}\, gt^2$, wobei t die Zeit ist, die das Objekt braucht, um die Distanz h zurückzulegen; g ist die Beschleunigung.

Nach g aufgelöst lautet die Formel: $g = 2h/t^2$

Theoretisch ist es einfach, die Beschleunigung im freien Fall zu bestimmen, indem man ein Objekt fallen lässt und die Zeit misst, die vergeht, bis es auf dem Boden aufkommt. Im tatsächlichen Experiment ist das jedoch schwierig.

Galilei versuchte seine Vermutung zu beweisen, indem er Kugeln eine schiefe Ebene hinunterrollen ließ: Die Bewegung war dann langsamer als im freien Fall und deshalb leichter zu messen – bei gleicher Beschleunigung. Galilei hatte keine Stoppuhr und musste die Zeit stattdessen mit einem Pendel messen.

Galilei markierte die Position der Kugel nach exakt 1 Sekunde. Die nach 1 Sekunde zurückgelegte Strecke nahm er als Maßeinheit, mit der er die schiefe Ebene unterteilte. Dann maß er die exakte Position der Kugel nach 2, 3, 4, 5 und mehr Sekunden, wobei er immer wieder die Neigung der Ebene veränderte: Er fand heraus, dass die Beschleunigung konstant blieb.

Er machte einige bemerkenswerte Entdeckungen, zum Beispiel dass die zurückgelegte Distanz immer um einen ungeraden Faktor anstieg und diese Progression bei jedem Winkel gleich blieb: 1, 3, 5, 7, 9 ...

Er erkannte auch, dass die zurückgelegte Gesamtdistanz folgender Progression unterliegt: 1, 4, 9, 16, 25 ...

Noch bemerkenswerter war jedoch, dass die zurückgelegte Distanz direkt proportional zum Quadrat der Zeit war. Diese Entdeckungen finden Sie in nebenstehendem Diagramm zusammengefasst.

### DIE SCHIEFE EBENE – DAS GRUNDMUSTER DER BEWEGUNG

Wie lange die Kugel braucht, um die Strecke bis zum Ende der Rampe zurückzulegen, hängt von der Neigung ab. Die Endgeschwindigkeit der Kugel ändert sich jedoch nicht: Ganz egal, wie steil die Rampe ist, die Geschwindigkeit am Ende der Rampe ist immer die gleiche.

Eine Kugel, die auf einer Rampe in 1 Sekunde eine bestimmte Strecke zurücklegt, rollt in 2 Sekunden viermal so weit, in 3 Sekunden neunmal so weit und in 4 Sekunden 16-mal so weit. Sie können das ganz leicht überprüfen, indem Sie eine Kugel ein Lineal entlangrollen lassen, das gerade so weit geneigt ist, dass die Kugel 4 Sekunden lang rollt.

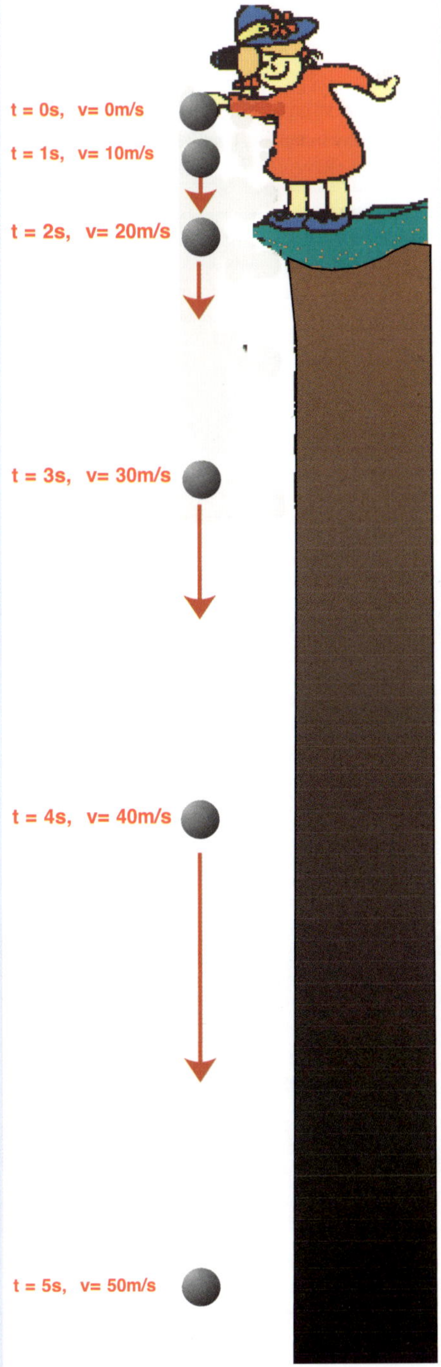

# SCHNELLIGKEIT, GESCHWINDIGKEIT UND BESCHLEUNIGUNG

Schnelligkeit, Geschwindigkeit und Beschleunigung zu verstehen ist grundlegend für das moderne Leben.

**Schnelligkeit,** im Allgemeinen Sprachgebrauch Geschwindigkeit, ist das Verhältnis von Strecke und Zeit. Sie kann in km/h oder m/s (Kilometer pro Stunde oder Metern pro Sekunde) gemessen werden. Geschwindigkeitsmessungen sind immer relativ.

**Geschwindigkeit, genauer vektorielle Geschwindigkeit.** Da jede Bewegung auch eine Richtung hat, unterscheidet man von der reinen Schnelligkeit (Betrag der Geschwindigkeit) die vektorielle Geschwindigkeit, mit der sich ein Objekt in eine Richtung bewegt. Wenn Sie die Geschwindigkeit von zwei Autos kennen, wissen Sie ja noch nicht, ob sie zusammenstoßen werden. Sie können es erst vorhersagen, wenn Sie auch die Bewegungsrichtung der Autos kennen.

**Beschleunigung** ist das Maß für die Geschwindigkeitsänderung. Sie besagt, wie schnell ein Objekt seine Geschwindigkeit in einer Sekunde ändert. Die von der Erdanziehung verursachte Beschleunigung ist 10 m/s/s (10 Meter pro Sekunde pro Sekunde), was bedeutet, dass die Geschwindigkeit eines Objekts im freien Fall *jede* Sekunde um 10 m/s ansteigt, bis es seine Endgeschwindigkeit erreicht hat.

Ein Objekt, das in einem Vakuum fällt, ist nur einer einzigen äußeren Kraft ausgesetzt, der Gravitationskraft, die sich im Gewicht des Objekts äußert. Die Formel für die Gewichtskraft definiert das Gewicht *G* als Produkt aus der Masse *m* des Objekts und der Gravitationsbeschleunigung *g:*

**G = mxg.**

Auf der Erde beträgt der Wert von *g* 9,8 Meter pro Sekunde im Quadrat. Bei vielen praktischen Fragestellungen kann man diesen Faktor als konstant voraussetzen. Bewegt sich ein Objekt nur aufgrund der Schwerkraft, spricht man von „freiem Fall“.

Die Bewegung eines Objekts wird in dem zweiten Newtonschen Gesetz beschrieben. Die Kraft *F* entspricht der Masse *m* multipliziert mit der Beschleunigung *a:* **F = mxa.** Ein wenig simple Algebra genügt, um aus der Kraft und der Masse die Beschleunigung eines Objekts zu errechnen: **a = F/m.**

Bei einem Objekt im freien Fall entspricht die einwirkende Gesamtkraft dem Gewicht des Objekts: **F = G.**

Wenn wir dies in die zweite Formel einsetzen, erhalten wir: **a= G/m= (mxg)/m = g.**

Die Beschleunigung eines Objekts entspricht der Gravitationsbeschleunigung. Masse, Größe und Form des Objekts spielen bei der Beschreibung von Bewegung keine Rolle. Also erfahren alle Objekte – unabhängig von Größe, Form und Gewicht – im freien Fall dieselbe Beschleunigung. Im Vakuum fällt eine Feder genauso schnell wie ein Hammer. Wenn wir die Beschleunigung eines Objekts im freien Fall kennen, können wir jederzeit seine Geschwindigkeit und Position bestimmen.

Galileis bemerkenswerte Beobachtung, dass alle Objekte im freien Fall dieselbe Beschleunigung erfahren, scheint auf eine wunderbare Einfachheit der Naturgesetze hinzudeuten. Aber ganz so einfach ist es leider nicht.

Ein Hammer hat viel mehr Masse und Gewicht als eine Feder und ist deshalb einer viel größeren Zugkraft durch die Gravitation ausgesetzt. Wie kann es sein, dass beide gleich schnell fallen?

Gute Frage! Um sie zu beantworten, müssen wir uns das zweite Newtonsche Gesetz ins Gedächtnis rufen – das Gesetz der Beschleunigung. Es besagt, dass die Beschleunigung direkt proportional zu der einwirkenden Gesamtkraft und umgekehrt proportional zu seiner Masse ist. Für die Beschleunigung eines Objekts spielen also zwei Faktoren eine Rolle – Kraft und Masse.

## GALILEI

**Galileo Galilei (1564-1642)**

Galilei war als Physiker, Mathematiker und Astronom entscheidend an der „Revolution der Wissenschaften“ beteiligt, die etwa in der Mitte des 16. Jahrhunderts begann. Eine seiner vielen Errungenschaften war die erste systematische Studie gleichmäßig beschleunigter Bewegungen. Galileis Experimente stellten einen entscheidenden Bruch mit der abstrakten Herangehensweise Aristoteles' dar. Sie gelten als Beginn der empirischen Wissenschaft.

Für den Hammer und die Feder heißt das, dass auf den Hammer eine viel größere Kraft wirkt (die eigentlich eine größere Beschleunigung bewirkt). Die größere Masse jedoch wirkt der Beschleunigung entgegen und gleicht die größere Beschleunigungskraft aus. Die Beschleunigung wird durch die Kraft/Masse-Relation bestimmt. Auf den Hammer mag die tausendfache Kraft einwirken, aber er hat auch die tausendfache Masse: Um die gleiche Beschleunigung aufrechtzuerhalten wie die Feder, benötigt die größere Masse des Hammers eine umso größere Kraft - die Kraft/Masse-Relation ist bei beiden Objekten die gleiche.

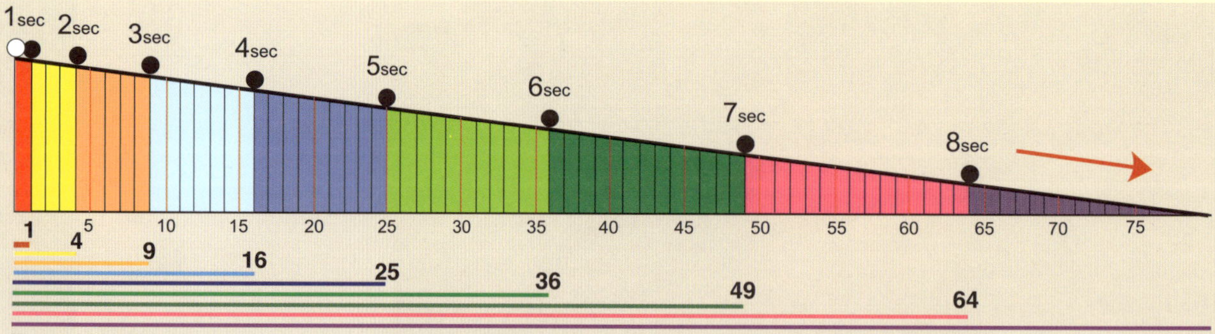


**Eine wunderbare Verwandschaft: Die zurückgelegte Strecke ist direkt proportional zum Quadrat der Zeit.**

# KRÄFTEPARALLELOGRAMM UND SCHIEFE EBENE

### Eine geniale Methode, Kräfte zu berechnen

Mit der Arbeit von Simon Stevin (1548-1620) und Galileo Galilei begannen um 1580 viele Ingenieure damit, die Prinzipien der Mechanik in eine mathematische Form zu bringen. Oft beinhaltete diese Übertragung die Entwicklung von abstrakten mathematischen Modellen der physikalischen Mechanismen. Das Kräfteparallelogramm ist hierfür ein Beispiel. In der Mathematik und der Physik ist ein Kräfteparallelogramm ein genialer Weg, die aus zwei oder mehr Kräften, die auf einen Körper einwirken, resultierende Kraft zu berechnen.

In der Physik heißt eine geneigte Oberfläche schiefe Ebene. In dem Diagramm werden die beiden Kräfte, die auf die schiefe Ebene einwirken, als Vektoren dargestellt, die an einem festen Punkt angreifen. Aus ihrer Länge ergibt sich die Gewichtskraft, die durch die kleinen Metallkugeln auf die schiefe Ebene einwirkt. Diese Kraft (schwarz) steht für die nach unten wirkende Gravitationskraft (das Gewicht der Kugeln). Auf einen Körper auf einer schiefen Ebene wirken jedoch immer mindestens zwei Kräfte ein: Die andere Kraft heißt Normalkraft (blau). Sie wirkt immer senkrecht zur Unterlage. Mithilfe des Kräfteparallelogramms lässt sich die Gravitationskraft in zwei Bestandteile zerlegen: eine, die parallel zur Unterlage wirkt, und eine senkrecht dazu.

Eine **Kraft** ist eine *Vektorgröße.* Da eine Kraft sowohl einen Betrag als auch eine Richtung hat, lässt sie sich ganz einfach durch einen Pfeil darstellen.

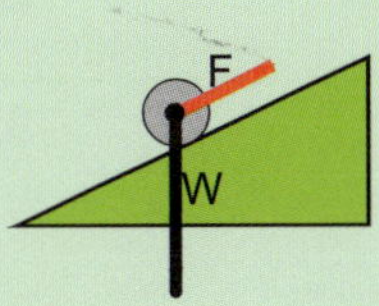

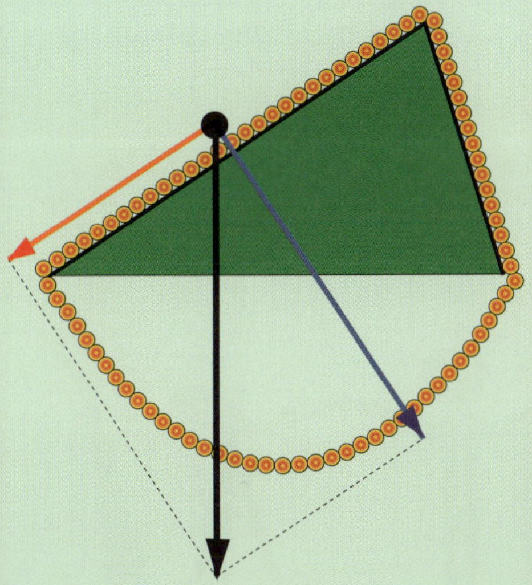

# DAS STEVINSCHE GEDANKENEXPERIMENT

Der flämische Mathematiker und Ingenieur Simon Stevin (1548-1620) wurde vor allem für seine Arbeiten auf dem Gebiet der Statik (die Wissenschaft von Kräften im Gleichgewicht) und Hydrostatik bekannt. Seine hervorragendste Entdeckung war das Gesetz der schiefen Ebene, das er mit seinem berühmten „Kugelketten"-Beweis auf dem Einband seines Werkes *The Elements of the Art of Weighing* (1615) bewies.

Stevins Gesetz für Kräfte auf einer schiefen Ebene (allgemeiner gesprochen: Vektorgesetz zur Zerlegung von Kräften, auch als Kräfteparallelogramm bekannt) ist als Gedankenexperiment so bemerkenswert, weil es eines der ersten Beispiele dafür ist, wie ein mechanisches Gesetz aus einem allgemeinen physikalischen Prinzip (dem Gesetz der Energieerhaltung) abgeleitet wurde.

Er wollte die Kraft **F** bestimmen, die nötig ist, um einen Körper mit bekanntem Gewicht **G** auf einer schiefen Ebene ohne Reibung in seiner Position zu halten, wie oben gezeigt.

Ausgangspunkt seines Gesetzes ist, dass ein kleineres Gewicht auf einer stark geneigten Ebene ein größeres Gewicht auf einer weniger stark geneigten Ebene ausbalancieren kann.

Er versuchte, das Problem mit folgendem Gedankenexperiment zu lösen: Um ein Dreieck mit unterschiedlich stark geneigten Seiten wird eine Kette aus kleinen miteinander verbundenen Kugeln gelegt, wie in der Abbildung gezeigt.

Stevin behauptete, dass sich nichts verändert, wenn man den Teil der Kette entfernt, der sich unterhalb des Dreiecks befindet, dass also alles im Gleichgewicht bleibt (wäre die Kette vorher nicht im Gleichgewicht gewesen, hätte es sich bei der Konstruktion um ein Perpetuum Mobile gehandelt). Daraus, dass das System selbst dann im Gleichgewicht bleibt, wenn man die „frei" in der Luft hängenden Kugeln entfernt, folgerte er, dass die Gewichte der Kugeln proportional sind zur Länge der beiden schiefen Ebenen, auf denen sie liegen. Er musste nur die Anzahl der Kugeln auf den beiden schiefen Ebenen zählen, und schon hatte er sein Gesetz bewiesen! Der fantastische geometrische Beweis mit der Kette aus Metallkugeln als Gewichten war korrekt.

Stevin war so stolz auf seine Entdeckung, dass er folgenden Satz auf den Einband seines Werkes schrieb, der später zu seinem Motto wurde: *„Wonder en is gheen wonder"* („Was wie ein Wunder erscheint, ist kein Wunder").

### RÄTSEL 1

Wenn Sie die Gewichte nur auf eine Seite der Waage legen dürfen, wie viele verschiedene Gewichte brauchen Sie dann mindestens, und wie müssen Sie sie verteilen, damit Sie jedes Gewicht von 1 bis 40 Kilogramm Zucker wiegen können?

1 =
2 =
3 =
4 =
5 =
6 =
7 =
8 =
9 =
10 =
11 =
12 =
13 =
14 =
15 =
16 =
17 =
18 =
19 =
20 =
21 =
22 =
23 =
24 =
25 =
26 =
27 =
28 =
29 =
30 =
31 =
32 =
33 =
34 =
35 =
36 =
37 =
38 =
39 =
40 =

?

### RÄTSEL 2

Wenn Sie die Gewichte auf beide Seiten der Waage legen dürfen, wie viele verschiedene Gewichte brauchen Sie dann mindestens, und wie müssen Sie sie verteilen, damit Sie jedes Gewicht von 1 bis 40 Kilogramm Zucker wiegen können?

1 =
2 =
3 =
4 =
5 =
6 =
7 =
8 =
9 =
10 =
11 =
12 =
13 =
14 =
15 =
16 =
17 =
18 =
19 =
20 =
21 =
22 =
23 =
24 =
25 =
26 =
27 =
28 =
29 =
30 =
31 =
32 =
33 =
34 =
35 =
36 =
37 =
38 =
39 =
40 =

?

## BACHETS GEWICHTE-RÄTSEL

### Bachets Buch

1612 veröffentlichte der französische Gelehrte Claude-Gaspar Bachet de Méziriac eine Rätselsammlung mit dem Titel *Problèmes plaisants et délectables qui se font les nombres* („Amüsante und entzückende Zahlenprobleme"). Bachet beschäftigte sich eher mit arithmetischen als mit geometrischen Problemen. Sein Buch war gleichzeitig Inspiration für alle späteren Bücher über Unterhaltungsmathematik.

In seinem Buch beschrieb er eine klassische Fragestellung mit Gewichten:

„Nehmen wir an, Sie müssen auf der abgebildeten Waage alle Gewichte von Zucker von 1 bis 40 Pfund wiegen. Können Sie die Mindestanzahl von Gewichten herausfinden, die Sie brauchen, wenn: (1) Sie die Gewichte nur auf eine Seite der Waage legen dürfen; und (2) Sie die Gewichte auf beide Seiten der Waage legen dürfen?"

„Die Mechanik ist das Paradies der Mathematik, denn durch sie kommt man an ihre Früchte."

*Leonardo da Vinci*

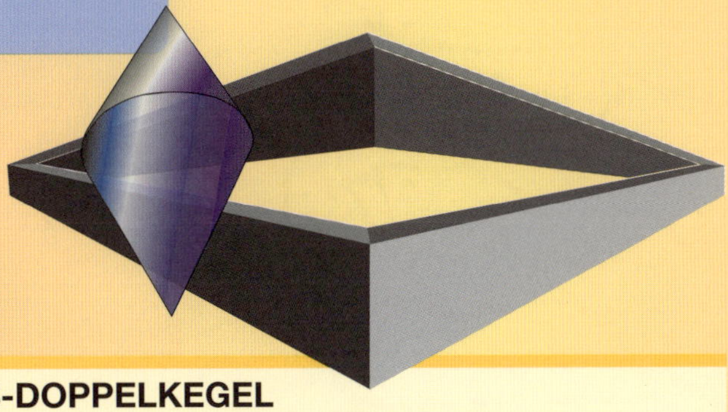

099 6

## ANTIGRAVITATIONS-DOPPELKEGEL

Kann ein Körper der Schwerkraft entgehen? Galilei entwickelte viele raffinierte mechanische Apparaturen, darunter auch die in der obigen Illustration abgebildete.

Können Sie vorhersagen und erklären, was geschieht, wenn Sie den Doppelkegel am niedrigsten Punkt auf ein Ende der rautenförmigen Schienen setzen und ihn loslassen?

Die überraschende Antwort: Der Doppelkegel rollt auf die erhöhte Mitte der Raute zu. Wie lässt sich dieses paradoxe Phänomen erklären? Rollt der Doppelkegel wirklich bergauf?

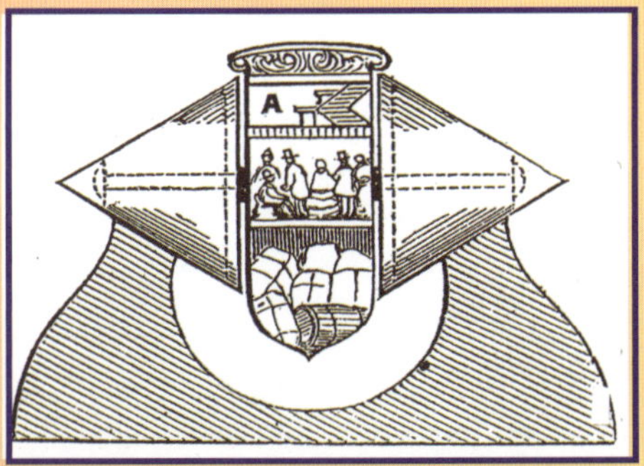


## ANTIGRAVITATIONS-EISENBAHN

### Ein selbstrollender Eisenbahnwagon

1829 inspirierte das faszinierende Verhalten von Galileis Antigravitationskegel einen Viktorianischen Erfinder zu einer Antigravitations-Eisenbahn, die auf demselben Bewegungsprinzip beruht.

## SCHWERPUNKT

Man kann den Punkt, an dem die Gravitation auf jeden Körper wirkt, nicht sehen, aber er existiert. Es ist der Punkt, an dem wir uns das Gesamtgewicht eines Körpers konzentriert vorstellen können. Bei einer Kugel befindet sich der Schwerpunkt genau im Zentrum. Bei dem unregelmäßigen Körper eines Menschen kann er überall sein, sogar außerhalb. Der Schwerpunkt eines Körpers neigt dazu, die niedrigst mögliche Position einzunehmen, in der das labile Gleichgewicht stabil wird.

„Ich bin nicht besonders klug. Ich beschäftige mich nur länger mit einem Problem."

*Albert Einstein*

## ANTIGRAVITATION

### EINSTEIN UND DAS UNIVERSUM

1907 saß der deutsche Physiker Albert Einstein (1879–1955) in seinem Büro, als ihm plötzlich ein Gedanke kam: „Im freien Fall spürt man sein Gewicht nicht." Wie er sich später erinnerte, war dies der beste Gedanke seines Lebens und führte zu seiner größten Entdeckung. Der Mensch im freien Fall war Einsteins Variante des Apfels, der Isaac Newton (1643–1727) inspirierte, und gleichzeitig die Basis einer neuen Gravitationstheorie, die Newtons Theorie ersetzen sollte.

Die Idee der Antigravitation hängt eng mit der größten wissenschaftlichen Fragestellung überhaupt zusammen – dem Ursprung des Universums. Als Einstein seine allgemeine Relativitätstheorie entwickelte (seine Gravitationstheorie), stieß er auf ein schwieriges Problem: Warum war das Universum trotz Gravitation nicht in sich selbst zusammengestürzt? Newton war mit seiner eigenen Gravitationstheorie auf dasselbe Problem gestoßen und hatte erklärt, dass Gott dafür verantwortlich wäre, die Dinge auseinanderzuhalten. Einstein suchte nach einer anderen Erklärung: Er postulierte die Existenz einer Antigravitationskraft, die neben der „normalen" Gravitation wirkt.

In den 1920er Jahren veränderte sich alles. Kosmologen entwickelten eine neue Sichtweise, nach der das Universum in einem endlichen Moment entstanden war, in einer riesigen Explosion aus einem kleinen urzeitlichen Superatom, und sich seither beständig ausdehne: die Urknalltheorie. Der Urknall kam ohne Antigravitation aus. Die Theorie schien richtig, und Einstein pflichtete ihr schließlich bei.

Die Geschichte nahm jedoch abermals eine Wendung: Eigentlich müsste die Expansion des Universums von den Gravitationskräften verlangsamt werden, doch zu ihrem großen Erstaunen stellten die Astronomen fest, dass es sich stattdessen immer schneller ausdehnt, und die Galaxien mit immer höherer Geschwindigkeit auseinanderdriften. Wieder gab es also ein Problem. Und die beste Erklärung war die Existenz einer Antigravitationskraft.

Simon Singh, Autor von *Big Bang: Der Ursprung des Kosmos*, meinte, dass Einstein, selbst als er dachte, er habe sich geirrt, und das auch offen zugab, schließlich doch recht hätte. Vielleicht ist Demut mehr als alles andere das Merkmal eines wahren Genies.

100 7

## ZUFÄLLIGES GLEICHGEWICHT

Auf wie viele verschiedene Arten können Sie die fünf Gewichte anordnen, ohne dass die Balkenwaage aus dem Gleichgewicht gerät, wenn Sie die beiden Stützen links und rechts entfernen? Denken Sie daran: Je weiter außen Sie ein Gewicht platzieren, desto mehr Kraft übt es aus. Wenn Sie es auf Markierung 2 legen, übt es doppelt so viel Kraft aus wie auf Markierung 1. Wenn Sie die Gewichte zufällig verteilen, wie hoch ist dann die Wahrscheinlichkeit, dass die Waage ausbalanciert bleibt?

101 8

## NACH GEWICHTEN SORTIEREN

Sie wollen mehrere Objekte nach aufsteigendem Gewicht sortieren. Dazu haben Sie eine Balkenwaage, aber keine Gewichte. Für zwei Objekte reicht einmal wiegen, wie gezeigt. Wie oft müssen Sie bei drei, vier und fünf Objekten mindestens wiegen?

## PENDEL

### Der Schwung der Dinge

Pendel faszinieren die Wissenschaftler seit Jahrhunderten. Mit einem Pendel kann man die Zeit und die Gravitationskraft messen und relative Bewegung sichtbar machen. Galileo Galilei (1564-1642) fand heraus, dass ein Pendel fast immer gleich lange in Bewegung bleibt, egal wie weit es hin und her schwingt. Augrund dieser einfachen Beobachtung erfand er die Pendeluhr. Die Masse des Gewichts spielt keine Rolle. Verlängert man jedoch die Aufhängung, steigt die Dauer einer Pendelbewegung im Quadrat zur Länge des Pendels.

An Orten, an denen die Gravitation schwächer ist, wie z. B. auf einem hohen Berggipfel oder dem Mond, schwingt ein Pendel langsamer. Auf einem großen Planeten wie Jupiter jedoch, der eine viel höhere Gravitation hat, wird das Pendel schneller.

Wenn also ein Pendel bei höherer Gravitation schneller schwingt, warum schwingt dann ein schweres Gewicht nicht schneller als ein leichtes? Der Grund ist, dass die höhere Masse auch träger ist und deshalb mehr Beschleunigungskraft braucht, und zwar genau so viel, dass die erhöhte Gravitation wieder ausgeglichen wird. Masse und Gravitation hängen also direkt zusammen. Für Isaac Newton (1643-1727) war dieser Zusammenhang ein Mysterium. Es schien ihm ein zu großer Zufall zu sein, und er konnte keine sichtbare oder konzeptionelle Verbindung zwischen den beiden Phänomenen finden.

Dies war eine der Fragen, die Albert Einstein (1879-1955) zu der Überlegung führten, dass Massenträgheit und Gravitation im Grunde dasselbe sind. Allerdings musste er dafür eine völlig neue Theorie des Universums entwickeln - und dann seine Kollegen überzeugen, was ihm schließlich auch gelang.

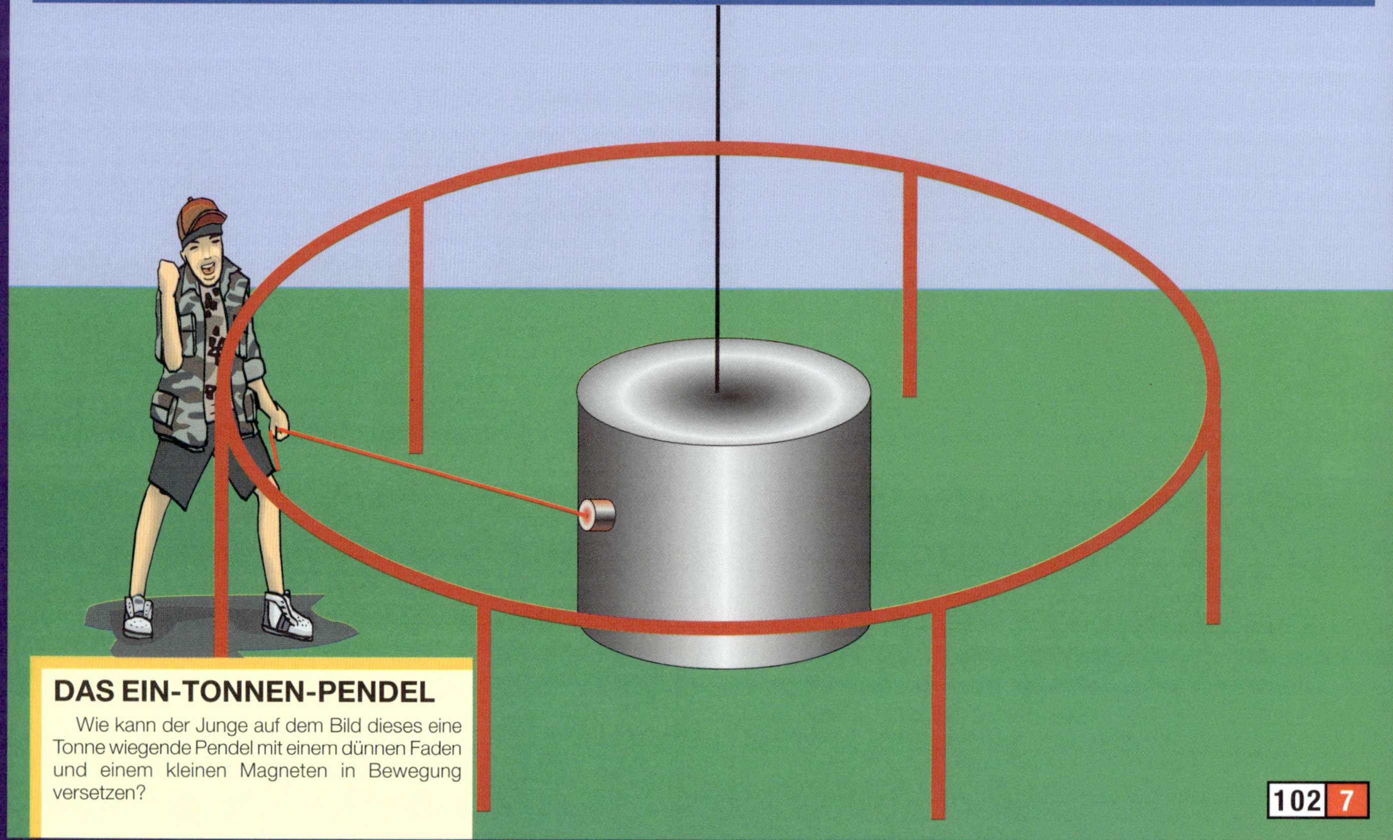

### DAS EIN-TONNEN-PENDEL

Wie kann der Junge auf dem Bild dieses eine Tonne wiegende Pendel mit einem dünnen Faden und einem kleinen Magneten in Bewegung versetzen?

102 7

## DAS FOUCAULTSCHE PENDEL

Wie kann man feststellen, dass die Erde sich dreht?

Seit den Tagen Platons (428-328 v. Chr.) bis hinein ins 16. Jahrhundert glaubte man, die Erde stehe still und alle anderen Himmelskörper würden sich um sie herumbewegen. Anderslautende Theorien gab es genug, das Problem war nur, einen stichhaltigen Beweis für sie zu finden.

Wir spüren nicht, wie sich die Erde bewegt, so viel ist sicher. Aber können wir es vielleicht sehen? Ist es möglich, die Erdrotation zu beobachten?

1543 schickte der polnische Astronom Nikolaus Kopernikus (1473-1543) ein Exemplar seines Werkes *Von den Umdrehungen der Himmelskörper* an Papst Paul III, mit einer Anmerkung mit den berühmten Worten: „Mir ist vollkommen klar, dass die Menschen, sobald sie erst wissen, dass ich in diesem Buch der Erde gewisse Bewegungen zuschreibe, sogleich aufschreien werden, dass ich und meine Theorie sofort zurückzuweisen seien.“ Als dem französischen Physiker Jean-Bernard Foucault (1819–68) im Jahr 1851 der wissenschaftliche Beweis gelang, glaubten einige immer noch nicht an die neue Theorie. In der Kuppel des Pantheons hängte Foucault an einem 61 Meter langen Seil eine 28 Kilo schwere Kugel auf. Auf dem Boden unter dem Pendel verstreute er eine Schicht aus feinem Sand, und eine Spitze auf der Unterseite der Kugel zeichnete die Pendelschwünge in dem Sand nach.

Nach einer Stunde hatte sich diese Linie um 11 Grad und 18 Minuten gedreht – was sich nur dadurch erklären ließ, dass sich die Erde unter dem Pendel gedreht haben musste.

Aber wie funktioniert es? Wenn das Pendel immer in derselben Ebene bleibt, wie kann es dann verschiedene Spuren in den Sand zeichnen?

103 8

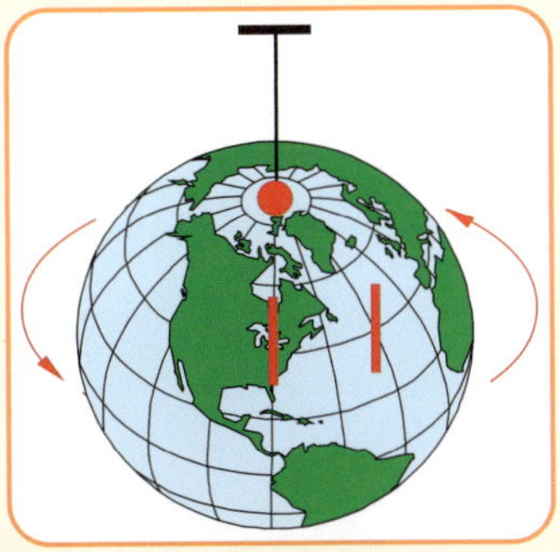

104 2

## DAS FOTO VOM MONDSPAZIERGANG

Mein Nachbar war früher Astronaut. Auf seinem riesigen HD-TV-Bildschirm zeigte er mir vor Kurzem voll Stolz ein Foto, das er von seinem Freund, einem anderen Astronauten, gemacht hatte – und zwar auf dem Mond! Was ist an diesem Bild verkehrt?

## MERKUR, DER MOND UND DIE STERNE

Herr Nicus war Astronom und Hobbymaler. Am 11. März 2005 sah er sich die Position des Mondes, des Merkur und einiger Sterne an und hielt sie in dem hier abgebildeten Gemälde fest. Merkur befindet sich in der Nähe der linken unteren Ecke. Herrn Nicus ist jedoch ein Fehler unterlaufen. Können Sie ihn finden?

„Ich glaube, jeder hat schon einmal eine gewöhnliche Seifenblase erzeugt und sich beim Betrachten ihrer makellosen Form und der schillernden Farben gewundert, wie es sein kann, dass sich so etwas Wunderschönes so einfach herstellen lässt. Ich hoffe, ihr habt immer noch Euren Spaß an Seifenblasen, denn in ihnen steckt mehr, als man normalerweise glauben würde."

Charles V. Boys, Physiker, berühmt für seine Vorlesungen für Kinder an der London Institution im Jahr 1902. Außerdem ist er bekannt für sein fantastisches Buch *Soap Bubbles and the Forces Which Mould Them.*

## SEIFENBLASEN

Man möchte meinen, Seifenblasen hätten nichts mit ernsthafter Wissenschaft und Mathematik zu tun. Aber das ist falsch. Wissenschaftler studieren Blasen auf der Suche nach Antworten auf einige der grundlegendsten Rätsel der Natur.

Eines ihrer Hauptziele dabei ist herauszufinden, wie sich etwas mit dem geringstmöglichen Materialaufwand bauen lässt.

Warum sind Seifenblasen so rund?

Die Oberflächenspannung bewirkt, dass sich die Oberfläche so weit zusammenzieht wie möglich. Seifenblasen bilden eine Kugel, weil diese Form ein gegebenes Volumen mit der geringstmöglichen Oberfläche umschließt. Von allen geometrischen Körpern mit dem gleichen Volumen hat die Kugel die kleinste Oberfläche.

Aus demselben Grund bilden auch Wassertropfen eine Kugel. Je näher die Moleküle einer Flüssigkeit sich an der Oberfläche befinden, desto stärker werden sie von den anderen Molekülen in die Flüssigkeit zurückgezogen, wodurch die Oberfläche möglichst klein gehalten wird und sich wie ein elastischer Film verhält. Dieses Phänomen heißt Oberflächenspannung.

Seife verringert die Oberflächenspannung von Wasser. Deshalb kann sie Moleküle aus einem Wassertropfen „ziehen" und Seifenblasen oder einen Seifenfilm entstehen lassen. Ein Seifenfilm ist ein Beispiel für eine „Minimal-Oberfläche". Die Natur sucht immer die Form, die sich mit der geringstmöglichen Energie aufrechterhalten lässt.

## KLEINSTMÖGLICHE OBERFLÄCHE, MAXIMALE GRÖßE

Tim macht in seinem Garten eine riesige Seifenblase. Sie ist groß, aber nicht groß genug, um den Rekord zu brechen. Im *Guinness Buch der Rekorde* wird die größte Seifenblase aller Zeiten mit 15 Metern angegeben.

# DAS PLATEAU-PROBLEM

## Seifenstrukturen, Honigwaben und Minimaloberflächen

Seifenfilme werden zur Veranschaulichung der Gesetze der Integralrechnung herangezogen, denn in einem Rahmen aus Draht spannen sie sich quasi sofort zu einer zusammenhängenden Fläche – und diese Fläche hat die kleinstmögliche Oberfläche.

Die kürzesten Verbindungen (die geringste Anzahl von Verbindungen) zwischen mehreren gegebenen Punkten zu finden ist eine sehr schwierige Aufgabe. Wenn man ein einfaches Drahtmodell in eine Seifenlauge taucht, erhält man oft in Nullkommanichts die Lösung.

Auch wenn es sich um ein ganz einfaches Experiment handelt, dürfen wir nicht vergessen, dass es hier um „Variationsrechnung“ geht, eines der schwierigsten Gebiete der Mathematik. Wie sehen die kürzesten Verbindungen zwischen zwei, drei, vier, fünf und sechs Punkten aus?

**Warum bauen alle Bienen ihre Honigwaben in der gleichen Form, dem regelmäßigen Sechseck?**

Bienenwaben sind so geformt, dass die größtmögliche Menge Honig hineinpasst, und das mit der kleinstmöglichen Menge Baumaterial (Bienenwachs). Das Sechseck ist also für die Bienen die am wenigsten energieaufwendige Bauart.

Dass Bienenwaben die Form eines regelmäßigen Sechsecks haben, ist kein Zufall. Sie müssen so geformt sein, dass drei oder mehr davon an den Ecken nahtlos aneinandergefügt werden können, die Winkelsumme an diesen Ecken muss also 360° betragen. Die einzigen regelmäßigen Polygone, mit denen das möglich ist, sind das gleichschenklige Dreieck, das Quadrat und das regelmäßige Hexagon. (Regelmäßige Polygone mit mehr als sechs Seiten sind nicht geeignet, weil bei ihnen jeder Winkel größer als 120° ist und deshalb niemals drei oder mehr um einen Punkt herum aneinanderpassen würden.) Von diesen drei Möglichkeiten ist das Sechseck die beste, weil am meisten Honig zwischen die Wachswände passt.

Das regelmäßige Sechseck ist eine Minimalstruktur, eine perfekte Konstruktionsform. Viele moderne, von Menschenhand erbaute Gebäude bestehen aus sechseckigen Elementen. Ein Beispiel hierfür ist die revolutionäre geodätische Kuppel des amerikanischen Erfinders Buckminster Fuller (1895–1983).

106 8

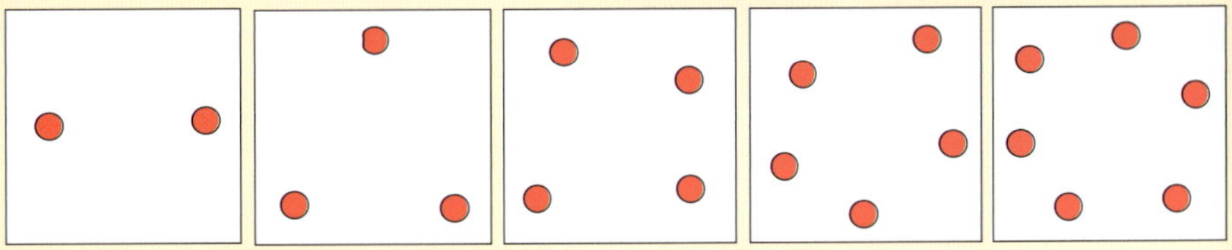

**Problem der kürzesten Verbindungen**

Können Sie die Lösung des Plateau-Problems für 2, 3, 4 und 5 Punkte finden?

**Plateau-Problem**

Das extrem komplexe „Plateau-Problem“ besteht darin, die kleinstmöglichen Flächen zwischen einer gegebenen Kontur zu finden.

Dreidimensionale Minimaloberflächen bei einem Tetraeder und ein bei einem Würfel

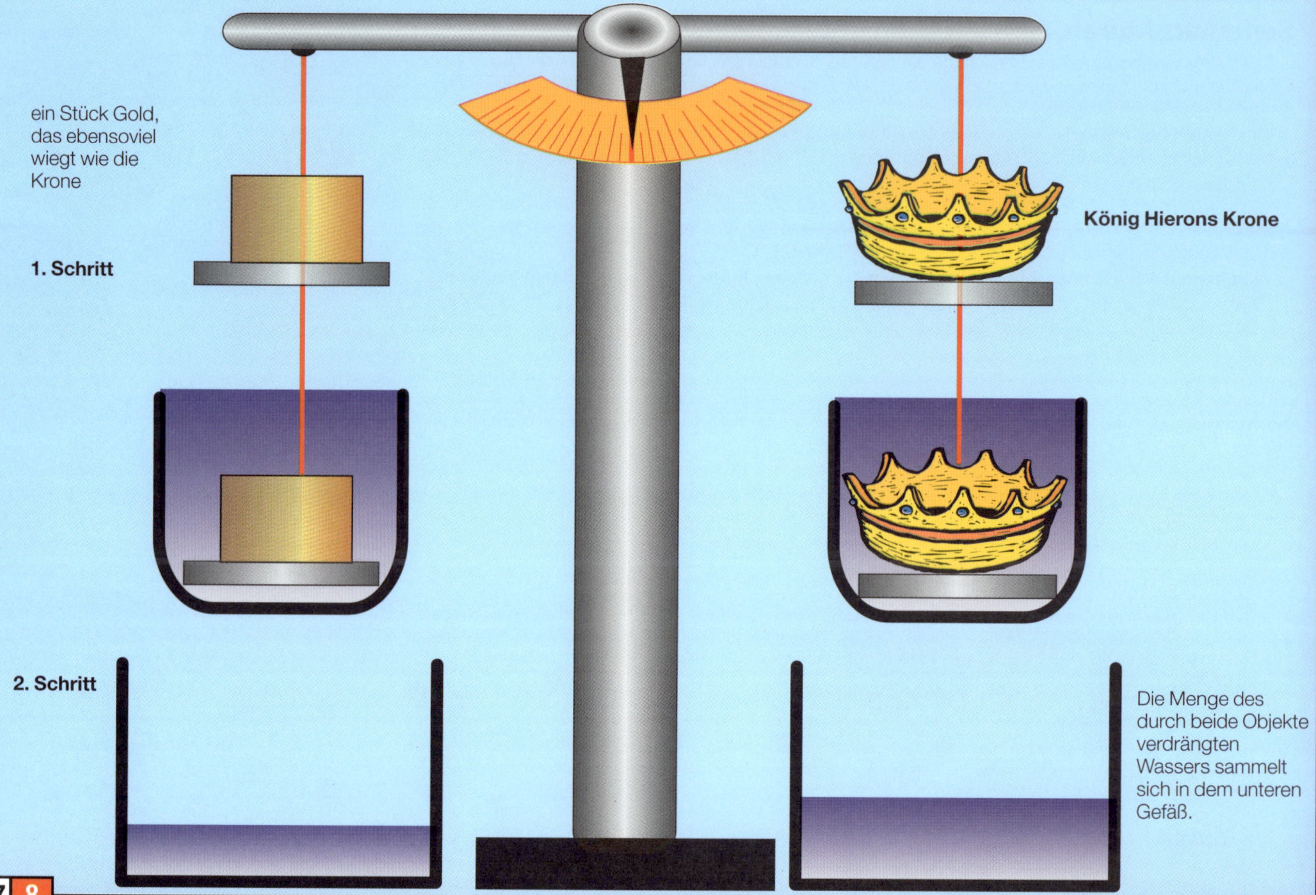


**107 8**

## DAS ARCHIMEDISCHE PRINZIP

Laut Legende war der sizilianische Mathematiker Archimedes (ca. 287-212 v. Chr.) so begeistert, als er das Prinzip der Hydrostatik entdeckte, dass er aus der Badewanne sprang und immer wieder „Heureka!“ („Ich habe es gefunden!“) rufend nackt durch die Straßen lief.

Er wollte den Verdacht König Hierons II. beweisen, dass seine neue Krone nicht aus reinem Gold bestand, sondern mit anderen Materialien „gestreckt“ war. Nachdem er das nach ihm benannte Prinzip entdeckt hatte, konnte er das Problem lösen, ohne die Krone einzuschmelzen: Die Dichte eines Objekts (O) lässt sich bestimmen, indem man sein Gewicht mit dem Gewicht des Wassers vergleicht, das es verdrängt.

Schritt 1: Archimedes fand einen Block Gold, der genauso schwer war wie die fragliche Krone.

Schritt 2: Er wog beide Objekte unter Wasser und maß auch die Menge Wasser, die sie verdrängten, wie in der Illustration gezeigt.

Was schlussfolgerte Archimedes aus diesem Experiment?

## „HEUREKA!“-MOMENTE

Es gibt viele Beispiele solcher kreativer „Gedankenblitze“ wie dem des Archimedes. Der schottische Ingenieur James Watt (1736-1819) kam auf die Idee zu seiner Dampfmaschine, als er das Wasser in einem Kessel kochen sah; der ungarisch-amerikanische Physiker Leó Szilárd kam plötzlich auf den Gedanken einer Neutronen-Kettenreaktion (oder wie sich eine Atombombe bauen ließe), während er gerade wartend an einer Ampel stand.

## MURMELN, TEE UND MILCH

Eines der schönsten und gleichzeitig verblüffendsten Rätsel, die ich kenne, ist das mit Tee und Milch. Wenn man in eine Tasse Tee einen Löffel voll Milch gibt und dann wiederum einen Löffel dieser Mischung in das Milchkännchen zurückschüttet, ist dann mehr Milch in der Teetasse als Tee im Milchkännchen, oder mehr Tee im Milchkännchen als Milch in der Teetasse?

Die Antwort lautet: Es ist exakt genauso viel Milch im Tee wie Tee in der Milch.

Das Gesamtvolumen in jedem Gefäß ändert sich durch den Vorgang nicht. Die Menge Flüssigkeit, die von Gefäß A (Milch) in Gefäß B (Tee) geschüttet wird, entspricht genau der Menge, die wieder von Gefäß B nach Gefäß A „fließt". Anfangs war ich skeptisch angesichts dieser Erklärung, aber eines Tages führte ich ein entsprechendes Experiment mit Murmeln statt Tee und Milch durch: Versuchen Sie es selbst, und Sie werden überzeugt sein!

Nehmen Sie zwei Schachteln mit je 50 Murmeln, die einen rot und die anderen grün, wie in der Abbildung gezeigt. Legen Sie fünf rote Murmeln zu den grünen und mischen Sie die Schachtel mit den grünen Murmeln gut durch. Legen Sie dann fünf zufällig ausgewählte Murmeln wieder zurück zu den roten.

Unten rechts sehen Sie das Experiment veranschaulicht. Es gibt sechs mögliche Arten, die Murmeln zurück in die andere Schachtel zu legen, das Ergebnis bleibt jedoch immer dasselbe: In jeder Schachtel sind danach sechs Murmeln mit der falschen Farbe. Überprüfen Sie es selbst! Es kommt immer zum gleichen Ergebnis, egal, wie viele Murmeln hin und her gelegt werden.

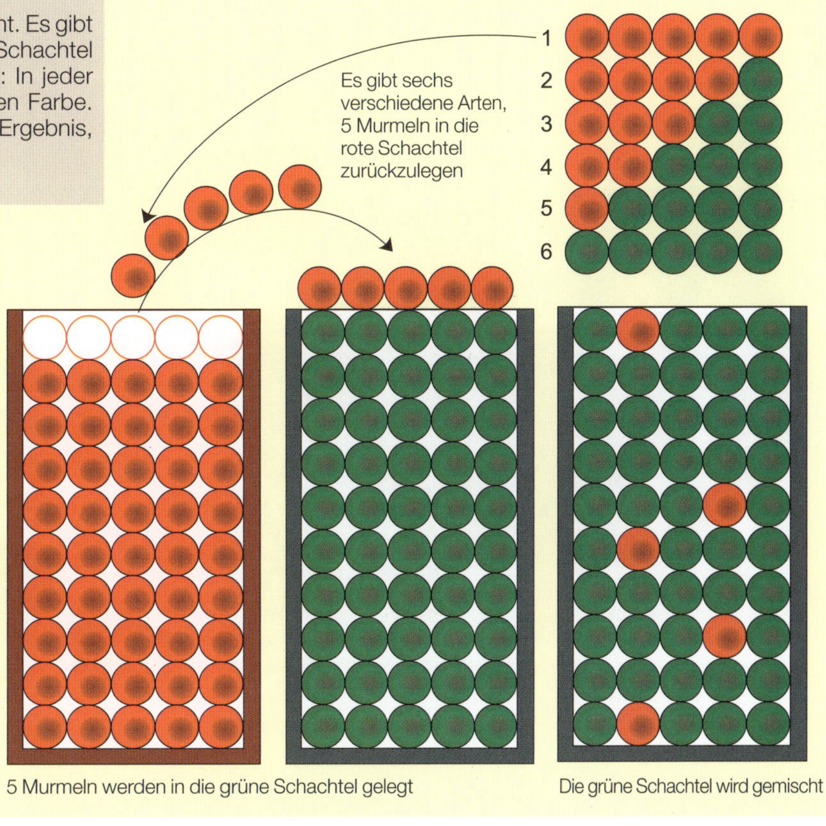


5 Murmeln werden in die grüne Schachtel gelegt

Die grüne Schachtel wird gemischt

1

2

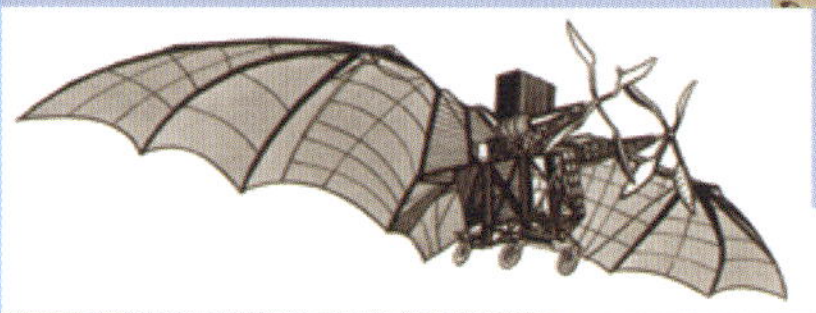

4

5

3

Das Spaceshuttle dockt an die russische Raumstation *Mir* an

6

## DER SCHÖNE ALTE TRAUM VOM FLIEGEN

Schon immer hat der Mensch in den Himmel geschaut und sich danach gesehnt zu fliegen. Es gibt viele Mythen und Legenden, die von fliegenden Menschen erzählen.

1 Der Mythos von Daedalus und Ikarus gehört zu den ältesten und berühmtesten dieser Geschichten.

2 Leonardo da Vinci (1452-1519) entwarf mehrere Flugmaschinen, von denen das Konzept für einen Hubschrauber wohl das genialste war.

3 Die Gebrüder Montgolfier, Joseph-Michel (1740-1810) und Jacques-Étienne (1745-99), bauten den ersten fliegenden Heißluftballon. Der erste bemannte Flug fand am 21. November 1783 in Paris statt.

4 Der Franzose Clément Ader (1841-1906) baute das erste strömungsgetragene Flugzeug, mit dem ein Mensch sich in die Luft erheben konnte: Die dampfgetriebene *Eole*. Am 9. Oktober 1890 flog Ader mit seiner *Eole* in 20 Zentimetern Höhe über dem Boden 50 Meter weit.

5 Die Gebrüder Wilbur (1867-1912) und Orville (1871-1948) Wright im Jahr 1904, Ferdinand Ferber (1862-1909) im Jahr 1905, Alberto Santos-Dumont (1973-1932) im Jahr 1906: Alle sind sie geflogen, und die Luft war erobert.

6 Nachdem er die Luft erobert hatte, griff der Mensch nach dem All. Die alten Träume traten in den Hintergrund. Am 12. April 1961 war Yuri Gagarin (1934-68) an Bord der sowjetischen *Vostok 1* der erste Mensch im All, einen Monat später, am 5. Mai, folgte der Amerikaner Alan Shepard (1923-98) in *Freedom 7*. Neil Armstrong und Buzz Aldrin (beide 1930 geboren) setzten am 20. Juli 1969 als Erste einen Fuß auf den Mond. Und das war nur der Anfang einer Reise immer weiter weg von der Erde, hinaus in ein unbekanntes und aufregendes „neues Grenzland".

# WIE FLUGZEUGE FLIEGEN

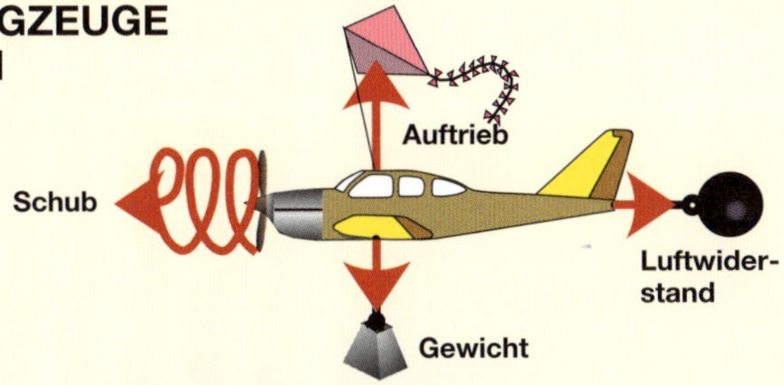


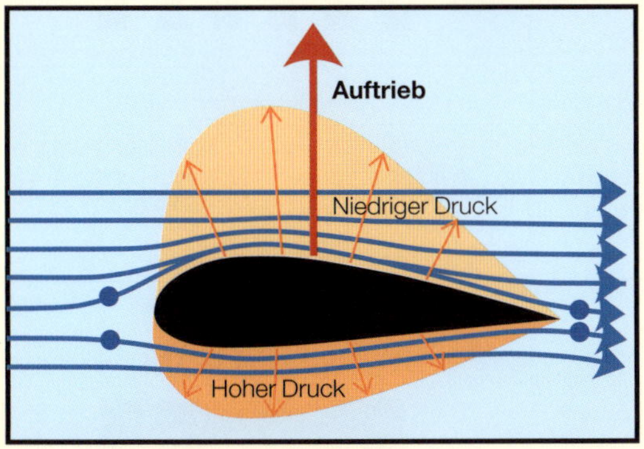


### Die Erklärung des längeren Wegs

Die Oberseite eines Flügels ist stärker gekrümmt als die Unterseite. Luftteilchen, die auf die Vorderkante des Flügels treffen, nehmen entweder den Weg über den Flügel hinweg oder darunter hindurch, sodass zwei benachbarte Teilchen getrennt werden und sich an der Hinterkante des Flügels wieder treffen. Das obere Teilchen legt einen längeren Weg zurück als das untere in der gleichen Zeit, es muss sich also schneller bewegen.

Das Gesetz von Bernoulli zum grundlegenden Verhalten von Fluiden besagt, dass je schneller eine Fluid fließt, desto stärker sinkt sein Druck. Auf der Oberseite des Flügels herrscht also ein niedrigerer Druck als auf der Unterseite. Dieser Druckunterschied erzeugt einen Auftrieb und drückt den Flügel nach oben.

Diese sehr allgemeine Erklärung findet man in Schulbüchern und sogar in Lexika, aber sie ist nicht ganz richtig und auch nicht ausreichend, und das aus mehreren Gründen: Es gibt keinen logischen Grund, warum die zwei getrennten Teilchen sich an der Flügel-Hinterkante wieder treffen sollten. Außerdem gibt es viele symmetrische Flügel (Ober- und Unterseite sind gleich stark gekrümmt). Und noch wichtiger: Sie erklärt nicht, wie Flugzeuge „auf dem Rücken" fliegen – und wir wissen, dass viele Flugzeuge das können.

Unten links sehen Sie eine übliche Darstellung der Strömung über einem Flügel. Dieser Flügel hat keinen Auftrieb. Um den für ein kleines Flugzeug notwendigen Auftrieb zu erzeugen, muss der Weg über den Flügel ca. 50 per Prozent länger sein als der darunter hindurch. Eine solche Tragfläche würde wie in der Illustration rechts aussehen.

Ein kleines Flugzeug müsste über 650 km/h schnell fliegen, um den nötigen Auftrieb zu erzeugen. Die Erklärung des längeren Wegs kann also nicht richtig sein!

Beim Fliegen spielen vier Kräfte eine Rolle: Auftrieb, Schub, Gewicht und Luftwiderstand.

Beim Horizontalflug (mit Propeller-, Düsenturbinen- oder Raketenantrieb) ist der Schub größer als der Luftwiderstand. Der Auftrieb ist die aerodynamische Kraft, die ein Flugzeug in der Luft hält. Er wird größtenteils durch die Flügel erzeugt.

Der Auftrieb ist am schwierigsten zu erklären. Hierzu ist viel Mathematik vonnöten, die damit zu tun hat, dass Luft ein Fluid ist und sich ähnlich verhält wie Wasser oder andere Gase. Es ist eine komplexe und schöne Mathematik, bei der es um Krümmungen, Winkel, Symmetrie und Profile geht.

Die vereinfachten Erklärungen in Schul- und populärwissenschaftlichen Büchern versuchen, diese komplexe Mathematik wegzulassen. Sie sind oft fehlerhaft und vermitteln im besten Fall ein gefühlsmäßiges Verständnis der Prinzipien des Fliegens.

Die zwei wichtigsten Erklärungen, mit denen der Auftrieb erklärt wird, sind:
- der längere Weg bzw. der Bernoulli-Effekt;
- das Newtonsche bzw. Luftablenkungs-Prinzip.

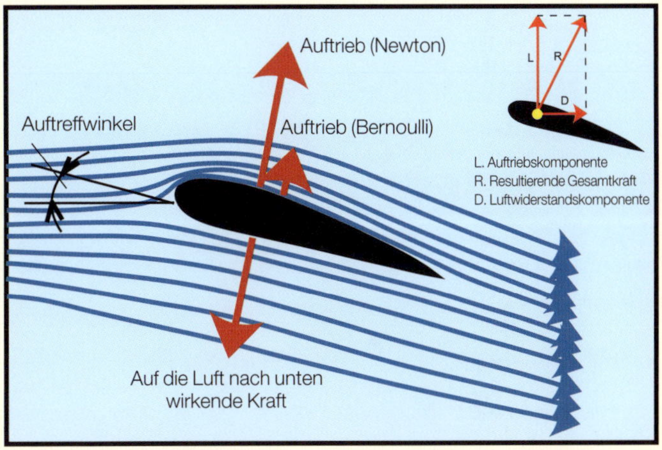


### Die Newtonsche Erklärung

Isaac Newton (1642-1727) sagte, dass jede Aktion eine gleich starke Gegenreaktion bewirkt (drittes Newtonsches Gesetz). Nach dieser Erklärung verhalten sich die Luftmoleküle wie winzige Schrotkügelchen, die auf die Unterseite des Flügels treffen: Sie werden nach unten abgelenkt und übertragen dabei einen Teil ihrer Energie auf den Flügel - jeder Aufprall drückt den Flügel nach oben.

Diese Erklärung ist nicht ganz korrekt. Bei niedrigen Geschwindigkeiten interagieren die Moleküle und verhalten sich nicht wirklich wie Schrotkugeln, die den Flügel treffen. Bei Hyperschallgeschwindigkeit trifft die Newtonsche Erklärung jedoch zu.

Der Bernoulli-Effekt erzeugt einen gewissen Auftrieb, der aber nicht den Hauptanteil der Kraft ausmacht, die das Flugzeug in der Luft hält. Der Hauptauftrieb entsteht durch die Newtonsche Gegenkraft zu der nach unten abgelenkten Luft.

Die Gesamt-Auftriebskraft entsteht durch Druckunterschiede an jedem Punkt des Flügels, die sowohl durch die Ober- als auch durch die Unterseite der Flügelfläche verursacht werden.

Der Auftrieb eines Flügels ist proportional zu der Menge der nach unten abgelenkten Luft multipliziert mit der Geschwindigkeit dieser Luft – so einfach!

# WAHRNEHMUNG UND OPTISCHE TÄUSCHUNGEN

## Die Grenzen des Sehens

Wir haben fünf Sinne, mit denen wir die Welt um uns herum wahrnehmen: Sehen, Hören, Fühlen, Schmecken und Riechen. Unser Gehirn muss die Informationen interpretieren, die unsere Sinne aufnehmen, und das geht manchmal schief. Unsere Sinne „täuschen“ uns und wir bekommen einen irreführenden Eindruck von dem, was um uns herum vorgeht.

Eine Filmaufnahme beispielsweise zeigt nur scheinbar Bewegung. Wir wissen, dass der Film aus unbewegten Einzelbildern besteht, aber wenn diese Einzelbilder in schneller Abfolge hintereinander gezeigt werden, lässt sich unser Gehirn täuschen, und wir glauben, dass wir tatsächlich eine Bewegung sehen.

Die meisten Menschen denken, Sehen wäre ein passiver Vorgang. Wahrnehmung ist jedoch ein aktiver Prozess, eng verwandt mit dem Denkprozess, und wir suchen dabei aktiv nach Mustern. Das Gehirn ist genauso „Sehorgan“ wie das Auge. Wahrnehmung ist ein kreativer Prozess.

Optische Täuschungen bzw. „geometrische Paradoxe“, wie sie manchmal genannt werden, gehören zu den interessantesten Wahrnehmungsphänomenen. Optische Täuschungen nutzen die Tendenz des menschlichen Gehirns aus, Dinge eher so zu sehen, wie wir aufgrund zurückliegender ähnlicher Erfahrungen glauben, dass sie sein müssten, anstatt sie so zu sehen, wie sie sind.

Der Mensch beschäftigt sich seit Tausenden von Jahren mit optischen Täuschungen und setzt sie für praktische Zwecke ein. Die Säulen des Parthenons in Athen (erbaut ca. 500 v. Chr.) z. B. sind leicht konvex, um den Effekt auszugleichen, dass parallele Linien immer eher konkav erscheinen: Die Griechen haben sie extra „schief“ gebaut, damit sie gerade aussehen.

Man kann uns vormachen, etwas wäre größer als es tatsächlich ist, eine zweidimensionale, flache Oberfläche besitze räumliche Tiefe, und manchmal sehen wir Farben, wo keine sind, und Bewegung, wo keine ist.

Unsere visuelle Wahrnehmung funktioniert sogar mit lückenhaften Informationen. Was fehlt, wird einfach ergänzt. Viel Kunst basiert auf dieser Tendenz, zu ergänzen und zu organisieren.

Die Leichtigkeit, mit der sich unsere visuelle Wahrnehmung täuschen lässt, sagt uns auch, wie unverlässlich unsere Beobachtungen sind (denken Sie daran, wenn Sie einmal eine Zeugenaussage hören). Unsere Sinne sind nur bedingt verlässlich, und für manche praktische Aufgaben reichen sie einfach nicht aus, egal wie sehr man sie auch trainieren mag.

Eine Lösung für dieses Problem ist, unsere Sinne zu „erweitern“, Geräte zu erfinden, die Informationen ohne Fehler aufnehmen und festhalten können. Obwohl es noch keine perfekten Geräte dafür gibt, haben sich Kameras und andere Aufzeichnungsgeräte als weit verlässlicher und unvoreingenommener herausgestellt als selbst der beste menschliche Beobachter.

Hier eine Auswahl der verblüffendsten, überraschendsten und schönsten optischen Täuschungen. Wenn Sie sehen, was hier mit Farbe, Größe, Form und Bewegung gemacht wird, werden Sie sich unwillkürlich fragen, ob Sehen wirklich Glauben heißt.

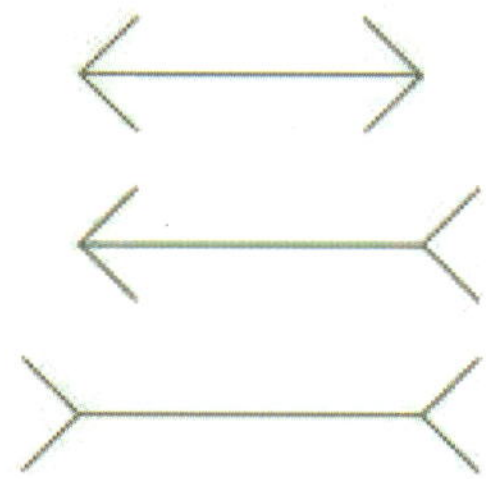

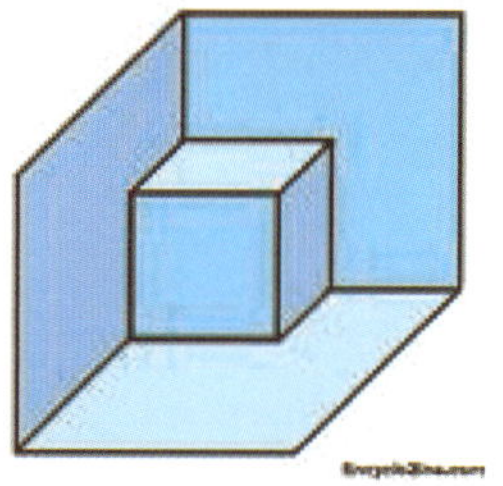

„All unser Wissen hat seinen Ursprung in unserer Wahrnehmung“

*-Leonardo da Vinci*

108 5

## WAHRNEHMUNG, KUNST UND ILLUSION

Unser Gehirn ist ein wahrer Meister darin, Beziehungen zwischen Bildern zu sehen oder dasselbe Bild auf verschiedene Arten zu sehen. Unsere Wahrnehmung basiert auf Illusionen, die uns manchmal täuschen. Ohne diese Fähigkeit, könnten wir uns aber niemals in der dreidimensionalen Welt zurechtfinden.

Wie sonst sollten wir „sehen“, dass nach den perspektivischen Regeln in einer zweidimensionalen Ebene die ersten vier Skulpturen von links gleich groß sind und die rechte die größte von allen?

Je mehr sich die Zivilisation weiterentwickelte, desto mehr lernten wir mithilfe von flachem Papier, flachen Tafeln und Flachbildschirmen. Wir haben uns so sehr daran gewöhnt, zweidimensionale Bilder als dreidimensionale Objekte zu sehen, dass diese Umwandlung zu einem automatisierten Teil unserer Wahrnehmung geworden ist.

Wie viele verschieden große Skulpturen sind es wirklich?

> „Ich vergesse nie ein Gesicht, aber in Ihrem Fall mache ich eine Ausnahme."
>
> *Groucho Marx*

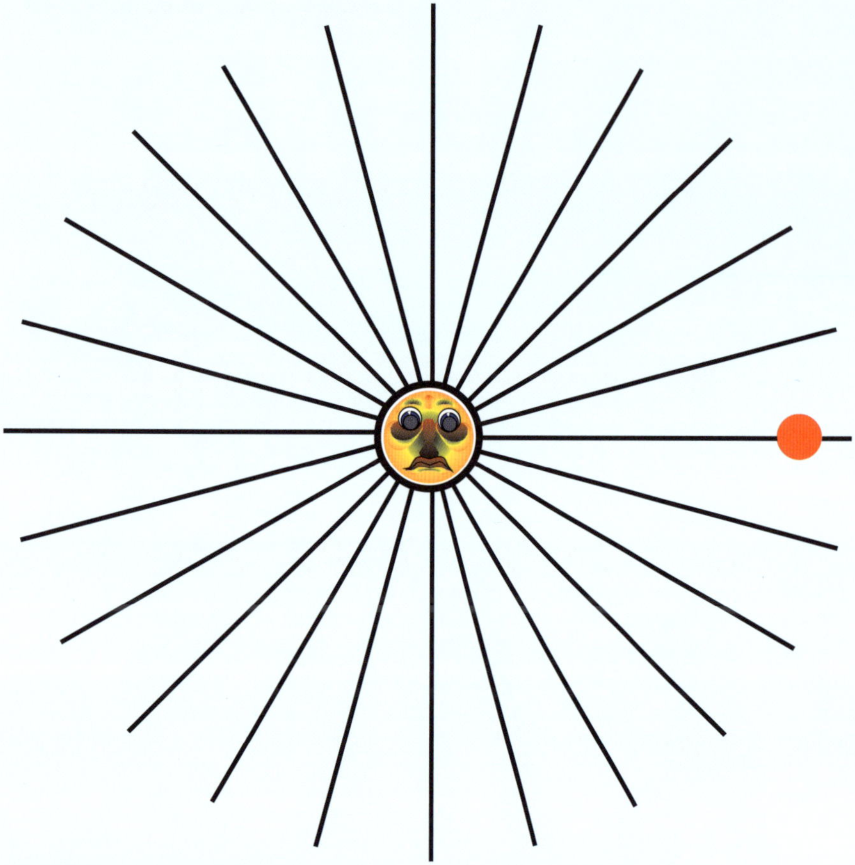

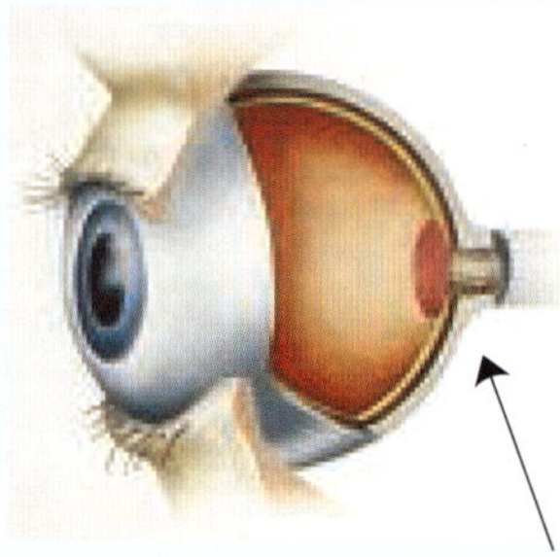

DER BLINDE FLECK

## DER BLINDE FLECK

Können Sie nur durch „Hinsehen" den Kreis mit dem Gesicht verschwinden lassen?

Unser Gehirn ist sehr gut darin, leere Flecken zu füllen, es hilft uns damit beim Sehen. Doch paradoxerweise haben wir deshalb auch den Eindruck, dass es ein „Nichts als solches nicht geben kann".

Um zu sehen, was der blinde Fleck macht, schließen Sie ihr rechtes Auge und schauen Sie mit dem linken auf den roten Kreis. Bei einer bestimmten Entfernung sollte der Kreis verschwinden. Trotzdem sehen Sie kein „Loch" an seiner Stelle, die Linien scheinen nicht unterbrochen.

Untersuchungen haben gezeigt, dass das Gehirn ein unvollständiges optisches Signal nach ganz einfachen Regeln vervollständigt und „errechnet", was der blinde Fleck auf der Netzhaut sehen sollte. In diesem Fall verlängert es die Linien einfach. Es folgert, dass es sich um ein Muster von einem Zentrum ausgehender Linien handelt, und schließt so die Lücke. Viele Rätsel nützen diesen Effekt aus, um Dinge verschwinden zu lassen.

## DIE WISSENSCHAFT UM DEN BLINDEN FLECK

Bei einer bestimmten Entfernung verschwindet das Gesicht plötzlich – ein verblüffender Effekt, der eindrucksvoll demonstriert, dass man weder alles sehen noch seinen Augen wirklich vertrauen kann!

Ein Auge allein deckt nicht das ganze Gesichtsfeld ab. Auf einer Fläche mit etwa 1,5 mm Durchmesser, dort wo der Sehnerv in die Netzhaut eintritt, befinden sich keine optischen Rezeptoren. Im 17. Jahrhundert entdeckte der französische Wissenschaftler Edme Mariotte, dass die Papille (der kleine Fleck, an dem der Sehnerv in die Netzhaut eintritt) auf Licht nicht reagiert. Er folgerte, dass das Auge an diesem Fleck blind ist. Wir haben zwei blinde Flecken, in jedem Auge einen. Interessant ist, dass die Position des blinden Flecks im linken und rechten Auge nicht exakt gleich ist, weshalb man ihn normalerweise gar nicht bemerkt, weil das eine Auge sieht, was dem blinden Fleck des anderen entgeht.

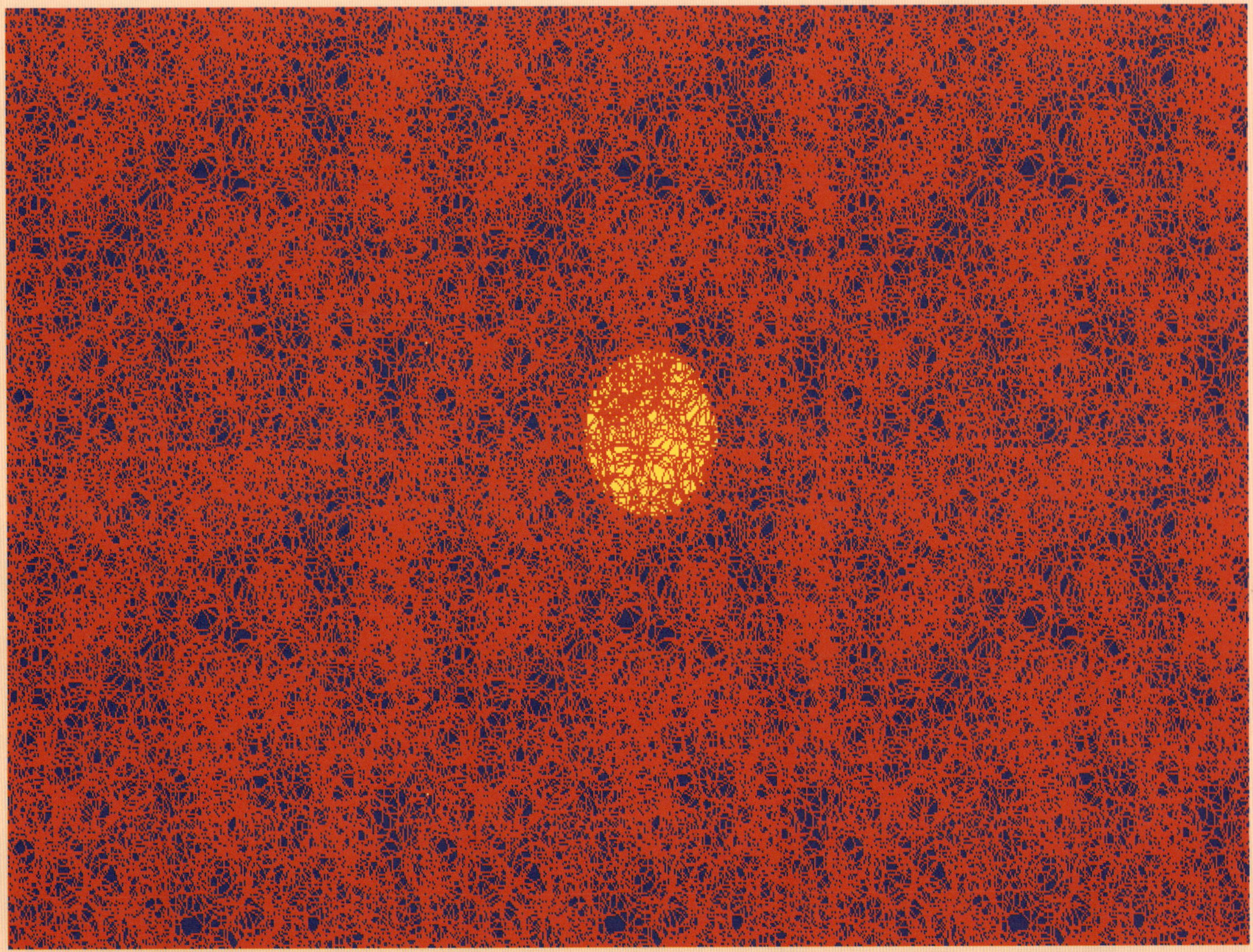

## LOCH IN DER WAND

Die meisten optischen Täuschungen basieren auf Fehlern im Sehsinn und funktionieren bei allen Menschen gleichermaßen. Die obige Illusion wird jedoch von unterschiedlichen Betrachtern unterschiedlich wahrgenommen.

Die Figur besteht aus einem blauen Hintergrund, auf dem viele kleine rote Kreise zufällig verteilt sind. In der Mitte befindet sich ein gelbes Oval als Hintergrund.

Für rund 70 Prozent der Betrachter schwebt das helle Oval vor dem Rest des Bildes, 20 Prozent sehen es hinter den roten Kreisen. Für die restlichen 10 Prozent hat das Bild gar keine Tiefe. Am überraschendsten ist vielleicht, dass die Illusion immer stärker wird, je weiter man sich von dem Bild wegbewegt.

109 2

## KONTRAST-ILLUSION – WIE VIELE SCHATTIERUNGEN SEHEN SIE?

In der oberen Reihe sehen wir acht verschiedene Rot-Schattierungen, in der unteren nur vier. Nichts hat sich verändert, außer dass die Trennlinien von Bleistiften verdeckt sind. Es handelt sich immer noch um die gleichen acht Schattierungen. Wie lässt sich diese Täuschung erklären?

110 1

## NACHBILDER IN FORM VON PUNKTEN

Unser Gehirn lässt uns bisweilen Dinge sehen, die nicht wirklich da sind. Oben sehen Sie ein Muster schwarzer Quadrate. Wieviele schwarze Punkte können Sie an den Einschnitten zählen? Und in den Mustern rechts? Wieviele rote, grüne und blaue Punkte können Sie sehen, auch wenn Sie nicht da sind?

## NACHBILDER

Ein Nachbild oder „ghost image“ ist eine optische Täuschung. Der Ausdruck bezeichnet ein Bild, dessen Eindruck fortbesteht, während der Reiz, der von dem ursprünglichen Bild ausgegangen war, nicht mehr besteht. Nachbilder können entweder die Farbe des ursprünglichen Reizes bewahren oder als Negativ auftreten.

Negative Nachbilder entstehen, wenn die Fotorezeptoren unserer Augen, die sogenannten Zapfen, überstimuliert sind und an Empfindlichkeit einbüßen. Richten wir anschließend unseren Blick auf eine leere Fläche, senden die überstimulierten Fotorezeptoren weiterhin schwache Signale, und die Farben werden weiterhin, abgeschwächt, wahrgenommen. Die nicht stimulierten umgebenden Zapfen hingegen sind noch „frisch“ und senden ein starkes Signal. Das Signal entspricht genau dem Blick auf die Komplementärfarbe, oder zumindest interpretiert das Gehirn es so. Positive Nachbilder auf der anderen Seite erscheinen in derselben Farbe wie die ursprünglichen Bilder. Sie sind zumeist von kurzer Dauer (oft nur eine halbe Sekunde) und treten nur dann auf, wenn der Reiz sehr hell ist. Die Ursache positiver Nachbilder ist noch wenig erforscht.

111 1

## SUBJEKTIVE KONTUREN UND ILLUSIONÄRE QUADRATE

### Weißer als weiß

An den Enden der dicken schwarzen Linien „sehen“ wir vollständige weiße Quadrate, die heller erscheinen als der Hintergrund. Die Illusion ist verblüffend.

In der kleineren Grafik rechts sehen wir ein vollständiges Quadrat, obwohl da offensichtlich nur vier Dreiviertelkreise sind. Wenn Sie einen der vier Dreiviertelkreise verdecken, verschwindet das Quadrat. Warum?

112 3

## PARALLELEN

In der Zollner-Illusion, benannt nach dem deutschen Psychologen Johann Zollner (1834–82), sehen die parallelen Linien aus, als wären sie gar nicht parallel, weil sie durch die Hintergrundlinien, die sie in einem spitzen Winkel (10-30 Grad) schneiden, verzerrt werden.

Die Grafik zeigt eine leicht modifizierte Zollner-Illusion. Manche Linien sind parallel, andere nicht. Können Sie herausfinden, welche das jeweils sind?

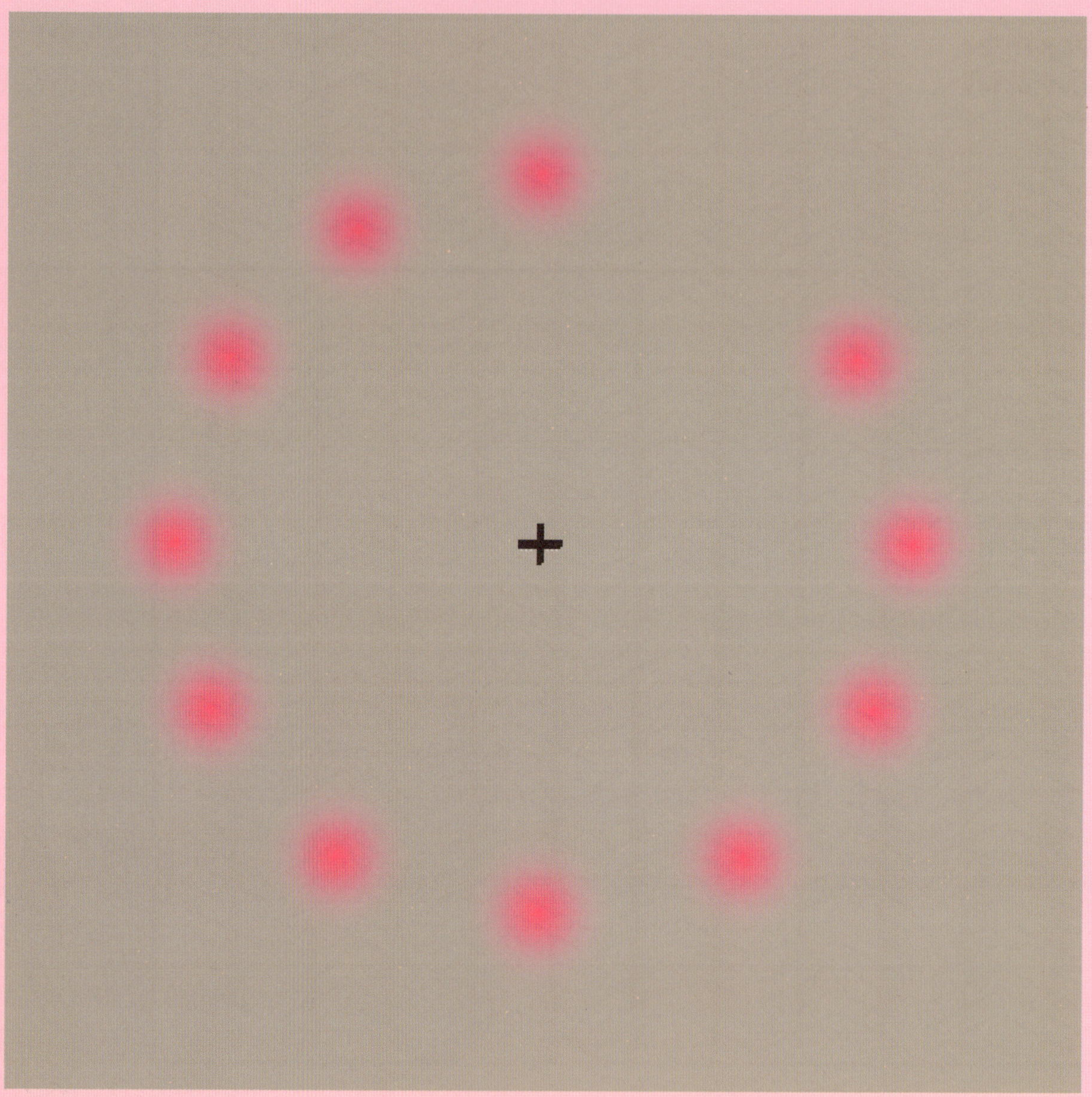

## NACHBILDER 2

### „LILAC CHASER“ von Jeremy L. Hinton

Fixieren Sie mit den Augen das Kreuz in der Mitte. Nach wenigen Sekunden werden die farbigen Punkte verschwinden. Das hängt mit einem Effekt zusammen, der als „retinale Ermüdung“ bekannt ist; er tritt ein, wenn das Nachbild eines Objekts den Reiz, den das Objekt auf der Netzhaut hinterlässt, zu überlagern beginnt. Wenn Sie lange genug warten, stellen sich auch grüne Nachbilder ein.

## PERSPEKTIVE

### Größe ist relativ

Perspektive ist die Darstellung eines Bildes, so wie es das Auge sieht, auf einer flachen Ebene. Die perspektivische Darstellung, wie wir sie aus der Kunst kennen, ist noch ziemlich jung – sie kam erst in der Renaissance im 15. Jahrhundert auf. Weder in der sogenannten primitiven Kunst noch in der Kunst früherer Zivilisationen gibt es Perspektive. In den hoch entwickelten, stilisierten Malereien des alten Ägypten werden Köpfe und Füße immer im Profil gezeigt, nie perspektivisch verkürzt, was die Figuren ein wenig wie Malereien von Kindern aussehen lässt.

Im 15. Jahrhundert von Zeichnern entwickelt, versetzen die Regeln der perspektivischen Darstellung den Künstler in die Lage, auf einer zweidimensionalen Ebene die Illusion von dreidimensionalem Raum zu erzeugen. Alle Linien, die in die Raumtiefe gehen, laufen an einem imaginären Horizont auf Höhe des Betrachters in einem imaginären „Fluchtpunkt" zusammen.

Es ist höchst erstaunlich, dass es so lange gedauert hat, bis die geometrische Perspektive entwickelt wurde – weit länger als beim Feuer oder dem Rad -, wo sie doch in gewisser Weise immer vorhanden war, nämlich beim ganz normalen Sehen.

Der italienische Maler und Ingenieur Leonardo da Vinci (1452-1519) war der Erste, der die Prinzipien und Gesetzmäßigkeiten der Perspektive genau beschrieben hat. Er behandelte die Perspektive als Teilgebiet der Geometrie und beschrieb, wie man direkt auf Glas perspektivisch malen kann. Diese Technik wurde auch von den „niederländischen Meistern" des 17. Jahrhunderts benutzt.

Die richtige Perspektive macht es möglich, die Millionen von Kilometern entfernte, glühend heiße Sonne in den bloßen Händen zu halten.

### DAS KÜNSTLER-GLAS

Von Leon Battista Alberti (1404-72) erfunden und von Leonardo da Vinci zum Malen perspektivischer Bilder verwendet. Diese Illustration zu dem Gerät stammt von Albrecht Dürer (1471-1528).

### ANITA ALS RIESIN

Anita besucht Madurodam, die niederländische Miniaturstadt.

## UPSIDE DOWN

Eine der ebenso erstaunlichen wie schönen „Umkehrungen“ von Scott Kim. Drehen Sie die Seite doch mal um!

113 3

## EIN WEINGLAS AUF EINEM TABLETT

Steht das Weinglas auf dem Tablett? Diese beeindruckende und überraschende optische Täuschung von Gianni A. Sarcone erschien in der Zeitschrift *Infinity* von Tarquin.

## KONVEX – KONKAV

Um Mehrdeutigkeiten aufzulösen, arbeitet unsere Wahrnehmung zu einem großen Teil mit Annahmen. Ein Bild, auf dem ein Schatten zu sehen ist, erklären wir uns je nachdem, aus welcher Richtung wir glauben, dass das Licht kommt. Das Licht kommt normalerweise von einer Lichtquelle über uns. Wie lässt sich die Richtung des Lichteinfalls in diesem Bild verändern??

## VERKEHRTE WELT – MAGIE UND ILLUSIONEN

Sehen ist eine Illusion. Wir „sehen“ die Welt verkehrt herum, genau wie bei einer Kamera: Das Bild auf unserer Netzhaut steht auf dem Kopf, aber dann übernimmt unser Gehirn und dreht das Bild um. Als Baby haben wir gelernt, wie rum die Dinge in Wirklichkeit gehören.

Auf-dem-Kopf- bzw. Inversions-Täuschungen faszinieren uns immer wieder, weil wir sie fast ungläubig zur Kenntnis nehmen müssen. Sie zeigen uns, wie unser Gehirn die Welt begreift und wie beschränkt es gleichzeitig ist.

Wenn wir etwas verkehrt herum betrachten, treten viele überraschende Effekte auf. Wir sind so sehr an vertikale Symmetrie gewöhnt und so wenig daran, die Dinge verkehrt herum zu sehen, dass es sehr schwierig ist, uns vorzustellen, wie Bilder oder Objekte auf dem Kopf stehend aussehen. Auf dieser lebenslangen optischen Konditionierung basieren viele erstaunliche Umkehr-Illusionen.

Manchmal sehen wir die Dinge klarer, wenn wir sie verkehrt herum sehen. Landschaftsmaler etwa überprüfen die Farben einer Szene, indem sie sich vornüber beugen und die Landschaft durch ihre Beine hindurch betrachten – was etwas komisch aussieht. Die auf dem Kopf stehenden Konturen sehen für uns so ungewöhnlich aus, dass man die Farben viel unvoreingenommener erkennen kann.

## SCHACHBRETTSCHATTEN-TÄUSCHUNG

Würden Sie glauben, dass die Quadrate A und B auf dem oberen Schachbrett denselben Grauton haben?

Diese beeindruckende Täuschung stammt von Edward H. Adelson, Professor für Vision Science.

Kopieren Sie die Schablone, schneiden Sie die beiden Fenster darin aus und Sie werden erstaunt sein, in beiden Fenstern dieselbe Grauschattierung zu sehen.

**PFLASTERKUNST**

Der englische Künstler Julian Beever stellt großartige *Trompe-l'oeil*-Pflasterkunst her, bei der er mithilfe von Perspektive und Anamorphose erstaunliche 3-D-Bilder und -Effekte erzielt.

© Vurdlak (www.maillusions.com)

## PERSPEKTIVISCHE TREPPE

Scheinbar zufällige Linien werden, von einem bestimmten, durch die Regeln der Perspektive festgelegten Standort aus betrachtet, zu einem strukturierten Gebilde - in diesem Fall zu einer dreidimensionalen Treppe, auf die sich die Passanten „stellen" und fotografieren lassen.

## DER NECKER-WÜRFEL

### Realität ist Wahrnehmung

Der Necker-Würfel ist eine optische Täuschung, die erstmals 1832 von dem Schweizer Kristallographen Louis Albert Necker (1786-1861) veröffentlicht wurde, und eine der frühesten wissenschaftlichen Veranschaulichungen der Mehrdeutigkeit unserer Wahrnehmung. Sowohl die Einfachheit als auch der erstaunliche Effekt, wenn man ihn eine zeitlang betrachtet, sind beeindruckend und faszinierend.

Der Necker-Würfel stellt ein Gittermodell eines Würfels in Parallelperspektive dar, wie in der Abbildung gezeigt. Er ist ein zweidimensionales Skelett eines dreidimensionalen Würfels, bei dem man Vorder- und Rückseite nicht voneinander unterscheiden kann.

Der Necker-Würfel und viele andere mehrdeutige Figuren zeigen, dass wir Dinge auf zwei (oder mehrere) verschiedene Arten „sehen" können, obwohl das Objekt selbst sich nicht verändert hat.

Wenn wir einen Necker-Würfel ansehen, können wir die Vorder- nicht von der Rückseite unterscheiden – ob vorne oder hinten, hängt davon ab, was wir glauben, dass es ist. Die Umkehrung ist nicht in der Zeichnung, sie ist in uns. Unser subjektives Bewusstsein interpretiert das Objekt zuerst auf die eine Weise, dann auf die andere. Interessanterweise hat diese Umkehrung mit unserer Position im Raum zu tun. Wenn Sie die Grafik mit dem horizontalen roten Balken betrachten, schauen Sie von oben auf den Würfel. Sehen Sie auf das Umkehrbild, in dem der rote Balken waagrecht verläuft, schauen Sie zu dem Würfel hinauf.

Da Sie sich nicht an zwei Orten gleichzeitig aufhalten können, ist es Ihnen auch nicht möglich, beide Varianten des Necker-Würfels gleichzeitig zu sehen. Die Wahrnehmungsstruktur des Necker-Würfels ist also weit komplexer und vielschichtiger, als man zuerst vermutet. Wir können nicht beide Varianten gleichzeitig sehen, weil unser visuelles System sich entscheiden muss, wo wir uns im Raum befinden.

Das Gleiche gilt für die sogenannten „unmöglichen Figuren" des niederländischen Grafikkünstlers M. C. Escher (1898-1972) oder die von Richard Gregory, Roger Penrose und anderen.

Necker hat als einer der Ersten erkannt, dass sowohl unsere Augen als auch das Gehirn an der Interpretation von visuellen Eindrücken beteiligt sind. Seine Entdeckung, der Necker-Würfel, und die damit verbundenen Phänomene legten den Grundstock für die wissenschaftlichen Untersuchungen der menschlichen Wahrnehmung im 20. Jahrhundert.

## DER MEHRDEUTIGE NECKER-WÜRFEL

Wenn man den Würfel länger betrachtet, dreht er sich plötzlich um: Was eben noch vorne war, wird hinten, und umgekehrt. Er zeigt uns, dass alles, was wir sehen, nur „gut geraten" ist.

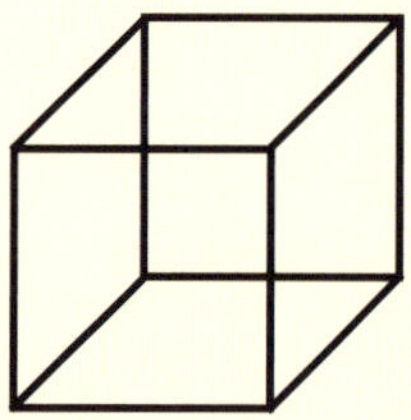

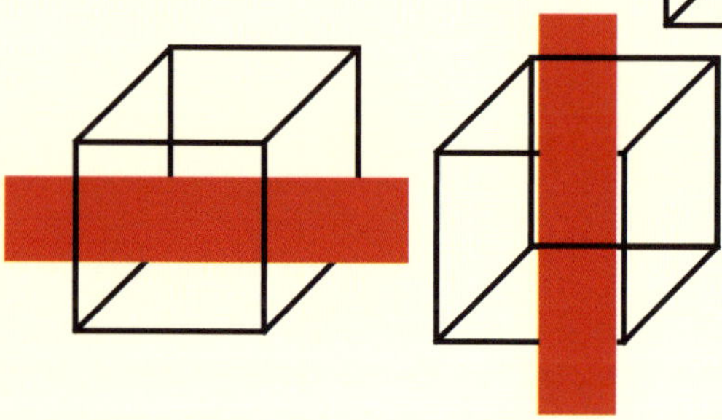

Die roten Balken machen den Necker-Würfel eindeutiger, und Sie können die beiden möglichen Ansichten besser unterscheiden.

## WÜRFEL MIT ECKEN

Wie viele verschiedene Bilder sehen Sie? Einen kleinen Würfel vor einer Ecke des großen? Einen kleinen Würfel in einer Ecke des großen? Oder einen großen Würfel, aus dem ein kleiner herausgeschnitten wurde? Wenn Sie lange genug hinsehen, werden alle drei Möglichkeiten von selbst vor ihren Augen erscheinen.

## NECKER-WÜRFEL MIT MARIENKÄFER

114 3

An wie vielen verschiedenen Stellen des Würfels sehen Sie den Marienkäfer?

## NECKER-QUADER

Wenn Sie das Gittergerüst des Necker-Quaders betrachten und keine Anhaltspunkte haben, wo sich die Wände befinden, kann er sich in jeden der rechts abgebildeten Quader verwandeln.

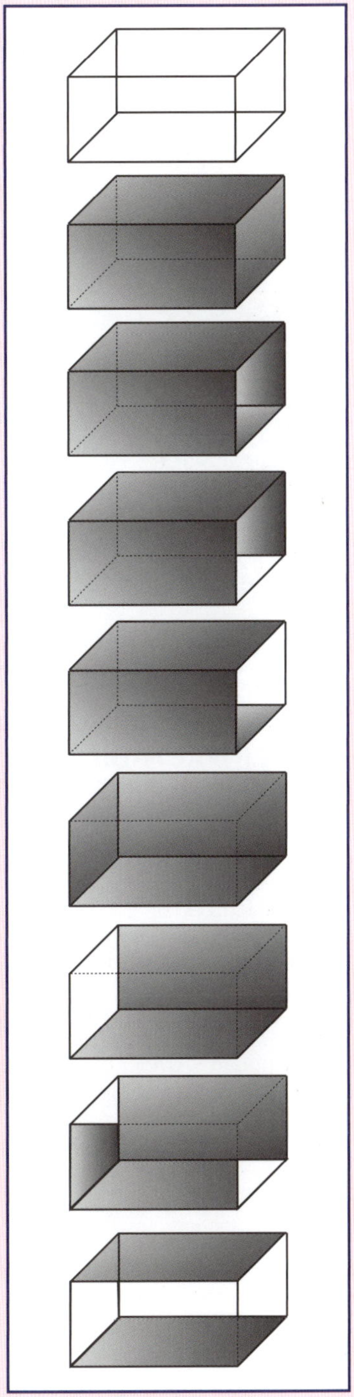

## SUBJEKTIVER NECKER-WÜRFEL

Der Necker-Würfel und sein Umkehrbild können sogar dann erscheinen, wenn er als optische Täuschung in Form von subjektiven Konturen abgebildet ist, wie rechts gezeigt.

## SUBJEKTIVE KONTUREN

Wir sind daran gewöhnt, Figuren als von ihren Konturen definiert zu sehen. Manchmal sieht man jedoch Konturen, wo eigentlich gar keine sind. Der Necker-Würfel rechts beispielsweise besteht aus drei roten Kreisen, in denen sich die Ecken des Würfels weiß abzeichnen. Die Illusion, einen Necker-Würfel samt Umkehrbild zu sehen, wo gar keiner ist, ist überraschend deutlich.

## ZUFALLSPUNKT-STEREOGRAMME

Unsere beiden Augen liefern dem Gehirn ein leicht unterschiedliches Bild von dem, was wir betrachten, und dieses Doppelbild ermöglicht uns räumliches Sehen.

In den 1960er Jahren erfand Bela Julesz (1928–2003) aus Bildpaaren bestehende Zufallspunkt-Stereogramme. Die Herstellung sehen Sie unten veranschaulicht.

1979 verbesserte Christopher Tyler, ein Student von Professor Julesz, das Verfahren, und von nun an war es möglich, Einfach-Bild-Zufallspunkt-Stereogramme herzustellen, wie unten gezeigt.

Ein Rechteck mit zufällig angeordneten Punkten

Innerhalb des Rechtecks wird eine kreisförmige Fläche mit Punkten ausgewählt.

Ein identisches Rechteck, in dem der Kreis mit den Punkten leicht nach links verschoben ist.

Wenn man nun die beiden Rechtecke zusammen wie ein klassisches Doppelbild betrachtet, scheint der Kreis über dem Hintergrund zu schweben.

## EIN EINFACH-BILD-ZUFALLSPUNKT-STEREOGRAMM

Die Einfach-Bild-Technik ist etwas komplizierter, aber die Grundtechnik bleibt die gleiche. Das Bild wird in mehrere schmale Spalten zufällig verteilter Punkte unterteilt. Die erste Spalte ist vollkommen zufällig. Die zweite Spalte sieht genauso aus wie die erste, nur dass die Pixel einer ausgewählten Fläche etwas zur Seite verschoben werden. Genauso wird auch mit dem Rest des Bildes verfahren. Die Spalten eins und zwei, und drei und vier bilden jeweils ein Paar usw.

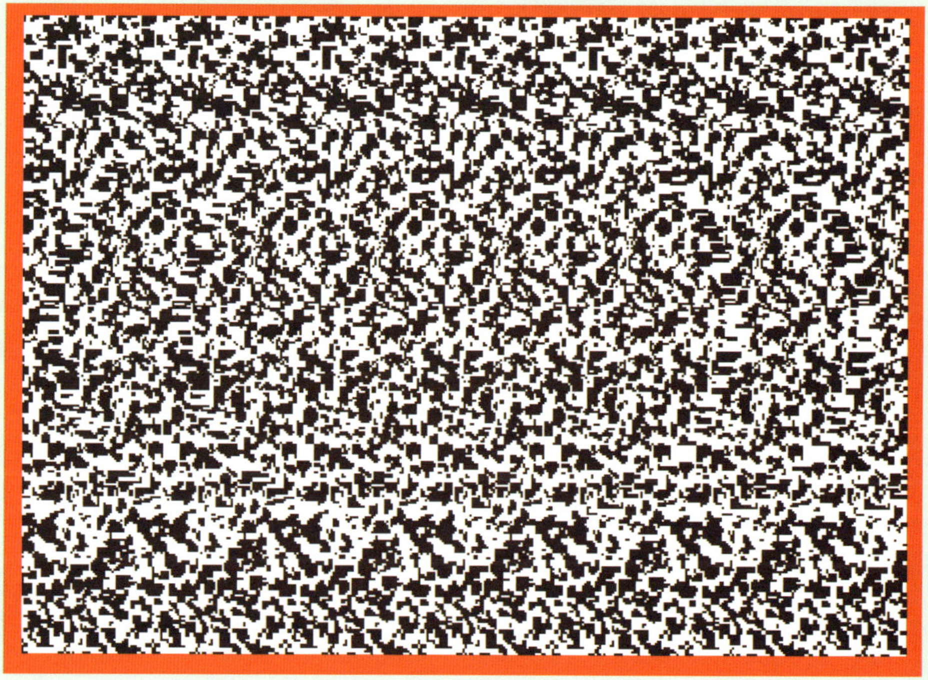

## DAS MAGISCHE AUGE

### Zufallspunkt-Stereogramme

1991 versuchten der Programmierer Tom Baccei und der Künstler Cheri Smith die Arbeit von Julesz und Tyler weiterzuentwickeln. Zusammen mit dem Programmierer Bob Salitsky entwickelten sie das erste Farb-Stereogramm-Programm: Keine Punkte mehr, sondern geheimnisvolle Farbbilder mit darin versteckten Objekten!

Mit diesem Programm und der neuesten 3-D-Software entwickelten sie eine völlig neue, patentierte Kunstform.

Oben sehen Sie ein Beispiel. Können Sie das darin versteckte Bild erkennen?

### Wie man ein Stereogramm betrachtet

Normalerweise fokussiert man seinen Blick beim Betrachten von Bildern auf die Oberfläche des Bildes. Wenn Sie ein Magisches-Auge-Stereogramm ansehen, müssen Sie durch das Bild hindurch und ein gutes Stück in die Ferne schauen. Bitte nicht verzweifeln: etwa 10 Prozent der Betrachter können Stereogramme nicht wahrnehmen.

Wenn Sie zu denen gehören, die das magische Auge beherrschen, sehen Sie einen schwebenden Teekessel über einem waagrechten Boden.

## MUSTER IN DER MATHEMATIK

Die Welt besteht aus Farben und Bewegung, aus Gefühlen und Gedanken. Alles im Universum ist eine Art Muster. Mathematik ist die Lehre von den reinen Mustern.

Muster sind überall – und oft atemberaubend schön –, und deshalb erregen sie unsere Aufmerksamkeit. Das Interesse an Mustern beginnt sehr früh im Leben. Wenn Kinder neugierig auf die Welt und ihre Muster sind, nennen wir das „spielen“. Wenn Mathematiker das tun, nennen wir es „Wissenschaft“. Diese Muster haben viele Formen, numerische, geometrische, kinetische etc.

Als Wissenschaft der Muster wirkt sich die Mathematik auf jeden Aspekt unseres Lebens aus: Abstrakte Muster sind die Basis des Denkens, der Kommunikation, des Rechnens, der Gesellschaft und sogar des Lebens selbst.

Wenn wir ein Muster erkennen, sehen wir, dass zwischen den Elementen einer Gruppe eine systematische Beziehung besteht, was auf eine zugrundeliegende Ordnungsstruktur hindeutet. Indem wir versuchen, diese Ordnung zu finden und zu benennen, sprechen wir die „Sprache der Mathematik“.

Muster sind überall, und jeder kann sie sehen, aber in der Mathematik sehen wir Muster innerhalb von Mustern. Ein Teil der Magie der Mathematik besteht darin, dass ein einfaches und amüsantes Problem zu tiefgehenden Einsichten führen kann.

115 5

> „Die Muster eines Mathematikers, wie die eines Dichters oder Malers, müssen schön sein... Für hässliche Mathematik ist auf der Welt keinen Platz.“
>
> *G.H. Hardy (1877–1947)*

## BILDPAARE UND GEDÄCHTNISSPIELE

Gedächtnisspiele gibt es seit über 100 Jahren, ihr bekanntester Vertreter ist wohl das klassische „Memory“. Die Karten werden mit dem Gesicht nach unten auf den Tisch gelegt, und bei jedem „Zug“ darf man zwei davon aufdecken: Gehören sie zusammen, darf man sie behalten, andernfalls werden sie wieder umgedreht, und man muss versuchen, sich ihre Position zu merken, damit man sie später wiederfindet, wenn man sie braucht. Das Spiel ist beendet, wenn alle Paare eingesammelt sind, und wer die meisten Karten hat, hat gewonnen.

Dieses Spiel stimuliert Beobachtung, Konzentration und Gedächtnis. Es lässt sich jedoch nicht nur mit den Originalkarten spielen, man kann sich auch selber welche machen. Wenn Sie z. B. die Karten unseres Bildpaar-Problems kopieren und ausschneiden, haben Sie eine ungewöhnlich herausfordernde Variante des Spiels.

## BILDPAARE

### BILDPAAR-PROBLEM

Wie lange brauchen Sie bei dieser abstrakten Variante des klassischen Memory, um die 30 Karten auf der vorigen Seite mit ihren Zwillingen auf dieser Seite zu vereinigen?

**116** **4**

| | | | | |
|---|---|---|---|---|
| 1 | 2 | 3 | 4 | 5 |
| 6 | 7 | 8 | 9 | 10 |
| 11 | 12 | 13 | 14 | 15 |
| 16 | 17 | 18 | 19 | 20 |
| 21 | 22 | 23 | 24 | 25 |
| 26 | 27 | 28 | 29 | 30 |

Vorige Seite

| | | | | |
|---|---|---|---|---|
| | | | | |
| | | | | |
| | | | | |
| | | | | |
| | | | | |
| | | | | |

Diese Seite

## LOVE CUBES 1

### EIN DREIDIMENSIONALES SELBSTBAU-RÄTSEL

Dies ist eine neue Variante eines Rätsels, das es seit über 100 Jahren gibt, ursprünglich bekannt als „The Great Tantalizer", „Katzenjammer-Puzzle" und unter dem Namen „Instant Insanity". Das Konzept ist vom „Dreißig-farbige-Würfel"-Problem von Percy Alexander MacMahon abgeleitet. „Insanity Cubes" von Parker Brothers, Hasbro wurde über 12 Millionen Mal verkauft.

............ = nach innen falten
________ = nach außen falten
________ (rot) = einschneiden

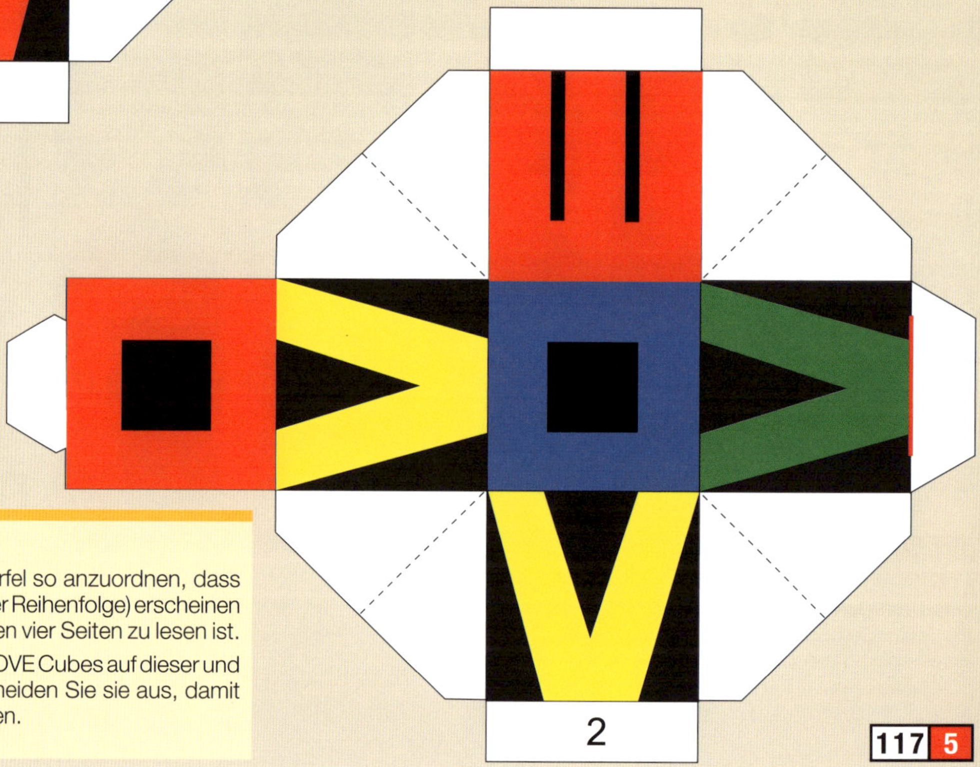


Zum Zusammenbau der Würfel ist kein Kleber nötig. Sie lassen sich auch wieder auseinanderfalten und auf diese Weise bequem verstauen.

## LOVE CUBES-SPIEL

Ziel dieser Variante ist es, die vier Würfel so anzuordnen, dass auf jeder Seite alle vier Farben (in beliebiger Reihenfolge) erscheinen und gleichzeitig das Wort „LOVE" auf allen vier Seiten zu lesen ist.

Kopieren Sie die Diagramme der vier LOVE Cubes auf dieser und der gegenüberliegenden Seite und schneiden Sie sie aus, damit Sie sich an dem Rätsel versuchen können.

117 5

## LOVE CUBES 2

Die Lösung ist gar nicht so einfach, wie es auf den ersten Blick vielleicht scheint, haben Sie also Geduld. Es gibt über 40.000 verschiedene Möglichkeiten, die Würfel anzuordnen, und nur eine davon ist richtig.

**118** **5**

## FEHLENDE WÜRFEL

Wie viele Würfel fehlen bei diesem Würfel mit Kantenlänge 6?

## FEHLENDER WÜRFEL

Mit welchem der fünf Teile lässt sich der farbige Würfel mit Kantenlänge 4 vervollständigen?

1 2 3 4 5

# LÖSUNGEN

## 001

| | | | | | | | | | | | | | | |
|---|---|---|---|---|---|---|---|---|---|---|---|---|---|---|
| 1 | 1 | 2 | 15 | 16 | 30 | 2 | 7 | 9 | 16 | 59 | 4 | 5 | 11 | 14 |
| 2 | 1 | 3 | 14 | 16 | 31 | 2 | 7 | 10 | 15 | 60 | 4 | 5 | 12 | 13 |
| 3 | 1 | 4 | 13 | 16 | 32 | 2 | 7 | 11 | 14 | 61 | 4 | 6 | 8 | 16 |
| 4 | 1 | 4 | 14 | 15 | 33 | 2 | 7 | 12 | 13 | 62 | 4 | 6 | 9 | 15 |
| 5 | 1 | 5 | 12 | 16 | 34 | 2 | 8 | 9 | 15 | 63 | 4 | 6 | 10 | 14 |
| 6 | 1 | 5 | 13 | 15 | 35 | 2 | 8 | 10 | 14 | 64 | 4 | 6 | 11 | 13 |
| 7 | 1 | 6 | 11 | 16 | 36 | 2 | 8 | 11 | 13 | 65 | 4 | 7 | 8 | 15 |
| 8 | 1 | 6 | 12 | 15 | 37 | 2 | 9 | 10 | 13 | 66 | 4 | 7 | 9 | 14 |
| 9 | 1 | 6 | 13 | 14 | 38 | 2 | 9 | 11 | 12 | 67 | 4 | 7 | 10 | 13 |
| 10 | 1 | 7 | 10 | 16 | 39 | 3 | 4 | 11 | 16 | 68 | 4 | 7 | 11 | 12 |
| 11 | 1 | 7 | 11 | 15 | 40 | 3 | 4 | 12 | 15 | 69 | 4 | 8 | 9 | 13 |
| 12 | 1 | 7 | 12 | 14 | 41 | 3 | 4 | 13 | 14 | 70 | 4 | 8 | 10 | 12 |
| 13 | 1 | 8 | 9 | 16 | 42 | 3 | 5 | 10 | 16 | 71 | 4 | 9 | 10 | 11 |
| 14 | 1 | 8 | 10 | 15 | 43 | 3 | 5 | 11 | 15 | 72 | 5 | 6 | 7 | 16 |
| 15 | 1 | 8 | 11 | 14 | 44 | 3 | 5 | 12 | 14 | 73 | 5 | 6 | 8 | 15 |
| 16 | 1 | 8 | 12 | 13 | 45 | 3 | 6 | 9 | 16 | 74 | 5 | 6 | 9 | 14 |
| 17 | 1 | 9 | 10 | 14 | 46 | 3 | 6 | 10 | 15 | 75 | 5 | 6 | 10 | 13 |
| 18 | 1 | 9 | 11 | 13 | 47 | 3 | 6 | 11 | 14 | 76 | 5 | 6 | 11 | 12 |
| 19 | 1 | 10 | 11 | 12 | 48 | 3 | 6 | 12 | 13 | 77 | 5 | 7 | 8 | 14 |
| 20 | 2 | 3 | 13 | 16 | 49 | 3 | 7 | 8 | 16 | 78 | 5 | 7 | 9 | 13 |
| 21 | 2 | 3 | 14 | 15 | 50 | 3 | 7 | 9 | 15 | 79 | 5 | 7 | 10 | 12 |
| 22 | 2 | 4 | 12 | 16 | 51 | 3 | 7 | 10 | 14 | 80 | 5 | 8 | 9 | 12 |
| 23 | 2 | 4 | 13 | 15 | 52 | 3 | 7 | 11 | 13 | 81 | 5 | 8 | 10 | 11 |
| 24 | 2 | 5 | 11 | 16 | 53 | 3 | 8 | 9 | 14 | 82 | 6 | 7 | 8 | 13 |
| 25 | 2 | 5 | 12 | 15 | 54 | 3 | 8 | 10 | 13 | 83 | 6 | 7 | 9 | 12 |
| 26 | 2 | 5 | 13 | 14 | 55 | 3 | 8 | 11 | 12 | 84 | 6 | 7 | 10 | 11 |
| 27 | 2 | 6 | 10 | 16 | 56 | 3 | 9 | 10 | 12 | 85 | 6 | 8 | 9 | 11 |
| 28 | 2 | 6 | 11 | 15 | 57 | 4 | 5 | 9 | 16 | 86 | 7 | 8 | 9 | 10 |
| 29 | 2 | 6 | 12 | 14 | 58 | 4 | 5 | 10 | 15 | | | | | |

### DÜRERS DIABOLISCHES MAGISCHES QUADRAT

Von den insgesamt 880 magischen Quadraten mit der Seitenlänge 4 ist Dürers „diabolisches" magisches Quadrat nur eines. Aber es enthält eine überraschend hohe Zahl mathematischer Muster.

Es gibt 86 verschiedene Möglichkeiten, vier Zahlen zwischen 1 und 16 auszuwählen, mit denen sich die mathematische Konstante 34 bilden lässt. Alle finden sich, wie in der Abbildung zu sehen, in Dürers diabolischem magischen Quadrat als unterscheidbare geometrische Muster.

## 002

### LATEINISCHE QUADRATE MIT FARBEN

Kurz vor seinem Tod erfand der große Mathematiker Leonhard Euler einen neuen Typ magischer Quadrate, das Lateinische Quadrat. Dabei wird eine Anzahl von Symbolen (Zahlen, Buchstaben, Farben usw.) in einem Quadrat so platziert, dass jede Zeile und Spalte jedes Symbol nur einmal enthält. Beispielsweise enthält ein Quadrat der Ordnung 5 fünf Buchstaben (a, b, c, d, e), wobei jeder Buchstabe fünfmal auftaucht, aber keine zwei „a" in derselben Zeile oder Spalte. Eine Sonderform bilden Lateinische Quadrate, in denen dieselben Regeln für die Hauptdiagonalen oder sogar alle kleineren Diagonalen gelten.

Die Zahlen der Lateinischen Quadrate der Ordnung n = 1,2,3 usw. sind 1, 2, 12, 576, 161280 usw. Noch etwas komplizierter wird es bei Griechisch-Lateinischen Quadraten. Sie kombinieren zwei Lateinische Quadrate so miteinander, dass jede Zelle je ein Element beider Quadrate enthält, diese Kombination aber einmalig ist und in jeder Zeile und Spalte jedes Element beider Dreiecke einmal vorkommen muss. Einfach dargestellt sieht das so aus:

1a 2b 3c
2c 3a 1b
3b 1c 2a

Es ist leicht zu erkennen, dass es ein Griechisch-Lateinisches Quadrat der Ordnung 2 nicht geben kann.

Lateinische und Griechisch-Lateinische Quadrate dienen keineswegs nur zum Zeitvertreib, sondern finden breite Anwendung in der experimentellen Wissenschaft. Nehmen wir an, ein Agrarforscher möchte die Auswirkungen von sieben verschiedenen Fungiziden auf Weizenpflanzen testen. Er kann das Test-Feld in sieben parallele Streifen teilen und jeden mit einem anderen Fungizid behandeln. Wenn aber die Anbaubedingungen innerhalb des Felds variieren, kann ein solcher Test nicht objektiv sein. Der Landwirt tut besser daran, das Feld in 49 Quadrate eines 7x7-Rasters einzuteilen und die Chemikalien entsprechend den Regeln für Lateinische Quadrate aufzubringen, damit der Test sämtliche Feldbedingungen abdeckt. Möchte er die sieben Fungizide zudem an sieben unterschiedlichen Weizenkulturen testen, käme ein Griechisch-Lateinisches Quadrat zur Anwendung.

Eulers Gedankenspielerei ist also in verschiedensten Bereichen der experimentellen Wissenschaft von hohem Nutzen, neben der Landwirtschaft auch in der Biologie, Soziologie, Medizin und sogar im Marketing. Die „Zelle" braucht natürlich kein Stück Land zu sein, es kann ein Patient, ein Blatt, ein Tierkäfig, eine Stadt, ein Zeitraum und vieles mehr sein. Das Quadrat eignet sich hervorragend dazu, einzigartige Kombinationen verschiedener Elemente zu erforschen.

**MAGISCHE FARBQUADRATE DER ORDNUNG 3**

Die 12 magischen Farbquadrate der Ordnung 3

**MAGISCHE FARBQUADRATE DER ORDNUNG 4**

**MAGISCHE DIAGONAL-FARBQUADRATE DER ORDNUNG 5**

**MAGISCHES FARBQUADRAT DER ORDNUNG 6**

**MAGISCHES FARBQUADRAT DER ORDNUNG 7**

Beachten Sie, dass dies ein Diagonalfarbquadrat ist.

## 003

### COVER-UP

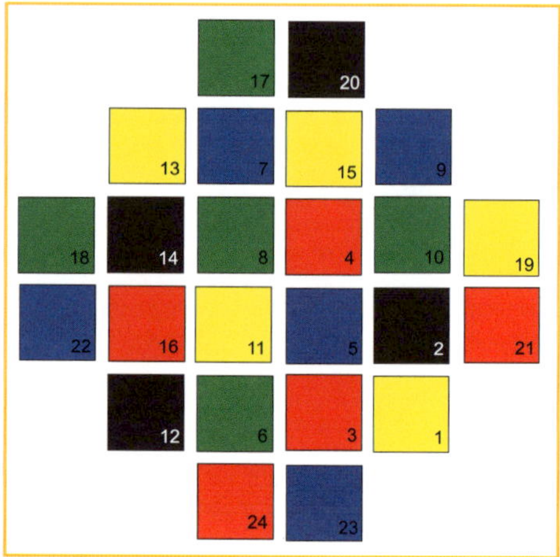


## 004

### MAGIC COLOR SHAPES

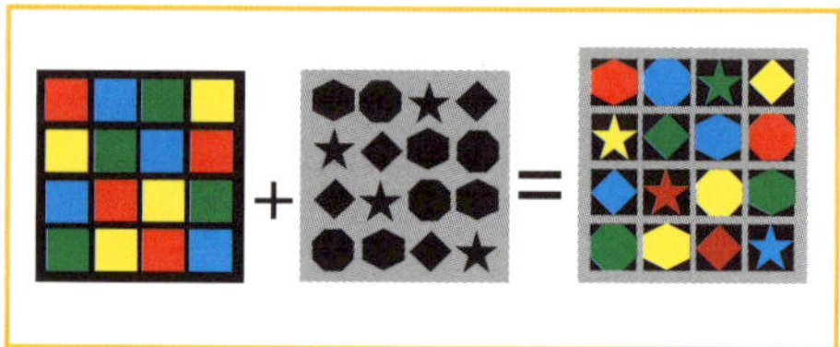


## 005

### DIE SPINNE VON JEREMIAH FARRELL

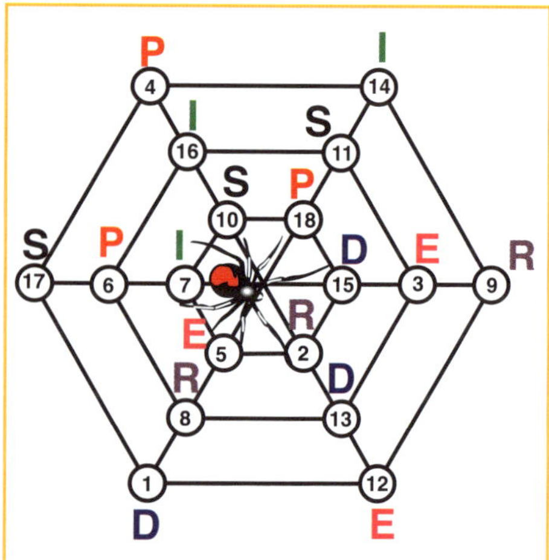


## 006

### DECAPUZ

## 007

### FARBMATADOR

Man geht davon aus, dass es nur diese eine Lösung gibt, wenn Steine nicht gedreht oder gespiegelt werden.

## 008

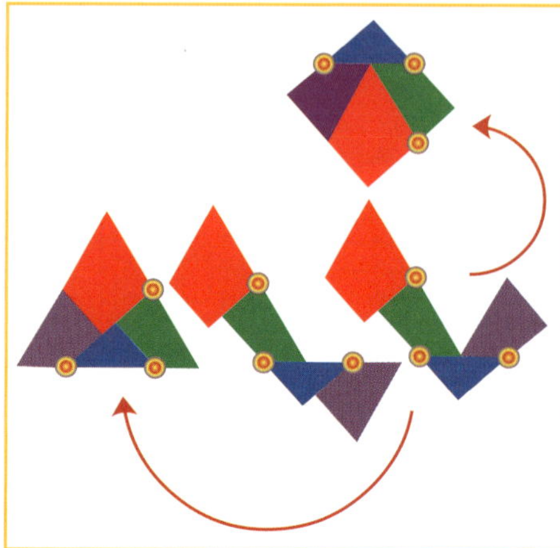

### DREHBARE POLYGONE

Die Dreieck-Quadrat-Transformation mit vier Teilen von Henry Ernest Dudeney ist ein echtes Juwel der Unterhaltungsmathematik. Es besitzt die eigenartige Eigenschaft, sich ständig um die Aufhängungen zu drehen, von einer Position in die andere, wie im Bild zu sehen. Wenn Sie die Teile im Gegenuhrzeigersinn um die rote Form rotieren, erhalten Sie ein Quadrat. Wenn Sie die Formen im Uhrzeigersinn um die rote Form rotieren, erhalten Sie ein gleichseitiges Dreieck.

In seinem Buch *Canterbury Puzzles* (1907) stellte Dudeney seine neue Variante einer Vier-Teile-Lösung zur Transformation eines Quadrats in ein gleichseitiges Dreieck und umgekehrt vor, bei der die Teile drehbar zusammengefügt sind. Damit schuf er die neue Puzzle-Kategorie der drehbaren Teile und Mosaiken.

## 009

### SAM LOYDS VIER-TEILE-LÖSUNG

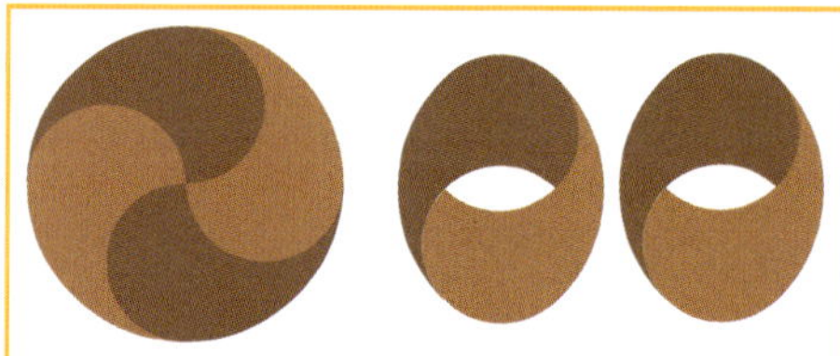

## 010

### DAS STOMACHION VON ARCHIMEDES

Summe der Flächen: 144.

Wir wissen nicht, ob Archimedes das Stomachion selbst erfunden hat oder sich lediglich für ein existierendes Zerlegungsproblem interessierte, dessen geometrische Eigenschaften er erforschen wollte.

Das Buch, das er über das Stomachion schrieb, tauchte als Teil eines Gebetbuchs aus Konstantinopel

(Istanbul) auf. Dr. Reviel Netz studierte dieses Palimpsest – so die Bezeichnung für Manuskriptseiten, die zuerst beschrieben, dann abgekratzt und wieder neu beschrieben wurden. Er kam zu dem Schluss, dass es Archimedes vor allem darum ging, die Anzahl kombinatorischer Möglichkeiten herauszubekommen, wenn aus 14 Teilen ein Quadrat entstehen soll. Von Dr. Netz beauftragte Mathematiker fanden per Computerprogramm 17.152 Möglichkeiten. Der amerikanische Mathematiker Bill Cutler kam auf 536 mögliche Kombinationen, wenn Spiegelungen und Drehungen nicht mitgezählt werden.

Das Stomachion war das früheste kombinatorische Rätsel in der Geschichte der Mathematik.

Neben der kombinatorischen Aufgabe hatte es aber auch zum Ziel, mit den 14 Teilen interessante figürliche und abstrakte Muster zu legen. Eine charmante Lösung des römischen Dichters und Staatsmanns Ausonius (310–395 v. Chr.) zeigt die Form eines Elefanten.

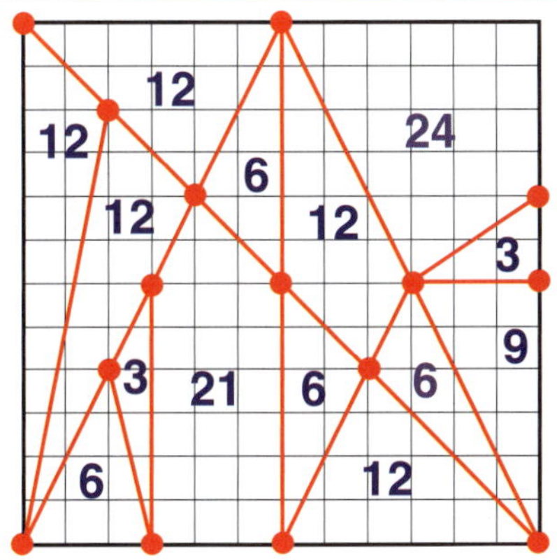


| 1 | 2 | 3 | 4 | 5 | 6 | 7 | 8 | 9 | 10 | 11 | 12 | 13 | 14 |
|---|---|---|---|---|---|---|---|---|---|---|---|---|---|
| 12 | 12 | 24 | 12 | 6 | 12 | 3 | 21 | 6 | 6 | 6 | 3 | 9 | 12 |

## 012

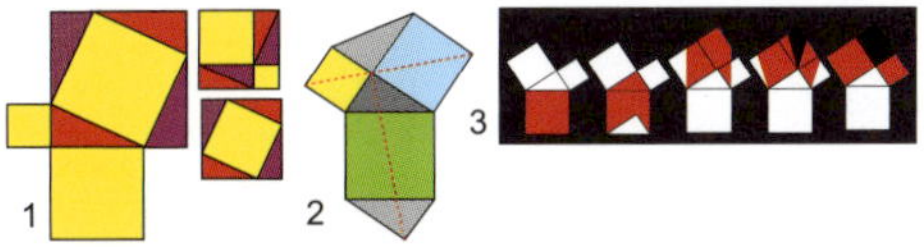


### DER SATZ DES PYTHAGORAS

**Die schönsten Beweise**

(1) Beweis durch Pythagoras: Das gelbe Quadrat in der ersten Abbildung entspricht der Summe der zwei gelben Quadrate in der zweiten Abbildung, was den Lehrsatz zweifelsfrei beweist.

(2) Beweis durch Leonardo da Vinci: Die gepunkteten Linien teilen Leonardos Zeichnung in vier kongruente Vierecke ein.

(3) Beweis durch Baravalle: Der vierte Schritt kann durch den Satz des Cavalieri erklärt werden: Wenn ein Parallelogramm durch Scherung verformt wird, ohne seine Höhe und Basis zu verändern, verändert sich auch seine Fläche nicht.

## 013

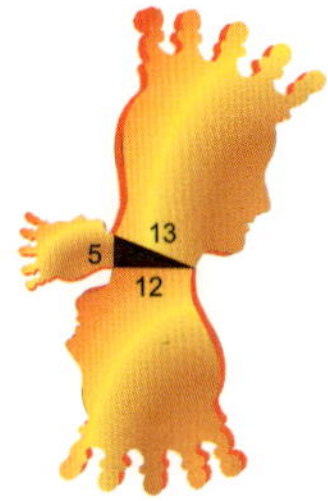


### DIE GEDENKTAFELN DES KÖNIGS

Nach dem Pythagoreischen Gesetz entspricht die Goldmenge in den zwei kleineren Tafeln genau der Goldmenge in der großen Tafel.

Das häufigste Anwendungsbeispiel des Satzes des Pythagoras verwendet Quadrate über den Seiten des rechtwinkligen Dreiecks. Weniger bekannt ist, dass der Satz auch dann Gültigkeit hat, wenn es sich um andere geometrische Figuren handelt, die auf einer der Seiten eines rechtwinkligen Dreiecks „sitzen".

Dieser verallgemeinerte Satz des Pythagoras gilt auch für das Volumen von Figuren, die dieselbe Dicke haben.

## 014

### ZAHLENREIHE

Nein. Es gibt keine ganzen Zahlen, die $\sqrt{2} = P/Q$ entsprechen.

Der Beweis ist sehr einfach. Nehmen wir Folgendes an: Es sei $\sqrt{2} = P/Q$, und P und Q hätten keinen gemeinsamen Teiler. Wenn wir diese Gleichung quadrieren, erhalten wir $P^2 = 2Q^2$, was zeigt, dass P eine gerade Zahl ist in der Form $P=2R$. (R steht hier für jede ungerade oder gerade ganze Zahl; Sie erhalten eine gerade Zahl, wenn Sie ungerade Zahlen oder gerade Zahlen addieren). Ersetzen wir $P=2R$ durch $P^2 = 2Q^2$, erhalten wir $2R^2 = 2Q^2$, oder $R^2 = Q^2$, was zeigt, dass auch Q eine gerade Zahl ist, entgegen unserer ursprünglichen Annahme, dass P und Q keinen gemeinsamen Teiler hätten. Dieser Widerspruch belegt, dass es keine natürlichen Zahlen P und Q gibt.

Die Zahl $\sqrt{2}$ ist eine irrationale Zahl, kann also nicht als Verhältnis zweier ganzer Zahlen ausgedrückt werden. Sie ist die Zahl, die wir mit sich selbst multiplizieren müssen, um 2 zu erhalten. Wenn wir sie in eine Dezimalzahl umwandeln, ist die Ziffernfolge unendlich.

Per Computer berechnete man $\sqrt{2}$ bis zu Tausenden von Ziffern, aber bis jetzt zeigten die Ergebnisse keinerlei Wiederholungsmuster. Zahlen, die unendlich viele Ziffern lang sind, nennt man auch unendliche nichtperiodische Dezimalbrüche. Lässt sich ein Wiederholungsmuster erkennen, spricht man dagegen von periodischen Dezimalbrüchen, zum Beispiel: 1/3=0,33333333 oder 24282/99999= 0,2428124281......

### DIAGONALE DES QUADRATS

Multiplizieren Sie einfach die Seitenlänge des Quadrats mit der Konstante des Pythagoras ($\sqrt{2}$ oder 1,4142…).

$6 \times \sqrt{2} = 8{,}4852$

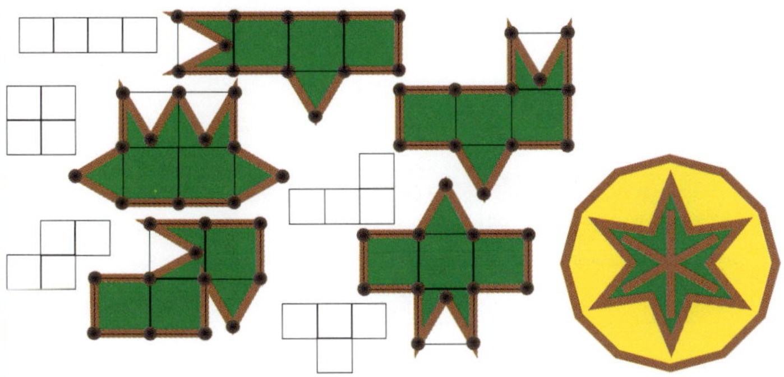

## 011

### SEILRÄTSEL

(1) Es gibt eine Reihe von Polygonen mit einer Fläche von 4 Einheiten, die sich mit dem ägyptischen Seil erzeugen lassen. Elton M. Palmer aus Oakmont, Pennsylvania, kam auf die grandiose Idee, dieses Problem mit Polyominos, vor allem Tetrominos zu kombinieren. Mit jedem der fünf Tetrominos können durch Hinzufügen und Wegnehmen von Dreiecken beliebig viele Lösungen gefunden werden, solange der Umfang der Tetrominos aus 12 gleichen langen Abschnitten besteht. Einige Lösungen mit den fünf verschiedenen Tetrominos sehen Sie im Bild.

(2) Das ägyptische Seil kann jede Fläche zwischen 0 und 11.196 umfassen. Eugene J. Putzer, Charles Shapiro und Hugh J. Metz stellten eine Sternform vor. Die größte Fläche, die durch Anpassung der Sternenspitzen erreicht werden kann, ist die eines regelmäßigen Zwölfecks.

## 015

**KLEINSTES PERFEKTES RECHTECK**
32 : 33

**ZWEITKLEINSTES PERFEKTES RECHTECK**
65 : 47

## 016

**UNVOLLKOMMENE QUADRATE**

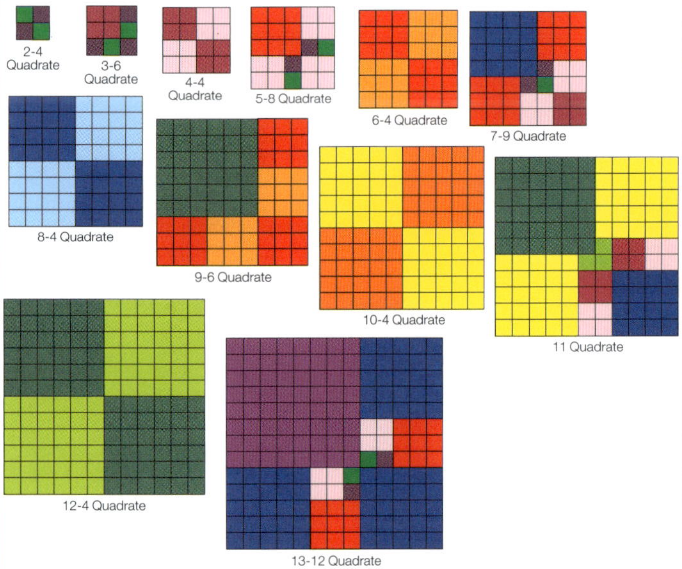


## 017

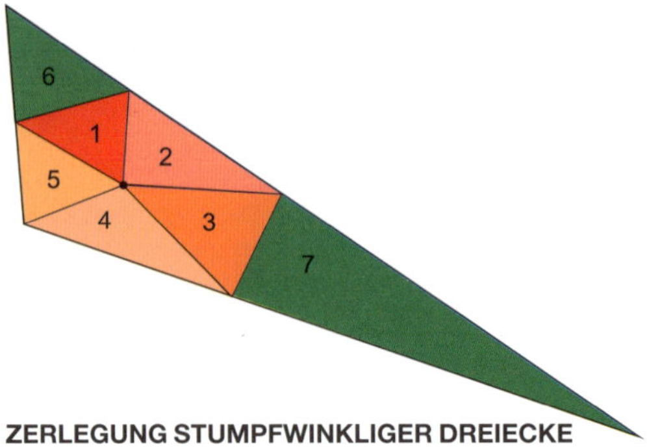


**ZERLEGUNG STUMPFWINKLIGER DREIECKE**

Zur Lösung des Rätsels wenden wir den genialen Beweis von Wallace Manheimer an, publiziert im Magazin American Mathematical Monthly. Der Beweis folgt der Logik, dass das stumpfwinklige Dreieck durch eine Linie geteilt werden muss, die nicht bis zur gegenüberliegenden Seite reichen darf, weil sie sonst ein anderes stumpfwinkliges Dreieck bilden würde (oder zwei rechtwinklige). Damit erhalten wir aber nicht die kleinste Anzahl spitzwinkliger Dreiecke. Daraus folgt, dass die Linie, die das stumpfwinklige Dreieck teilt, an einem Punkt innerhalb des Dreiecks enden muss. An diesem Punkt müssen sich mindestens fünf Linien treffen, um die Ecken der spitzwinkligen Dreiecke zu bilden. Das Ergebnis ist ein innenliegendes Fünfeck mit fünf Dreiecken. Insgesamt ergibt dies, wie gezeigt, eine Mindestanzahl von sieben Dreiecken

## 018

**ZERLEGUNG GLEICHSEITIGER DREIECKE**
**Unvollkommene Dreiecke**

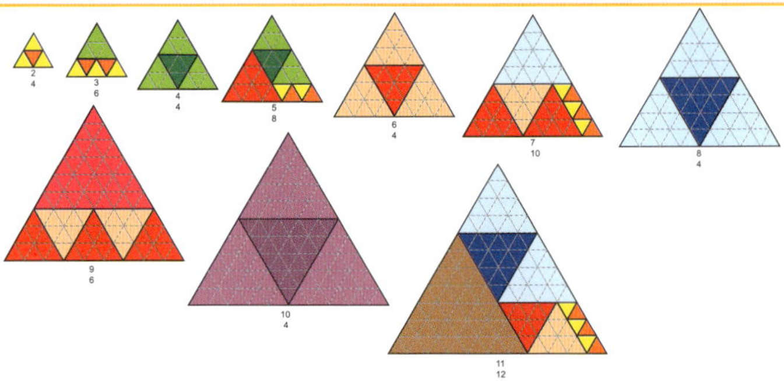

## 024

**GEFALTETE WÜRFEL**

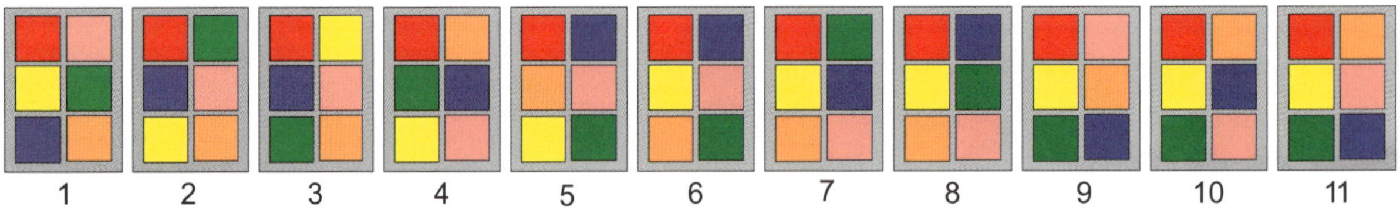

## 019

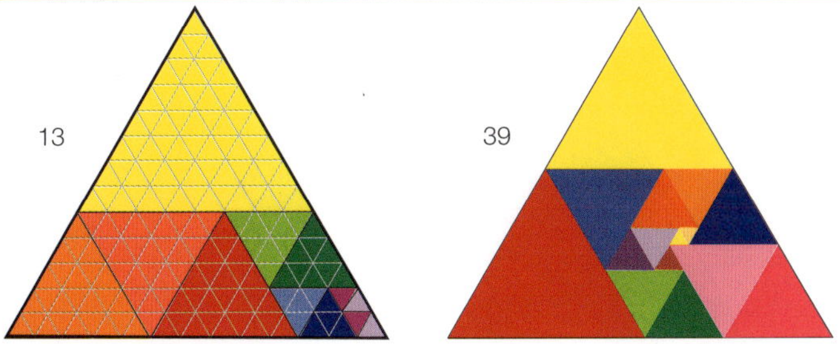


### MPERFECT TRIANGLE 13

Das 13-Dreieck kann in 12 kleinere gleichseitige Dreiecke zerlegt werden.

### DAS „PERFEKTE" GLEICHSEITIGE DREIECK VON TUTTE

Fünfzehn Dreiecke – fünf Paare von gleich großen Dreiecken, jedes Paar aber in unterschiedlicher Ausrichtung. Wenn unterschiedliche Ausrichtung als „verschieden" gelten soll, ist dies eine „perfekte" Zerlegung.

### ZERLEGUNG GLEICHSEITIGER DREIECKE

**„Perfektes" Dreieck von Tutte**

Ist eine „perfekte" Zerlegung eines gleichseitigen Dreiecks möglich, d.h., kann es in eine möglichst geringe Anzahl unterschiedlich großer Dreiecke zerlegt werden, wie wir das bei den perfekten Quadraten gesehen haben?

W.T. Tutte und seine Kollegen konnten beweisen, dass ein gleichseitiges Dreieck nicht perfekt sein und nicht in gleichseitige Dreiecke verschiedener Größen (unabhängig von der Ausrichtung) zerlegt werden kann. Mindestens zwei Dreiecke haben dieselbe Größe und dieselbe Ausrichtung. Wenn man allerdings zwei verschiedene Ausrichtungen – Spitze nach oben oder Spitze nach unten – als verschieden ansehen will, da die Dreiecke nicht kongruent sind, obwohl ihre Fläche dieselbe ist, gibt es eine Lösung, ein „quasi-perfektes" Dreieck. Ein solches fand Tutte, es hat eine Seitenlänge von 39, und die Dreiecke sind verschieden, wenn unterschiedliche Ausrichtung als „verschieden" gilt. In diesem Sinne entspricht es Duijvestijns kleinstem perfekten Quadrat.

## 021

### MAGISCHE STIFTE

Es sieht nur so aus, als ob der Stift gleich links vom oberen Stift von Blau nach Rot gewechselt hätte. Doch wie Sie ja wissen, haben wir die Stifte um drei Positionen gedreht. Deshalb wurde aus dem kurzen blauen Stift rechts der rote kurze Stift, der sich jetzt links unten im Bild befindet.

## 023

### WÜRFEL-HEXOMINOS

| | | | | | | | | | | |
|---|---|---|---|---|---|---|---|---|---|---|
| 2 | 7 | 13 | 14 | 16 | 18 | 21 | 22 | 30 | 33 | 35 |

## 020

### DAS VERSCHWINDENDE GESICHT

Wenn Sie das Bild entlang der schwarzen Linie in zwei Teile schneiden und mit dem unteren Teil ein Gesicht nach rechts rutschen, verschwindet eines der Gesichter – anscheinend. Nach eingehender Prüfung werden Sie feststellen, dass alle Gesichter noch da sind. Das Geheimnis besteht, wie gesagt, darin, dass die Länge der Gesichter von links nach rechts zunimmt.

## 022

### PACKING TROMINO CHESSBOARD

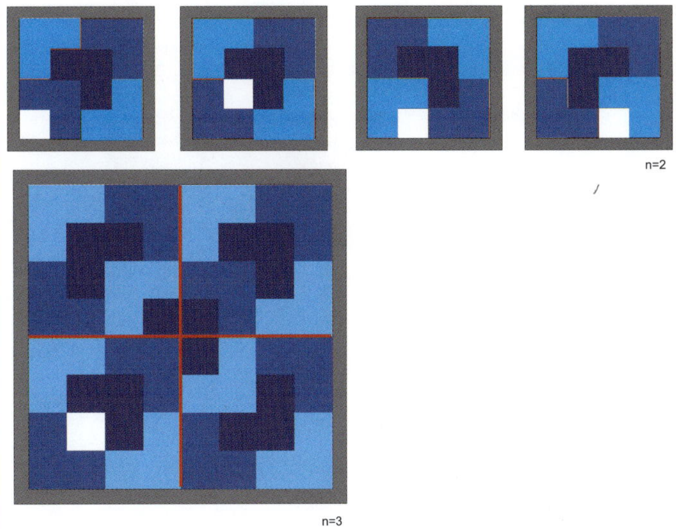


## 025

### POLYOMINO-TREPPE

**Das Rätsel**

Wenn Sie systematisch vorgehen, werden Sie 32 verschiedene Figuren legen können.

## 027

### ÜBERLAPPENDE MOSAIKEN

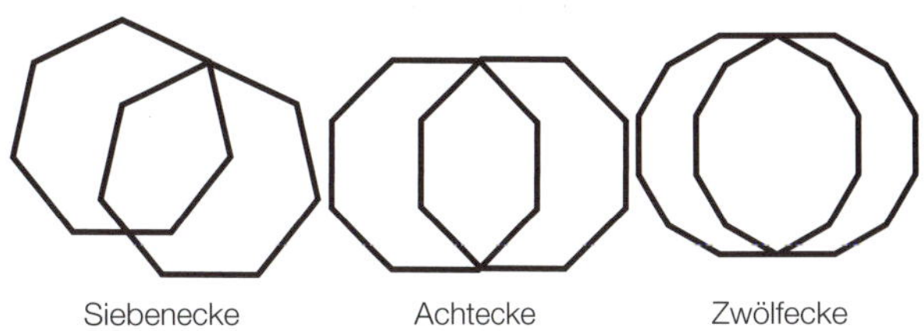

## 026

### POLYOMINO-SPIRALEN

1. Es gibt viele Lösungen, zwei davon zeigt die Abbildung.
2. Nachdem das kleinste Quadrat aus den ersten acht Polyominos aufgebaut ist (das ja das kleinste 2x3-Rechteck einschließt), ist das nächste Rechteck eines mit den Seiten 14x16, bestehend aus 20 aufeinanderfolgenden Polyominos (siehe weiße Umrandungen). Das Rechteck hat eine Fläche von 210 Flächeneinheiten (die 20. Dreieckszahl, die die Summe der ersten 20 Ganzzahlen ist).
3. Das nächste Quadrat hat die Größe 35x35 und besteht aus den ersten 49 aufeinanderfolgenden Polyominos. Seine Fläche beträgt 1225 Flächeneinheiten (die 49. Dreieckszahl, die die Summe der ersten 49 Ganzzahlen ist).
4. Der Aufbau einer Polyomino-Spirale auf diesem Raster lässt sich unendlich fortsetzen, wie es die über 49 hinausgehenden Polyominos (50, 51 etc.) in der Abbildung demonstrieren.

## 031

### POLYGONALZAHLEN

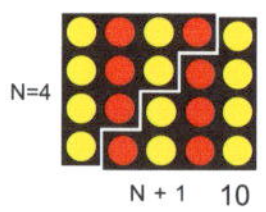


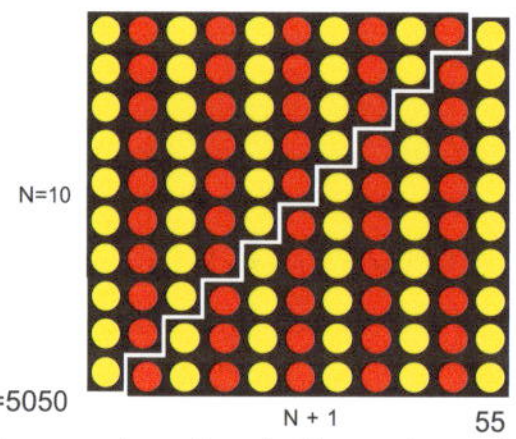


#### Zahlen als Muster

Wenn Sie die Punkte zählen wollten, die die ersten 100 aufeinanderfolgenden Zahlen repräsentieren, würde das ziemlich lange dauern.

1/2 x (N + 1) x N

1/2 x (100 + 1) x 100 =5050

Gauß wendete die dargestellte antike Methode an, eine simple Formel, und erzielte das Resultat in kürzester Zeit.

## 028

### MOSAIKEN

Es gibt drei regelmäßige Mosaiken. Die unendliche Fläche lässt sich nur mit gleichseitigen Dreiecken, Quadraten und Sechsecken lückenlos bedecken.

## 029

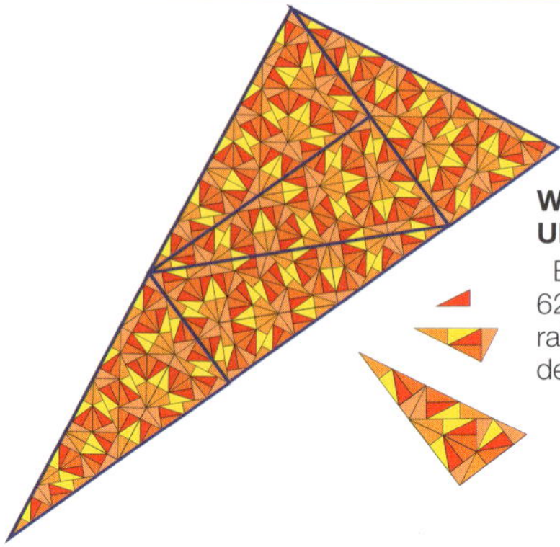

### WINDRÄDCHEN-DREIECKE UND SUPERKACHELN

Ein Windrädchen-Dreieck der 625. Ordnung mit fünf eingerahmten Windrädchen-Dreiecken der 125. Ordnung.

## 030

1 + 2 + 3 + 4 + 5 + ...........50 + 51 ........... 96 + 97 + 98 + 99 + 100

$\frac{100 \times 101}{2} = \frac{10,100}{2} = 5,050 \qquad \frac{n \times (n + 1)}{2}$

### DER KLEINE GAUSS – GAUSSSCHE SUMMENFORMEL

Gauß brauchte nur ein paar Sekunden, um das versteckte Muster zu entdecken Es handelt sich ganz einfach um 50 Additionen mit der Summe 101, und Gauß kam im Handumdrehen zu dem Ergebnis 5.050 - ganz ohne Taschenrechner oder Papie und Stift. Die Gaußsche Summenformel 1+2+3+... + n = n(n+1)/2 lässt sich auf jede Zahl „n" anwenden.

Interessant dabei ist, dass diese allgemeine Formel gleichzeitig auch die Formel fü Dreieckszahlen ist. Das Beispiel zeigt auf geniale Weise, wie ein Blick „hinter" die gestellte Aufgabe es uns ermöglicht, eine alternative und elegantere Methode zu finder als das stumpfsinnige Addieren von Zahlen.

Babylonische Keilschrifttafeln belegen, dass die Formel zur Ableitung vor Dreieckszahlen schon seit der Antike bekannt ist. Für jede Zahl „n" lässt sich die Dreieckszahl (oder die Summe der ersten „n" Ganzzahlen) mit n(n+1)/2 berechnen was genau der Formel entspricht, die Gauß für n = 100 verwendet hat.

## 032

### TETRAKTYS UND KOMBINATORIK

Es gibt 10! unterschiedliche Arten, die 10 Objekte zu platzieren. Allerdings sieht das Dreieck, wenn man es in eine andere der drei möglichen Positionen rotiert oder es umdreht, immer gleich aus. Deshalb lassen sich die Zahlen der Tetraktys auf 10! geteilt durch (2 x 3) verschiedene Arten platzieren, das macht insgesamt 604.800 Positionen Vergessen Sie nicht das Zeichen '!'. 10! bedeutet 10 Fakultät, d.h 10x9x8x7x6x5x4x3x2x1 = 3.628.800.

## 033

### POLYGONALZAHLEN

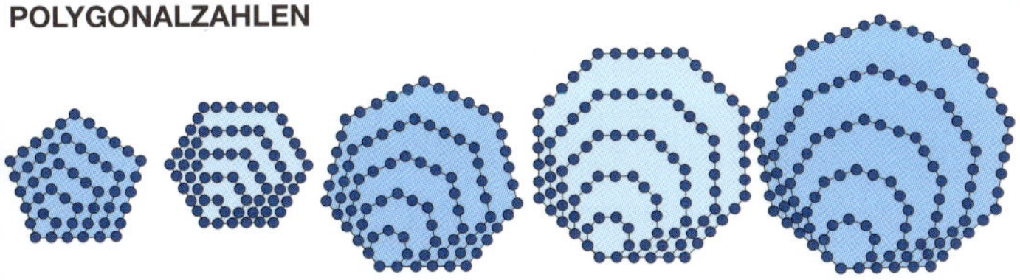

Sechste Fünfeckszahl 51 · Sechste Sechseckszahl 66 · Sechste Siebeneckszahl 81 · Sechste Achteckszahl 96 · Sechste Neuneckszahl 111

## 034

### AUFEINANDERFOLGENDE GANZZAHLEN

Wir wissen, dass Dreieckszahlen der Summe von „n" natürlichen Zahlen (1, 2, 3, 4, 5, 6 …) entsprechen. Alle, bei denen es nicht möglich ist, sind Zweierpotenzen.

1 =
2 = not possible
3 = 1 + 2
4 = not possible
5 = 2 + 3
6 = 1 + 2 + 3
7 = 3 + 4
8 = not possible
9 = 4 + 5
10 = 1 + 2 + 3 = 4
11 = 5 + 6
12 = 3 + 4 + 5
13 = 6 + 7
14 = 2 + 3 +4 + 5
15 = 4 + 5 + 6
16 = not possible
17 = 8 + 9
18 = 5 + 6 + 7
19 = 9 + 10
20 = 2 + 3 + 4 + 5 + 6
21 = 1 + 2 + 3 + 4 + 5 + 6
22 = 4 + 5 + 6 + 7
23 = 11 + 12
24 = 7 + 8 + 9
25 = 12 + 13
26 = 5 + 6 + 7 = 8
27 = 8 + 9 + 10
28 = 1 + 2 + 3 + 4 + 5 + 6 + 7
29 = 14 + 15
30 = 4 + 5 = 6 + 7 + 8
31 = 15 + 16
32 = not possible
33 = 10 + 11 + 12
34 = 7 + 8 + 9
35 = 17 + 18
36 = 1 + 2 + 3 + 4 + 5 + 6 + 7 + 8
37 = 18 + 19
38 = 8 + 9 +10 + 11
39 = 19 + 20
40 = 6 +7 + 8 + 9 + 10
41 = 20 + 21

## 035

### UNIQUE NUMBERS

Jede Kategorie (dreistellige, vierstellige… Zahlen) hat eine einzige Unique Number – d.h., dass die Unique Number für alle dreistelligen Zahlen dieselbe ist, und das Gleiche gilt für die Unique Number aller vierstelligen Zahlen usw. Sie müssen also nur fünf Berechnungen anstellen, um meine Frage zu beantworten.

| | |
|---|---|
| 123 | 198 |
| 234 | 198 |
| 345 | 198 |
| 456 | 198 |
| 567 | 198 |
| 678 | 198 |
| 789 | 198 |

**Dreistellig**

| | |
|---|---|
| 1234 | 3087 |
| 2345 | 3087 |
| 3456 | 3087 |
| 4567 | 3087 |
| 5678 | 3087 |
| 6789 | 3087 |

**Vierstellig**

| | |
|---|---|
| 12345 | 41976 |
| 23456 | 41976 |
| 34567 | 41976 |
| 45678 | 41976 |
| 56789 | 41976 |

**Fünfstellig**

| | |
|---|---|
| 123456 | 530865 |
| 234567 | 530865 |
| 345678 | 530865 |
| 456789 | 530865 |

**Sechsstellig**

| | |
|---|---|
| 1234567 | 6419754 |
| 2345678 | 6419754 |
| 3456789 | 6419754 |

**Siebenstellig**

## 036

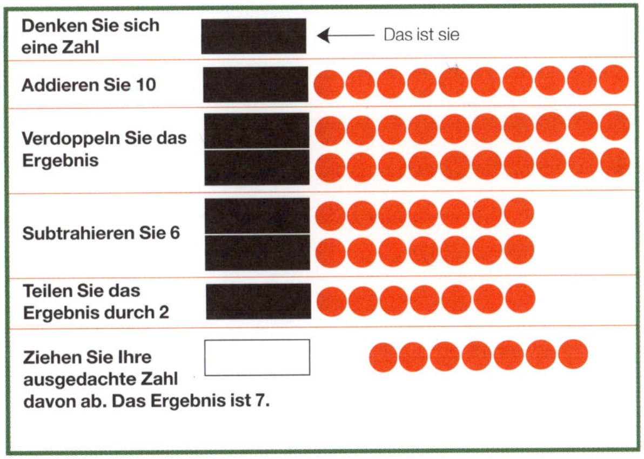


### DENKEN SIE SICH EINE ZAHL …

Schon im alten Ägypten gingen die Mathematiker mit ausgedachten unbekannten Zahlen um, die sie „Menge" nannten. Wir bedienen uns dieses Konzepts, und statt uns auf den Wert unserer Zahl zu konzentrieren, betrachten wir sie als „Menge" (schwarze Box). Wenn Sie nun den Anweisungen folgen, zeigt sich das verblüffend einfache Geheimnis hinter dem Trick.

Immer wenn Sie es mit einer Zahl zu tun haben, dessen Wert Sie nicht kennen, gilt:

1. Sie befinden sich im Bereich der Algebra, wo die „Menge" durch eine Variable, etwa „x", ausgedrückt wird.
2. Statt das Spielchen mit allen möglichen Zahlen auszuprobieren, finden Sie eine allgemeine mathematische Interpretation, die die generelle Gültigkeit des Tricks beweist.

So sieht die mathematische Auflösung aus:

$$\frac{2(x+10)-6}{2} - x$$

$$= \frac{2x + 20 - 6}{2} - x$$

$$= \frac{2x + 14}{2} - x$$

$$= x + 7 - x = 7]$$

Häufig lässt sich die Logik komplizierter algebraischer Beweise, wie ganz allgemein in der Mathematik, mithilfe geometrischer Abbildungen veranschaulichen und auf einen Blick erschließen.

## 037

### DENKEN SIE SICH – NOCH EINMAL – EINE ZAHL …!

Haben Sie sich einen Koala ausgedacht, der in Dänemark einen Apfel frisst?

Land = Dänemark / Letzter Buchstabe = K / Tier = Koala

Letzter Buchstabe = A / Frucht = Apfel

## 039

### TELEPATHISCHE ZAHLENMAGIE

Egal, welche zweistellige Zahl Sie wählen, das Ergebnis ist immer ein Vielfaches von 9, das, wie gezeigt, zu den blauen Zahlen gehört. Aber warum ist das so? Nehmen wir an, Sie wählen eine Zahl wie 10A+B, wobei A die Zahl der Zehnerstelle und B die Zahl der Einerstelle ist. Wir sollen nun die Summe der Ziffern, also A + B, subtrahieren. Das ergibt (10A + B) – A – B = 9A. Und das ist – immer – ein Vielfaches von 9!

Wenn Sie 21 wählen, gilt (10x2 +1=21) – 2 – 1 = 9x2 = 18. Nehmen wir 49, gilt (10x4+9=49) – 4-9 = 36. In beiden Fällen, 18 und 36, ist das Ergebnis ein Vielfaches von 9.

## 038

### DIE MAGISCHE ZAHL 1089

Warum ist das Ergebnis immer 1089?

Dazu tauchen wir ein wenig in die Algebra ein, aber keine Angst, es ist nur halb so schlimm!

Wir wollen die Zahl einmal als ABC ausdrücken. Wir drehen die Ziffern um und erhalten CBA. Merken Sie sich aber, dass A die Hunderter, B die Zehner und C die Einer repräsentiert.

Ziehen Sie CBA von ABC folgendermaßen ab:

| Hunderter | Zehner | Einer |
|---|---|---|
| A | B | C |
| C | B | A |

An dieser Stelle kommt der Trick: Subtrahieren Sie einen Hunderter und addieren Sie 9 Zehner und 10 Einer (-100, +90, +10 = 0):

| Hunderter | Zehner | Einer |
|---|---|---|
| A-1 | B+9 | 10+C |
| - | | |
| C | B | A |
| = | | |
| A-1-C | 9 | 10+C-A |

Letzter Schritt: Drehen Sie das Ergebnis um und addieren Sie die zwei Zahlen.

| | | |
|---|---|---|
| A-1-C | 9 | 10+C-A |
| + | | |
| 10+C-A | 9 | A-1-C |
| = | | |
| 9 | 18 | 9 |

Das ergibt 9 Hunderter, 18 Zehner und 9 Einer, was 10 Hundertern, 8 Zehnern und 9 Einern entspricht, d.h. 1089.

Wie vorausgesagt, lautet die Zahl also immer 1089.

## 040

### OHRRINGE

900 Ohrringe werden auf der Party getragen. Wir nehmen einfach an, dass jede Frau, die zwei Ohrringe trägt, einen davon einer Frau gibt, die keinen Ohrring trägt. Dann würde jede Frau genau einen Ohrring tragen, es muss also insgesamt 900 Ohrringe auf der Party geben.

## 041

### DAS 5-ER-PARADOX

Von den ersten 1000 Zahlen weisen 271 die Ziffer 5 auf, das sind etwa 27 Prozent.

Erstaunlicherweise enthalten 99 Prozent der Zahlen bis ($10^{64}$) die Ziffer 5. Wir könnten also auf den Gedanken kommen, dass in fast allen Zahlen die Ziffer 5 vorkommt.

Aber es hat keine besondere Bewandtnis mit der Zahl 5. Denn für jede Zahl, die eine 5 enthält, gibt es eine entsprechende Zahl mit einer 8 an derselben Position (ebenso 9,7,6,4,3,2,1). Wenn wir also bis zu einer sehr hohen Zahl zählen, enthalten fast alle der gezählten Zahlen alle Ziffern!

Das mag alles etwas merkwürdig klingen, denn unser Verstand wie auch unsere Intuition sagt uns etwas anderes, aber das gezeigte Diagramm hilft uns ein wenig über unser ungläubiges Staunen hinweg.

## 042

### ZIFFERNADDITION NACH KAPREKAR

Ziehen Sie die erste Zahl (Erzeugerzahl) von der letzten Ihrer Ziffernadditionsfolge ab und fügen Sie dann die Summe der Ziffern Ihrer letzten Zahl hinzu.

In unserem Beispiel heißt das: Subtrahieren Sie die erste Zahl 23 von der letzten Zahl 115 und addieren Sie die Summe aus den Ziffern der letzten Zahl (1+1+5=7)

115
-23
92
+7
99

99 ist die Summe aller Ziffern der partiellen Ziffernadditions-Reihe.

23 +28, 38, 49, 62, 70, 77, 91, 101, 103, 107, 115

5 +10 + 11 + 13 + 8 + 7 + 14 + 10 + 2 + 4 + 8 + 7 = 99

Kaprekar kommentierte diese interessante Beziehung mit dem Ausruf: „Was für eine wunderbare Entdeckung!"

## 043

### DIE KAPREKAR-KONSTANTE

Sehen Sie sich die Ergebnisse der Rechnungen auf der rechten Seite an. Sie lauten allesamt 6174. Ist das nicht wunderbar?

Das Berechnungsverfahren nennt man „Kaprekar-Algorithmus" oder „umgekehrtes Subtraktionsverfahren". Wenn Sie das Verfahren mit beliebigen vierstelligen Zahlen durchführen, erhalten Sie immer die Zahl 6174. Sie wird Kaprekar-Konstante genannt und gilt für alle vierstelligen Zahlen. Es sind nie mehr als sieben Schritte notwendig, um die Konstante der Reihe zu ermitteln.

Übrigens: Auch zweistellige und dreistellige Zahlen haben „Kaprekar-Konstanten". Für zweistellige heißen die Konstanten 9, 81, 63, 27 und 45, eine zyklische Zahlenreihe. Für dreistellige Zahlen ist die Konstante 495.

**1746**
7641
-1467
6174

**2435**
5432
-2345
3087

8730
-0378
8352

8532
-2358
6174

**5644**
6544
-4456
2088

8820
-0288
8532

8532
-2358
6174

**7652**
7652
-2567
5085

8550
-0558
7992

9972
-2799
7173

7731
-1377
6354

6543
-3456
3087

8730
-0378
8352

8532
-2358
6174

**1426**
6421
-1246
5175

7551
-1557
5994

9954
-4599
5355

5553
-3555
1998

9981
-1899
8082

8820
-0288
8532

8532
-2358
6174

## 044

### COLLATZ-PROBLEM ODER HAGELSCHLAG-ZAHLEN

Mit 7 als Startzahl steigt und fällt die Reihe bis 52, ur dann wieder bis zum Zyklus 1, 4, 2...abzufallen:

7-22-11-34-17-52-26-13-40-20-10-5-16-8-4-2-1 4-2-

Keine der Startzahlen von 1 bis 26 überleben lange erst die Zahl 27 zeigt eine imposante Berg- und Talfahr Hinauf bis 9.232, dann beim 77. Schritt wieder hinunte bis sie schließlich im 111. Schritt im Zyklus 1,4,2.. kollabiert.

Der Physiker Malcolm E. Lines erwähnt in seinem Buc *Think of a Number,* dass an der Universität von Toky alle Zahlen bis zu einer Billion (1.000.000.000.000 getestet wurden und jede Sequenz im Zyklus 1, 4, 2.. kollabierte.

## 045

### ZAHLENPALINDROME

Es tut mir leid, wenn ich Ihnen jetzt viel Mühe gemach habe mit dem Versuch, mit der Startzahl 89 ein Palindrom zu erzeugen. Martin Gardner glaubte, dass von den erster 10.000 Zahlen nur 251 nach weniger als 23 Schritten nich in einem Zahlenpalindrom enden. Mathematiker ver muteten, dass *alle* Zahlen irgendwann ein Palindrom bilden, aber das hat sich als falsch erwiesen.

1984 konnte Fred Gruenberger zeigen, dass unter der ersten 100.000 Zahlen 5.996 Zahlen nie ein Palindrom erzeugen. Die erste davon ist die Zahl 196.

89
98
187
781
968
869
1837
7381
9218
8129
17347
74371
91718
81719
173437
734371
907808
808709
1716517
7156171
8872688
8862788
17735476
67453771
85189247
74298158
159487405
504784951
664272466
653272466
1317544822
2284457131
3602001953
3591002063
7193004016
6104003917
13297007933
33970079231
47267087164
46178076274
93445163438
83436154439
176881317877
778713188671
955594506548
845605495559
1801200002107
701200002108

**Endlich ein Palindrom! 8813200023188**

## 046

### SOLDATENAUFSTELLUNG 1

Die Anzahl Soldaten plus General muss eine Quadratzahl sein. Die kleinste Zahl von Soldaten in jeder Gruppe muss 9 sein, damit man die erste für ein 10x10-Quadrat von Soldaten erforderliche Quadratzahl erhält, wie im Bild gezeigt (rechts).

### SOLDATENAUFSTELLUNG 2

Die richtige Aufstellung sehen Sie im Bild unten.

## 047

### HOTEL UNENDLICH

Der Hotelmanager verlegt jeden Gast in ein Zimmer, dessen Zimmernummer doppelt so hoch ist wie die des Zimmers, das der Gast verlässt. Dadurch werden unendlich viele Zimmer frei, die unendlich viele neue Gäste aufnehmen können.

## 049

### PFADE DURCH QUADRATGITTER

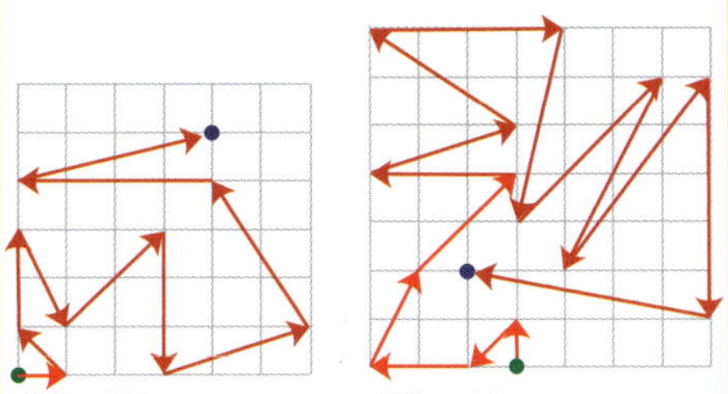

**Rätsel 5**
6 Quadrate – 10 Schritte

**Rätsel 6**
7 Quadrate – 15 Schritte

## 048

| | | | | | |
|---|---|---|---|---|---|
| 1 | ■ | 5 | 6 | 6 | ■ |
| ■ | 1 | 4 | 5 | 5 | ■ |
| 1 | 2 | 3 | 4 | 4 | ■ |
| ■ | ■ | 1 | ■ | 3 | 4 |
| 1 | 1 | ■ | 1 | 2 | 5 |
| ■ | 2 | 3 | 2 | ■ | 6 |

6 Generationen

| | | | | | | | | |
|---|---|---|---|---|---|---|---|---|
| ■ | 1 | 2 | 3 | 4 | 5 | 6 | 7 | 8 |
| 1 | ■ | 1 | 2 | 3 | 4 | 5 | ■ | 7 |
| 2 | 1 | ■ | 1 | 2 | 3 | 4 | 5 | 6 |
| 3 | 2 | 1 | ■ | 1 | 2 | 3 | 4 | ■ |
| 4 | 3 | 2 | 1 | ■ | 1 | 2 | 5 | 6 |
| 5 | 4 | 3 | 2 | 1 | ■ | 1 | 6 | 7 |

8 Generationen

| | | | | | | | | | | | |
|---|---|---|---|---|---|---|---|---|---|---|---|
| ■ | 9 | 10 | 11 | 12 | 13 | 14 | 15 | 16 | 17 | 18 | 19 |
| 8 | 7 | 6 | 5 | ■ | 5 | 6 | 7 | 8 | 9 | 10 | 11 |
| 7 | 6 | 5 | 4 | 3 | 4 | 5 | 6 | 5 | 1 | ■ | 8 |
| 6 | 5 | 4 | 3 | 2 | ■ | 2 | 3 | 4 | ■ | 1 | 7 |
| 4 | 3 | 2 | ■ | 1 | ■ | 1 | 2 | 3 | 4 | 5 | 6 |
| 3 | 2 | 1 | ■ | 2 | 1 | ■ | 1 | 2 | 5 | 6 | ■ |
| 2 | 1 | ■ | 1 | 3 | 2 | 1 | ■ | 1 | 6 | 7 | 8 |
| 1 | ■ | 1 | 2 | 4 | 3 | 2 | 1 | ■ | 7 | 8 | 9 |
| ■ | 1 | 2 | 3 | 5 | 6 | 7 | 8 | 9 | 10 | 11 | 12 |

19 Generationen

| | | | | | | | | | |
|---|---|---|---|---|---|---|---|---|---|
| ■ | 9 | 10 | 11 | 12 | 13 | 14 | 15 | 16 | 17 |
| 1 | 8 | 9 | 10 | 11 | 12 | 13 | 14 | 15 | 16 |
| ■ | 7 | 8 | 9 | 10 | 11 | 12 | 13 | 14 | 15 |
| 1 | 6 | 7 | 8 | 9 | 10 | 11 | 12 | 13 | 14 |
| ■ | 5 | 6 | 7 | 8 | 9 | 10 | 11 | 12 | 13 |
| 1 | 4 | 5 | 6 | 7 | 8 | 9 | 10 | 11 | 12 |
| ■ | 3 | 4 | 5 | 6 | 7 | 8 | 9 | 10 | 11 |
| 1 | 2 | 3 | 4 | 5 | 6 | 7 | 8 | 9 | 10 |
| ■ | 1 | 2 | 3 | 4 | 5 | 6 | 7 | 8 | 9 |
| 1 | ■ | 1 | ■ | 1 | ■ | 1 | ■ | 1 | ■ |

### ZELLEN-INFEKTION „INFIZIERTES" SCHACHBRETT

Das Brett ist mit 17 Generationen infizierter Zellen ausgefüllt. Finden Sie ein Ursprungsmuster, das wesentlich mehr Generationen braucht, um das ganze Brett zu infizieren?

Auf jedem quadratischen Brett mit der Seitenlänge n müssen am Anfang mindestens n schwarze Zellen vorhanden sein, um das Brett vollständig zu infizieren. Ein rechteckiges Brett mit den Seiten a x b braucht am Anfang mindestens (a + b)/2 schwarze Zellen, um das Brett ganz zu infizieren.

## 050

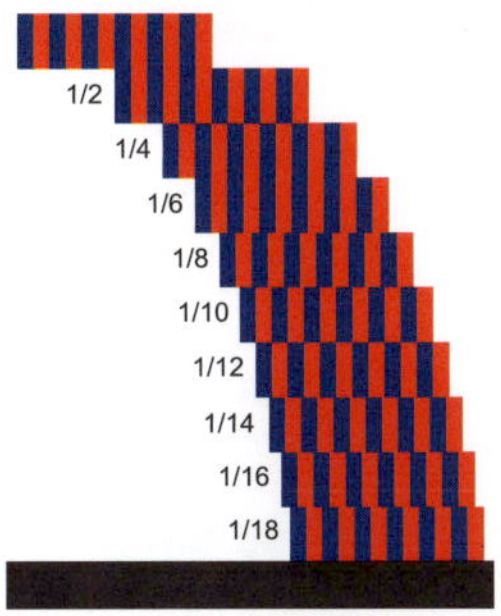


### PARADOX DES UNENDLICHEN ÜBERHANGS

Erstaunlicherweise lautet die Antwort: Der Überhang kann unendlich groß werden. Das klingt fast unglaublich. Wenn Sie den obersten Block so auf dem Reststapel verschieben, dass die Balance gerade gehalten wird, liegt das Schwerkraftzentrum genau über dem Rand des unteren Blocks. Jedes Mal, wenn ein Block verschoben wird, muss der Schwerpunkt eines neuen Stapels gefunden werden, bestehend aus dem Block, der verschoben wird, plus den Blöcken oberhalb. Die Ränder jedes Blocks dienen als Stütze für alle oberhalb liegenden Blöcke.

Wenn Sie die Schwerkraftzentren der Blöcke während des Aufbaus des Stapels betrachten, sehen Sie, dass der Überhang des ersten Blocks über den zweiten eine halbe Blocklänge beträgt, der Überhang der zwei obersten Blöcke nur noch ein Viertel der Blocklänge, und der Überhang der obersten drei Blöcke nur noch ein Sechstel der Blocklänge, usw.

Bei einem unendlichen Vorrat an Blöcken entspricht der Überhang der folgenden Zahlenreihe, hier für unseren 10-Block-Stapel:

**1/2 + 1/4 + 1/6 + 1/8 + 1/10 + 1/12 + 1/14 + 1/16 + 1/18……..**

Es handelt sich dabei um eine *harmonische Zahlenreihe.* Die Reihe divergiert sehr langsam, deshalb braucht man für einen kleinen Überhang schon verhältnismäßig viele Blöcke. Bei einem Stapel von 52 Spielkarten beträgt der maximale Überhang etwa 2,25 Kartenlängen.

## 053

### PRIMZAHLENMUSTER

Statt die genaue Position der jeweils nächsten Primzahl bestimmen zu wollen, versuchte Gauß zunächst einmal vorauszuberechnen, wie viele Primzahlen es in den ersten 10, dann ersten 100, 200, 300 usw. Zahlen gibt.

Gauß sah sich an, in welcher Beziehung die Primzahlen zueinander stehen. Da erkannte er ein Muster, das trotz der scheinbaren Zufälligkeit des Auftretens der Primzahlen Regelmäßigkeiten aufwies. So liegen bei den Zahlen von 1 bis 100 durchschnittlich 4 Zahlen zwischen zwei Primzahlen. Ab der Zahl 10.000 scheint dieser Abstand bei jeder weiteren Dezimalstelle, die hinzukommt, durchschnittlich um den Faktor 2,3 zu steigen.

Diese Verbindung zwischen Multiplikation und Addition ist eine für Logarithmen typische Beziehung. Gauß entdeckte eine Möglichkeit, wie er Primzahlen herausfinden konnte. Er nutzte Logarithmen zur Basis der besonderen Zahl „e" (2,718), die sich als ebenso bedeutsam für die Mathematik herausstellte wie die Zahl Pi. Logarithmen zur Basis „e" werden auch natürliche Logarithmen genannt.

Gauß entdeckte also eine Art Muster bei den Primzahlen, obwohl die Zahlen selbst so zufällig auftreten. Mit dieser Entdeckung, die auch als Gaußsche Vermutung bekannt ist, war man bei der Erforschung der Primzahlen einen wichtigen Schritt weitergekommen. Spätere Generationen von Mathematikern konnten beweisen, dass der prozentuale Irrtum zwischen Gaußscher Vermutung und tatsächlicher Primzahlverteilung mit höher werden Zahlen immer kleiner wird.

## 051

### HOLZWURM IM WÜRFEL

Der Holzwurm hat am Ende 41,8 Prozent des Würfelvolumens verspeist. Dazu hat er 418 Schritte gemacht. Finden Sie eine bessere Lösung?

## 052

### PRIMZAHLEN

Verteilung der Primzahlen bis 1000

| | | |
|---|---|---|
| 100 | 2-3-5-7-11-13-17-19-23-29-31-37-41-43-47-53-59-61-67-71-73-79-83-89-97- | 25 Primz. |
| 200 | 101-103-107-109-113-127-131-137-139-149-151-157-163-167-173-179-181-191-193-197-199 | 21 Primz. |
| 300 | 211-223-227-229-233-239-241-251-257-263-269-271-277-281-283-293- | 16 Primz. |
| 400 | 307-311-313-317-331-337-347-349-353-359-367-373-379-383-389-397- | 16 Primz. |
| 500 | 401-409-419-421-431-433-439-443-449-457-461-463-467-479-487-491-499- | 17 Primz. |
| 600 | 503-509-521-523-541-547-557-563-569-571-577-587-593-599- | 14 Primz. |
| 700 | 601-607-613-617-619-631-641-643-647-653-659-661-673-677-683-691- | 16 Primz. |
| 800 | 701-709-719-727-733-739-743-751-757-761-769-773-787-797- | 14 Primz. |
| 900 | 809-811-821-823-827-829-839-853-857-859-863-877-881-883-887- | 15 Primz. |
| 1000 | 907-911-919-929-937-941-947-953-967-971-977-983-991-997- | 14 Primz. |
| LISTE DER PRIMZAHLEN UNTER 1000 | Insgesamt | 168 Primz. |

## 054

### PRIMZAHLEN-TREPPE

Gemäß der Goldbachschen Vermutung kann jede gerade Zahl, die größer als 2 ist, als Summe zweier Primzahlen geschrieben werden. Mithilfe unserer Primzahlen-Treppe lassen sich alle geraden Zahlen bis 446 erzeugen.

## 055

### PRIMZAHLEN-SPIRALE

| | | | | | | | | | | | | | | |
|---|---|---|---|---|---|---|---|---|---|---|---|---|---|---|
| 213 | 212 | 211 | 210 | 209 | 208 | 207 | 206 | 205 | 204 | 203 | 202 | 201 | 200 | 199 |
| 214 | 161 | 160 | 159 | 158 | 157 | 156 | 155 | 154 | 153 | 152 | 151 | 150 | 149 | 198 |
| 215 | 162 | 117 | 116 | 115 | 114 | 113 | 112 | 111 | 110 | 109 | 108 | 107 | 148 | 197 |
| 216 | 163 | 118 | 81 | 80 | 79 | 78 | 77 | 76 | 75 | 74 | 73 | 106 | 147 | 196 |
| 217 | 164 | 119 | 82 | 53 | 52 | 51 | 50 | 49 | 48 | 47 | 72 | 105 | 146 | 195 |
| 218 | 165 | 120 | 83 | 54 | 33 | 32 | 31 | 30 | 29 | 46 | 71 | 104 | 145 | 194 |
| 219 | 166 | 121 | 84 | 55 | 34 | 21 | 20 | 19 | 28 | 45 | 70 | 103 | 144 | 193 |
| 220 | 167 | 122 | 85 | 56 | 35 | 22 | 17 | 18 | 27 | 44 | 69 | 102 | 143 | 192 |
| 221 | 168 | 123 | 86 | 57 | 36 | 23 | 24 | 25 | 26 | 43 | 68 | 101 | 142 | 191 |
| 222 | 169 | 124 | 87 | 58 | 37 | 38 | 39 | 40 | 41 | 42 | 67 | 100 | 141 | 190 |
| 223 | 170 | 125 | 88 | 59 | 60 | 61 | 62 | 63 | 64 | 65 | 66 | 99 | 140 | 189 |
| 224 | 171 | 126 | 89 | 90 | 91 | 92 | 93 | 94 | 95 | 96 | 97 | 98 | 139 | 188 |
| 225 | 172 | 127 | 128 | 129 | 130 | 131 | 132 | 133 | 134 | 135 | 136 | 137 | 138 | 187 |
| 226 | 173 | 174 | 175 | 176 | 177 | 178 | 179 | 180 | 181 | 182 | 183 | 184 | 185 | 186 |
| 227 | 228 | 229 | 230 | 231 | 232 | 233 | 234 | 235 | 236 | 237 | 238 | 239 | 240 | 241 |

## 056

### BINÄRABAKUS

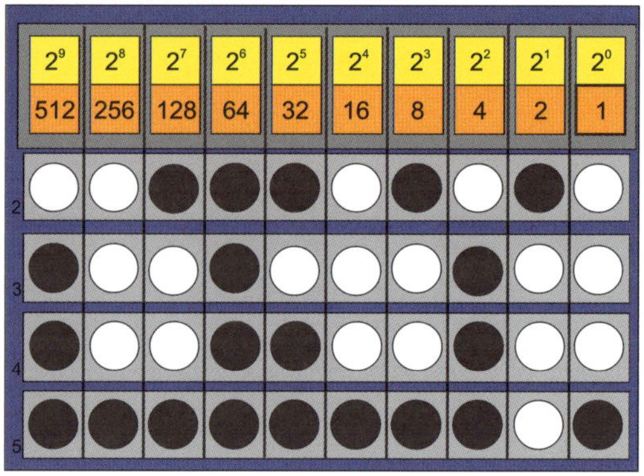


11101010 = 234

1001000100 = 580

1001100100 = 612

111111101 = 1021

## 057

### TÜRME VON HANOI

Das berühmte Geduldsspiel von Lucas kam als Spielzeug für Kinder auf den Markt und wird auch heute noch in Spielwarenläden auf der ganzen Welt verkauft. Es veranschaulicht auf geniale Weise das Prinzip einer exponentiellen geometrischen Reihe.

Um drei Scheiben zu verlagern, sind sieben Züge notwendig.

Um vier Scheiben zu verlagern, sind 15 Züge nötig, für fünf Scheiben 31 und für sechs Scheiben 63 Züge.

Allgemein ausgedrückt: Zur Verlagerung von „n" Scheiben sind $2^n - 1$ Züge nötig.

Das Babylon-Spiel erfordert hohe Konzentration, da es leicht zu falschen Zügen verführt.

Hier noch ein Tipp zur Lösungsfindung:

1-Verlagern Sie die kleinste Scheibe aus ihrem ersten Schacht zum nächsten, immer in derselben Reihenfolge, und

2- danach verlagern Sie eine beliebige Scheibe, aber nicht die kleinste. Diese Regel scheint willkürlich zu sein, aber Sie werden sehen, dass es dabei immer einen erlaubten Zug gibt – bis die Lösung plötzlich auf wundersame Weise gefunden ist (wenn auch nicht unbedingt mit der kleinstmöglichen Zahl von Zügen).

## 058

### BINÄR-RINGE

**Vier Räder:**

**Rot:** 3-Bit-Binärzahlen.

Hier gibt es nur eine Lösung. Längere Binär-Ringe werden verwendet, um Nachrichten bei der Telefonübertragung und Radaraufzeichnung zu kodieren. Sherman K. Stein, Mathematiker an der Universität von Kalifornien, nannte solche Binärstrukturen „Memory Wheels". Sie werden auch, nach der mythologischen Schlange Ouroboros, die sich selbst in den Schwanz beißt, als „Ouroboros-Ringe" bezeichnet.

**Grün:** 4-Bit-Binärzahlen. Eine Lösung in der Abbildung.

**Gelb:** 5-Bit-Binärzahlen.

**Blau:** 6-Bit-Binärzahlen.

## 059

### ZENONS PARADOXE

**Achilles und die Schildkröte**

Der Fehler in Zenons Argumentation besteht in der Annahme, dass die Summe einer unendlichen Zahl von Zahlen immer unendlich ist.

Die unendliche Summe von

**1 + 1/2 + 1/4 + 1/8 + 1/16 + 1/32 + 1/64** ... ist 2.

Dabei handelt es sich um eine ***geometrische Reihe***. (Eine ***geometrische Reihe*** ist eine Folge, die mit 1 beginnt und in der die aufeinanderfolgenden Ausdrücke jeweils das Ergebnis einer Multiplikation des vorhergehenden Ausdrucks mit einem bestimmten Wert, sagen wir x, sind, in diesem Fall 1/2. Unendliche geometrische Reihen enden in einer endlichen Zahl, wenn x kleiner 1 ist.)

Die Entfernung, die Achilles zurücklegt, und die Zeit, die er braucht, um die Schildkröte zu erreichen, können als unendliche geometrische Reihen ausgedrückt werden, in denen x kleiner 1 ist. Deshalb ist die Distanz, die Achilles zum Erreichen der Schildkröte zurücklegen muss, nicht unendlich. Dasselbe gilt auch für die Zeit, die er dazu braucht.

Nehmen wir an, Achilles gibt der Schildkröte einen Vorsprung von 10 Metern und läuft 1 Meter pro Sekunde, 10 Mal schneller als die Schildkröte. Achilles braucht 5 Sekunden für die Hälfte der Strecke. Für die halbe Reststrecke braucht er 2,5 Sekunden usw. Entsprechend der unendlichen geometrischen Reihe hat er nach endlichen 10 Sekunden die gesamte Strecke zurückgelegt. Zu diesem Zeitpunkt ist die Schildkröte um 11 Meter vorangekommen. Wir wissen, dass Achilles die Schildkröte nach 111,1 Metern von seinem Startpunkt aus überholen wird. Dazu braucht er 11 Sekunden und gewinnt damit den Wettlauf.

Zenons Paradoxe sind insofern nützlich, als man auf diesem Wege konvergierende unendliche Reihen entdeckte, die ihrerseits zur Entwicklung wichtiger mathematischer Theorien führten. Eine der wichtigsten ist die ***Grenzwerttheorie.*** Während der Renaissance lebten Paradoxe noch einmal neu auf, und es wurden mehr als 500 Sammlungen von Paradoxen veröffentlicht.

## 060

### DIE STRASSE ZUR WAHRHEIT

Fragen Sie den Mann: „Welche Straße führt zu der Stadt, aus der Sie stammen?" Kommt er aus der Stadt der Wahrheit, zeigt er auf die richtige Straße. Kommt er aus der Stadt der Lügen, wird er auf dieselbe Straße zeigen. Das interessante an dieser Frage ist, dass Sie jetzt zwar den richtigen Weg kennen, Sie wissen aber nicht, ob der Mann gelogen oder die Wahrheit gesagt hat.

### WAHRHEIT UND HOCHZEIT

Der junge Mann muss eine der beiden fragen: „Sind Sie verheiratet?" Ganz egal, welche er fragt, ein Ja bedeutet, dass Amelia verheiratet ist, während Nein bedeutet, dass Leila verheiratet ist. Fragt er Amelia, sagt sie die Wahrheit – sagt sie Ja, ist sie verheiratet, sagt sie Nein, ist sie ledig, also muss Leila verheiratet sein. Fragt er Leila, lügt sie – ein Ja bedeutet also, dass sie ledig ist und Amelia verheiratet, sagt sie Nein, ist sie verheiratet.

### WAHRHEIT, LÜGEN UND WAS DAZWISCHEN LIEGT

Stellen Sie dem Mann zweimal diese Frage: „Gehören Sie zu denen, die abwechselnd lügen und die Wahrheit sagen?" Antwortet er zweimal mit Nein, ist er einer der immer die Wahrheit sagt. Antwortet er zweimal mit Ja, ist er ein Lügner. Sagt er zuerst Ja und dann Nein, gehört er zu denen, die abwechselnd lügen und die Wahrheit sagen.

## 061

### KUCHEN, GRÜTZE UND PUDDING

Das Venn-Diagramm zeigt die Lösung sehr anschaulich.

Auf der Party sind 99 Kinder. 59 essen Grütze, 22 essen Pudding, 61 essen Kuchen. 1 Kind isst Grütze, Pudding und Kuchen, 7 essen Grütze und Pudding, 4 essen Pudding und Kuchen.

57 essen nur 1 Süßspeise. 21 Kinder essen nur Grütze, 26 essen nur Kuchen, und 10 essen nur Pudding – also gibt es kein Kind, das gar nichts isst.

## 062

### KANNIBALEN UND MISSIONARE

Es gibt 4 verschiedene Lösungen, jedes Mal sind 11 Fahrten nötig. Eine der Lösungen wird hier gezeigt.

| | | | |
|---|---|---|---|
| --------- | | CCCMMM | 0 |
| CC | CC | CMMM | 1 |
| C | C | CCMMM | 2 |
| CCC | CC | MMM | 3 |
| CC | C | CMMM | 4 |
| CCMM | MM | CM | 5 |
| CM | CM | CCMM | 6 |
| CMMM | MM | CC | 7 |
| MMM | C | CCC | 8 |
| MMMCC | CC | C | 9 |
| MMMC | C | CC | 10 |
| MMMC | CC | --------- | 11 |
| MMMCCC | | --------- | 0 |

### DREI EHEMÄNNER UND DREI EHEFRAUEN

Auch hier sind 11 Fahrten nötig.

**C** = Kannibalen
**M** = Missionare

## 063

### SOLDATEN ÜBERQUEREN EINEN FLUSS

Die 3 Soldaten brauchen 12 Überquerungen, um auf die andere Seite zu kommen. Die Jungen rudern zuerst auf die andere Seite. Dann bringt einer das Boot zurück. Ein Soldat setzt über, und der andere Junge fährt das Boot zurück. Beide Jungen überqueren den Fluss, einer kommt mit dem Boot zurück, und der zweite Soldat setzt über. Das macht 4 Überquerungen pro Soldat, zusammen 12 für 3 Soldaten. Die Lösung wird im Diagramm gezeigt.

| | | | |
|---|---|---|---|
| BB | BB | SSS | 1 |
| B | B | SSS | 2 |
| B | SB | BSS | 3 |
| S | B | BSS | 4 |
| S | BB | SS | 5 |
| SB | B | SS | 6 |
| SB | S | SB | 7 |
| SS | B | SB | 8 |
| SS | BB | S | 9 |
| SSB | B | S | 10 |
| SSB | S | B | 11 |
| SSS | B | B | 12 |

**B** = Jungen
**S** = Soldaten

## 064

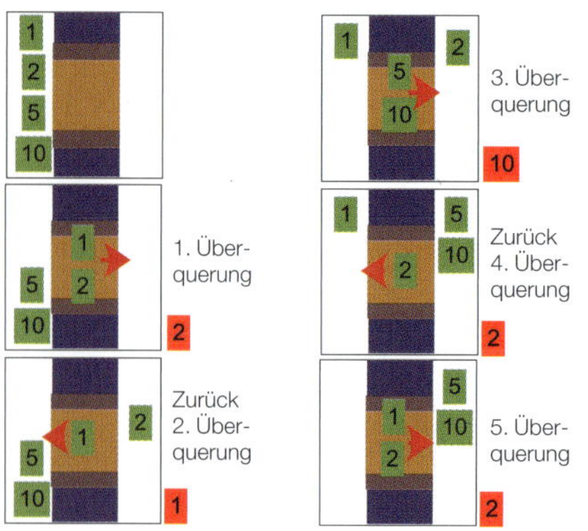


### NACHTWANDERUNG

Die 4 schaffen es ganz knapp in 17 Minuten, kurz bevor die Brücke einstürzt. Die erste Lösung sehen Sie in der Grafik. Bei der anderen Lösung geht Wanderer 2 bei der 2. Überquerung zurück.

## 065

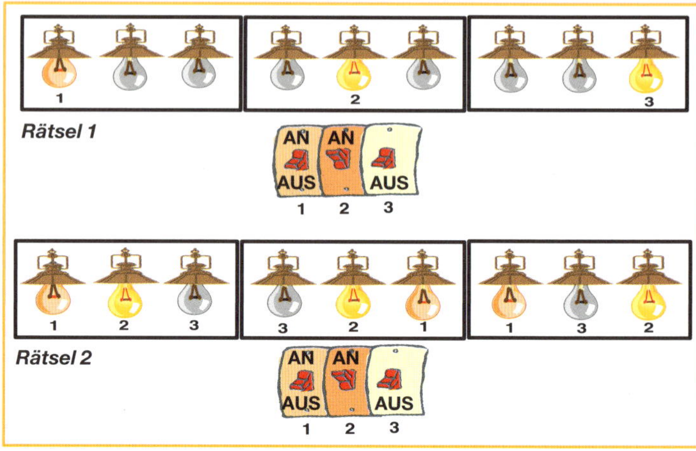


### LAMPEN AUF DEM DACHBODEN

Manche mögen behaupten, sie hätten nicht genügend Informationen, um das Problem zu lösen. Dabei betrachten sie das Problem nur zu einseitig. Der Schlüssel liegt darin, wie eine Glühbirne funktioniert: Sie produziert nicht nur Licht, sondern auch Wärme, und auch wenn sie wieder ausgeschaltet wird, bleibt sie noch eine ganze Zeitlang warm. Mit diesem Ansatz ist die Lösung ganz leicht.

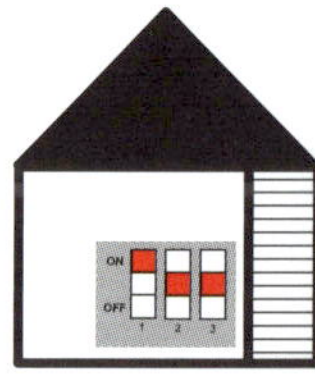

***Rätsel 1***

Betätigen Sie zuerst Schalter 1 und lassen Sie ihn ein paar Minuten auf An, damit die Glühbirne heiß wird. Schalten Sie ihn dann aus, betätigen Sie Schalter 2 und gehen Sie schnell auf den Dachboden. Brennt die Birne, ist Schalter 2 der richtige. Brennt sie nicht, ist aber warm, ist Schalter 1 der richtige. Wenn sie nicht brennt und kalt ist, ist Schalter 3 - der, den sie nicht benutzt haben – der richtige.

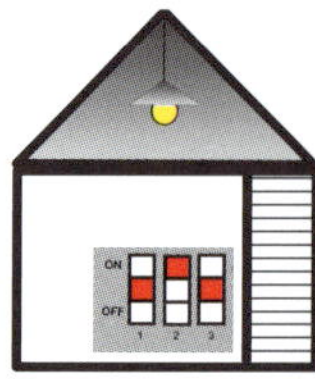

***Rätsel 2***

Machen Sie genau das Gleiche wie vorhin. Die warme Birne gehört zu Schalter 1, die brennende Birne zu Schalter 2 und die kalte zu Schalter 3 - den sie wieder nicht benutzt haben.

## 066

### LANGFORD-PROBLEME

***Rätsel 1: Vier Teams, 2 Läufer pro Team***

Die ersten 3 Läufer haben die Farben Blau, Grün und Gelb. Dies ist eine spezielle Lösung für 4 Paare des sogenannten Langford-Problems, dessen generelle Lösung so aussieht: Wenn die Anzahl der Paare n ist, kann das Problem nur gelöst werden, wenn n ein Vielfaches von 4 oder um den Wert 1 geringer ist. Der schottische Mathematiker C. Dudley Langford erfand dieses Rätsel, nachdem er seinem Sohn beim Spielen mit farbigen Klötzen zugesehen hatte.

4 1 3 1 2 4 3 2

***Rätsel 2: Neun Teams, 3 Läufer pro Team***

Bei diesem Rätsel ist n=9: Langford und seine Kollegen fanden die unten gezeigte Lösung..

3 4 7 9 3 6 4 8 3 5 7 4 6 9 2 5 8 2 7 6 2 5 1 9 1 8 1

## 067

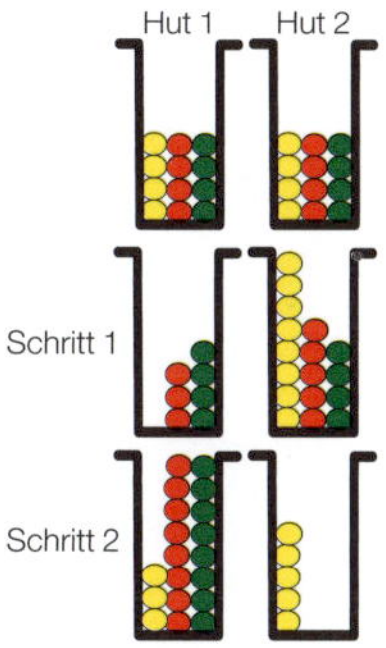


### ZAUBERHÜTE

12 Eier.

Beim ersten Schritt müssen im ungünstigsten Fall 4 Eier von einer Farbe plus eines von einer anderen Farbe zurückgelegt werden. Im zweiten Schritt müssen im ungünstigsten Fall 9 + 3 = 12 Eier zurückgelegt werden, damit mindestens 3 Eier von jeder Farbe in Hut 1 sind.

## 070

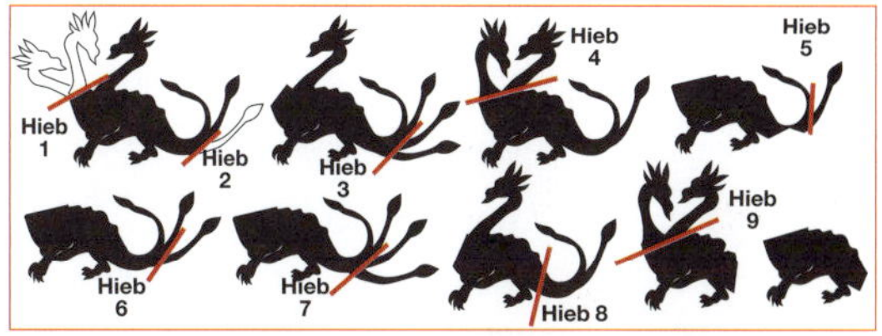


### KAMPF MIT DEM DRACHEN

Zwei mögliche Lösungen sehen Sie hier illustriert, bei beiden braucht man 9 Hiebe. Schaffen Sie es mit weniger?

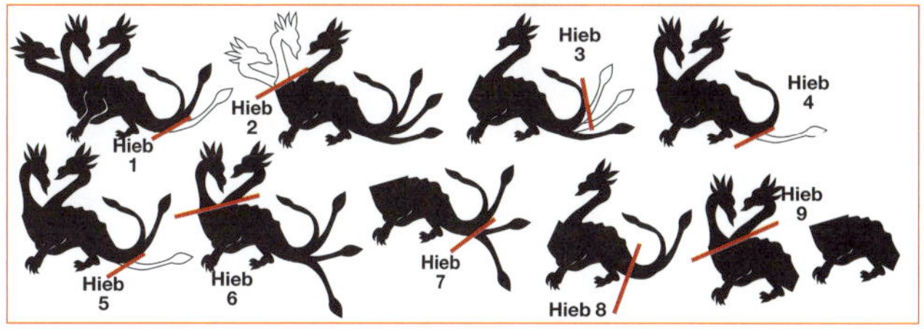


## 068

### HÜTE UND FARBEN 1

Clown B. Sähe Clown A zwei rote oder zwei grüne Hüte, wüsste er die Farbe seines Hutes sowie die des verborgenen Clowns und könnte es herausschreien. Stattdessen sieht er aber jede Farbe nur einmal, was ihn nicht weiterbringt. Clown A bleibt also schweigsam. Clown B kommt daher zu dem Schluss, dass die Farbe seines Hutes das Gegenteil der Farbe des Hutes vor ihm sein muss.

### HÜTE UND FARBEN 2

Clown A sieht zwei rote und einen blauen Hut. Sein eigener Hut kann entweder rot oder blau sein. Clown B weiß, dass A nur einen blauen Hut sieht. Daraus kann er herleiten, dass sein eigener Hut rot sein muss. Clown C hat keine Möglichkeit herauszufinden, welche Farbe sein Hut hat.

Die Frage lautet aber, wer die Farbe des Hutes von Clown A herausfinden kann. Das kann nur Clown D. Er weiß, dass Clown A weder zwei blaue Hüte (sonst wüsste er, dass sein eigener Hut rot ist) noch drei rote (sonst wüsste er, dass sein eigener Hut blau ist) sehen kann. Deshalb weiß Clown D, dass Clown A zwei rote und einen blauen Hut sehen kann, was bedeutet, dass Clown A und E einen roten und einen blauen Hut aufhaben müssen. Da Clown D den Hut von Clown E sehen kann, weiß Clown D, dass der Hut von Clown A die Farbe hat, die der von Clown E nicht hat.

## 071

### GEBURTSTAGSPROBLEME

(1) 23. Dieses Rätsel ist ein gutes Beispiel dafür, wie schwierig es ist, Wahrscheinlichkeitsaufgaben mit dem gesunden Menschenverstand zu lösen. Die spontane Schätzung der meisten Menschen beläuft sich normalerweise auf 150 oder mehr.

Bei nur 23 zufällig ausgewählten Leuten ist die Chance, dass zwei von ihnen am selben Tag Geburtstag haben, größer als 50/50. Das Ergebnis mag überraschend sein und könnte Sie davon überzeugen, dass es besser ist, sich in so einem Fall auf die Mathematik zu verlassen statt auf die Intuition.

Das Ergebnis entsteht folgendermaßen: In einer Zweiergruppe ist die Wahrscheinlichkeit, dass die beiden an verschiedenen Tagen geboren sind, hoch: 364/365. Bei drei Leuten ist sie 364/365 x 363/365: Da eine Dreiergruppe immer noch eine Zweiergruppe enthält, werden die Brüche multipliziert. Die Wahrscheinlichkeit von gleichen Geburtstagen steigt in dem Maß, wie die Wahrscheinlichkeit verschiedener Geburtstage fällt. Wenn Sie das Problem kombinatorisch angehen, gibt es bei 23 Leuten 253 mögliche Kombinationen – was schon glaubwürdiger erscheinen lässt, dass so eine kleine Anzahl ausreicht.

(364/365) x (363/365) x........ x (365 - n + 1)/365

wobei n die Gesamtzahl der Leute ist.

Die Anzahl aller möglichen Kombinationen bei n Leuten ist:

n x (n-1)/2 which is equal 1+2+3+ ..... + n-1

Bei einem Jahr mit n Tagen und einer zufälligen Zusammenstellung von r Leuten ist die Wahrscheinlichkeit, dass mindestens zwei von ihnen am selben Tag Geburtstag haben, gleich 1 minus der Wahrscheinlichkeit, dass alle an verschiedenen Tagen geboren sind

$Pn(r)=1 – (n/n \times n\text{-}1/n \times n\text{-}2/n \times .... \times n\text{-}(r\text{-}1))/n = 1\text{-} n!/n^r(n\text{-}r)!$

(2) Die Antwort ist 253. Die Wahrscheinlichkeit eines gleichen Geburtstags ist 1 - (364/365)n, wobei n die Anzahl der Leute außer Ihnen selbst ist.

## 069

### WASSERMELONEN-PARADOX

Als sie auf den Tisch kam, wog die Wassermelone 5 kg, wie sie an dem folgenden Diagramm ablesen können:

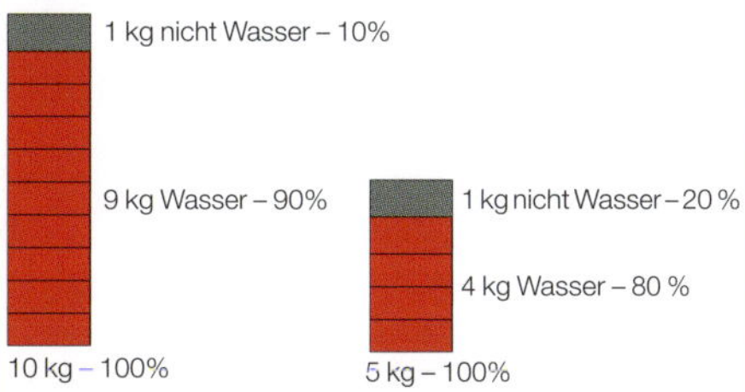


### SIEBEN AUFEINANDERFOLGENDE WASSERMELONEN

Die schwerste Wassermelone wog 13 kg

| | | | | | | |
|---|---|---|---|---|---|---|
| ? | ? | ? | 7 | ? | ? | ? |
| 1 | 3 | 5 | 7 | 9 | 11 | 13 |

## 072

### DAS GROSSE GLÜCKSRAD

Seien Sie nicht dumm, spielen Sie nicht! Die Chance, dass das Rad zweimal auf der gleichen Zahl stehen bleibt, beträgt 94%. Mit der Formel, die wir für das Geburtstagsrätsel benutzt haben, sieht die Rechnung so aus:

$1 – (360! / (360^{45} \times 315!)) = 94{,}3\%$.

## 073

### DREI MÜNZEN

Die Begründung ist fehlerhaft. Wir wissen bereits, dass eine einzelne Münze auf 2 verschiedene Arten fallen kann. Wir wissen auch, dass es bei 2 Münzen 4 Möglichkeiten gibt – und wie wir gleich sehen werden, gibt es bei 3 Münzen 8 verschiedene Möglichkeiten:

KKK KKZ KZK KZZ ZKK ZKZ ZZK ZZZ.

Nur in 3 Fällen fallen alle 3 Münzen auf die gleiche Seite. Die Wahrscheinlichkeit ist also 2/8 = 1/4.

### FÜNF MÜNZEN

Jedes Mal, wenn die Münze geworfen wird, gibt es 2 mögliche Ergebnisse. Durch einfaches Zählen können wir folgern, dass es

$2 \times 2 \times 2 \times 2 \times 2 = 2^5 = 32$ Möglichkeiten gibt.

#### Basic Counting Law

Wenn es m verschiedene Möglichkeiten gibt, eine Aufgabe zu erledigen, und, nachdem die erste Aufgabe erledigt ist, n verschiedene Möglichkeiten, eine zweite Aufgabe zu erledigen, dann gibt es mxn verschiedene Möglichkeiten, die 2 Aufgaben nacheinander zu erledigen.

**MÜNZENWERFEN-SPIEL**

Obwohl beide Spieler bei jedem Wurf die gleiche Chance haben, Kopf zu werfen, hat der Spieler, der beginnt, einen klaren Vorteil, egal wie lange das Spiel dauert. Nennen wir die Spieler Rot und Grün. Rot gewinnt in den folgenden Fällen:

1- H **Wahrscheinlichkeit = 1/2**

2- T T H **Wahrscheinlichkeit = 1/2 x 1/2 x 1/2**

3- T T T T H **Wahrscheinlichkeit = 1/2 1/2 x 1/2 x 1/2 x 1/2**

**4- etc. etc. etc.**

Die Gesamtwahrscheinlichkeit, dass der erste Spieler gewinnt, entspricht der Summe der Wahrscheinlichkeiten der oben dargestellten Fälle:

(1/2) + (1/2 x 1/2 x 1/2) + (1/2 x 1/2 x 1/2 x 1/2 x 1/2) + .......,

also einer unbegrenzten Aneinanderreihung von Termen, die in unserem Fall 2/3 entspricht.

Da aber einer von beiden gewinnen muss, ist die Wahrscheinlichkeit, dass Grün gewinnt, 1 minus die Wahrscheinlichkeit, dass Rot gewinnt, also 1 - 2/3 = 1/3.

Wir sehen, dass der erste Spieler eine doppelt so hohe Chance hat zu gewinnen wie der zweite Spieler, was doch ziemlich überraschend ist. Der beste Weg, das zu überprüfen, ist, das Spiel eine Zeit lang zu spielen.

**MÜNZEN BALANCIEREN**

Der Rand einer Münze steht nicht genau im rechten Winkel zu ihren Flächen. Der leicht schräge Rand dient dazu, dass die Münze nach dem Gießen leichter aus der Form fällt.

## 074

**EINE MÜNZE EINHUNDERTMAL WERFEN**

Die Wahrscheinlichkeit, dass bei 100 Würfen 100-mal „Kopf“ fällt:

1 Kopf: 1/2 = 0,50

2 Köpfe: 1/2 x 1/2 = 1/4 = 0,25

3 Köpfe: 1/2 x 1/2 x 1/2 = 1/8 = 0,125

100 Köpfe = $(1/2)^{100}$ =1/1.000.000.000.000.000.000.000.000.000.000

Theoretisch ist es durchaus möglich, bei 100 Würfen 100-mal „Kopf“ zu erhalten, es ist nur äußerst unwahrscheinlich, weil es so viele verschiedene mögliche Kombinationen gibt.

Aus genau demselben Grund ist jede andere Kombination jedoch genauso unwahrscheinlich. Alle gezeigten Kombinationen sind also gleich wahrscheinlich.

## 075

**BENFORDSCHES GESETZ: DIE LÄNGSTE FOLGE VON ZAHL / KOPF**

**Test 1 ist gefälscht.**

In der Juli-August-Ausgabe 1998 des American Scientist Magazine erklärte Dr. T. P. Hill das Experiment. Nach „einer ziemlichen Rechnerei“ war er auf ein sehr überraschendes Ergebnis gekommen: An einem bestimmten Punkt in einer Serie von 200 Würfen fällt entweder Kopf oder Zahl sechsmal oder öfter hintereinander. Die meisten Fälscher wissen das nicht und nehmen solche langen Folgen deshalb nicht in ihre Fälschungen auf, da sie fälschlicherweise glauben, sie wären zu unwahrscheinlich. Mit einem einzigen Blick konnte Hill überprüfen, ob in den Aufzeichnungen seiner Studenten eine solche 6er-Folge vorkam oder nicht - wenn nicht, war es eine Fälschung.

Das Benfordsche Gesetz gilt bei erstaunlich vielen Phänomenen. Selbst eine zufällige Auswahl von Zahlen aus Zeitungen gehorcht der Bedingung, dass etwa 30% davon mit einer 1 beginnen, 18% mit einer 2, bis hin zu 4.6%, die mit einer 9 beginnen.

Das klingt wie ein unglaubliches Paradox. Warum ist das so?

Die Antwort gibt ein phänomenologisches Gesetz, das „Gesetz der führenden Ziffern“. Das Benfordsche Gesetz besagt, dass in Auflistungen und Tabellen etc. die Ziffer 1 mit einer weit höheren Wahrscheinlichkeit auftritt als den erwarteten 11,1% (d. h. als eine Ziffer von neun). Das Benfordsche Gesetz lässt sich beispielsweise auch bei Logarithmentafeln erkennen, deren oberste Seiten immer viel abgegriffener sind als die weiter hinten (Newcomb 1881). Obwohl das Benfordsche Gesetz sich auf viele Situationen in der realen Welt bezieht, hat erst vor Kurzem Theodore Hill eine befriedigende Erklärung dafür gefunden (Hills Theorem, 1996 ).

Das bedeutet, während manche Phänomene einer einzigen Verteilung unterliegen wie z.B. die Glockenkurve, unterliegen die meisten einer zufälligen Mischung aller möglichen Verteilungen.

Abweichungen vom Benfordschen Gesetz lassen sich durch statistische Standardtests (Digitale Analyse) leicht nachweisen, womit heutzutage Betrugsversuche aufgedeckt werden. Die Vorliebe der Natur für bestimmte Zahlen, wie etwa der Goldene Schnitt oder die Fibonacci-Folge, ist seit Langem bekannt. Das Benfordsche Gesetz gilt als eine weitere grundlegende Eigenschaft des mathematischen Universums.

Außerdem stehen die drei miteinander in Verbindung: Die Relationen aufeinanderfolgender Zahlen in einer Fibonacci-Reihe tendieren zum Goldenen Schnitt, und die Ziffern der gesamten Fibonacci-Reihe tendieren dazu, dem Benfordschen Gesetz zu gehorchen!

## 076

**SCATTERHEAD**

Nach sechs Durchläufen erhalten wir das folgende Ergebnis: Rot = 31; Grün = 6; Gelb = 7; Blau = 16. Dies ist eine recht gute Annäherung an die tatsächliche Verteilung der 60 farbigen Bälle im Inneren des Scatterhead.

Die tatsächliche Verteilung der farbigen Bälle war: Rot = 30; Grün = 6; Gelb = 9; Blau = 15.

Statistik beschäftigt sich mit dem Sammeln und Auswerten von Daten. Hierzu werden Stichproben, wie z. B. Objektgruppen oder Testergebnisse, aus einer größeren zu untersuchenden Gruppe ausgewählt. Eine Stichprobe besteht aus einer zufälligen Auswahl. Deshalb spielt Wahrscheinlichkeit in der Statistik eine große Rolle. Statistische Umfragen werden durchgeführt, indem einzelne gefragt werden, um daraus auf die Meinung der größeren Gruppe zu schließen.

Die Statistik sagt uns auch, wie groß das Risiko ist, dass wir falschliegen. Je größer die Anzahl der Stichproben, desto geringer das Risiko. Wenn man sich ein wenig mit Statistik auskennt, lässt man sich nicht so leicht von Aussagen, die auf fehlerhaften Auswertungen basieren, in die Irre führen.

Graphen sind für Statistiken und Wahrscheinlichkeitsrechnung sehr nützlich. Mit ihnen lassen sich numerische Daten veranschaulichen und Verhältnismäßigkeiten zusammenfassen, was die korrekte Interpretation vereinfacht.

## 077

**ZUFALLSSPAZIERGANG**

Nach der Wahrscheinlichkeitstheorie ist der Spaziergänger nach „n“ Würfen durchschnittlich $\sqrt{n}$ weit vom Start entfernt. Nach 46 Würfen wären das also sechs Felder links oder rechts der Mitte. Dennoch ist die Wahrscheinlichkeit, dass er wieder zum Start zurückkehrt, 100%, auch wenn es sehr lange dauern kann, bis das geschieht. Hier stellt sich folgende Frage: Wie oft wird unser Spaziergänger aller Wahrscheinlichkeit nach von der linken auf die rechte Seite wechseln?

Am interessantesten ist ein eindimensionaler Zufallsspaziergangs dann, wenn er in beide Richtungen endlos fortgesetzt wird. Die Frage, die sich dann stellt, lautet: Wie oft wird der Spaziergänger wohl die Seite wechseln? Man könnte meinen, dass er sich auf beiden Seiten etwa gleich lange aufhält. Genau das Gegenteil ist jedoch der Fall! Die wahrscheinlichste Anzahl von „Seitenwechseln“ ist 0.

## ZUFALLSSPAZIERGANG EINES BETRUNKENEN

Wir wissen nicht, wo der Betrunkene am Ende des Spaziergangs sein wird. Die Frage, wie weit er nach einer bestimmten Anzahl von Würfen höchstwahrscheinlich gekommen ist, können wir jedoch beantworten.

Die wahrscheinlichste Entfernung D von der Laterne nach einer bestimmten, großen Anzahl von Würfen entspricht der durchschnittlichen Länge L aller geraden Strecken des Spaziergangs, multipliziert mit der Quadratwurzel aus ihrer Gesamtzahl N. Die Formel lautet also: $D = L \times \sqrt{N}$

Auf einem zweidimensionalen, begrenzten Quadratgitter wie in unserem Spiel kehrt der Betrunkene also auf jeden Fall zu der Laterne zurück.

Ist das Spielfeld – und damit auch der Spaziergang – unbegrenzt, wird die Situation ziemlich komplex, und wir stoßen auf viele ungelöste Probleme und Theorien. Auf einem begrenzten dreidimensionalen Spielfeld ist das Ganze sogar noch komplizierter.

Die große Überraschung hierbei ist, dass der vom Zufall gelenkte Spaziergänger jeden Gitterpunkt mit Sicherheit innerhalb einer begrenzten Zeit erreicht. Für das wirkliche Leben bedeutet das: Wenn Sie sich in einem großen Gebäude mit vielen Gängen und Stockwerken befinden, können Sie einfach aufs Geratewohl darin herumlaufen und werden trotzdem auf jeden Fall einen Ausgang finden.

## ZUFÄLLIGKEIT

In der Mathematik wird nach ***deterministischen*** und ***stochastischen*** (vom Zufall abhängigen) Prozessen unterschieden. Der Begriff „stochastisch" geht auf das griechische Wort stóchos zurück, was „Vermutung" heißt.

Die Beschäftigung mit Zufälligkeit hat die Wissenschaft des zwanzigsten Jahrhunderts entscheidend geprägt. Sie steht in engem Zusammenhang mit der **Thermodynamik,** in der Entropie die Unordnung in einem System bezeichnet. Ungeordnetheit wurde zur Basis der **Quantenmechanik,** dem Zufallselement in der Mikrostruktur des Universums. Es könnte sich jedoch herausstellen, dass es hinter dieser scheinbaren Unordnung nicht-zufällige Gesetze gibt, die erst noch entdeckt werden müssen. Der Einfluss dieser Idee ist auch auf vielen anderen Gebieten wie etwa der bildenden Kunst und der Musik spürbar.

Das sogenannte ***„Zufallsspaziergang"-***Problem ist ein Modell für die Diffusion von Molekülen unter zufälligen Kollisionen in Gasen und Flüssigkeiten und eignet sich darüber hinaus hervorragend zur Analyse von Glücksspielen.

### 078

## ZUFÄLLIGE MUSTER?

In einem zufälligen Muster gibt uns die Farbe eines Feldes keinen Hinweis auf die Farbe ihrer Nachbarn. Dies trifft auf das linke Muster zu.

Das rechte Muster *erscheint* den meisten ungeordneter als das linke. Tatsächlich ist es geordneter als das linke, wie man an der Häufigkeit des Alternierens der Farbe von Feld zu Feld sehen kann.

### 079

## DREIFACH-DUELL

Überraschenderweise hat Mike doppelt so gute Chancen wie Tom und Bill!

Warum? Tom und Bill werden auf jeden Fall aufeinander schießen (weil der andere jeweils die größte Bedrohung darstellt) und Mike darf dann als Erster auf den Überlebenden schießen – mit 50%-iger Wahrscheinlichkeit, ihn zu treffen (und so das Duell zu gewinnen), und 50%-iger Wahrscheinlichkeit, ihn zu verfehlen (und selbst erschossen zu werden).

Jetzt kommt der interessante Teil: Wenn Mike als Erster dran ist, wird er absichtlich vorbeischießen, denn wenn er Tom oder Bill tötet, wird der Überlebende ihn erschießen. Es gibt also nur zwei Fälle, die in Betracht kommen:

1. Tom schießt als Erster und tötet Bill, oder umgekehrt.
2. In beiden Fällen hat Mike eine 50%-ige Chance, den Überlebenden zu treffen, seine Überlebenschancen stehen also ?.

Toms Überlebenschancen stehen ?, wenn er als Erster schießt. Schießt Bill als Erster, sind sie jedoch 0, was insgesamt nur ? x ? = ? ergibt. Bills Chancen stehen exakt gleich.

Viele Erkenntnisse der Spieltheorie klingen paradox. Derartige Probleme sind in der Unterhaltungsmathematik sehr beliebt, so auch das „Dreifach-Duell" in all seinen Variationen. Es ist ein wundervoller Klassiker der Wahrscheinlichkeitstheorie, mit einem absolut überraschenden Ergebnis.

### 080

## MÖBIUS-BAND DER LÄNGE NACH AUSEINANDERGESCHNITTEN

Ein Stück, zwei Ränder, zweimal in sich verdreht und doppelt so lang.

## MÖBIUS-BAND NAHE AM RAND AUSEINANDERGESCHNITTEN

Zwei zusammenhängende Bänder, eines davon ein Möbius-Band mit der gleichen Länge, das andere ein Band mit der doppelten Länge zweimal in sich verdreht.

## REISENDER AUF EINEM MÖBIUS-BAND

Der Reisende und seine Uhr folgen einem Pfad, auf dem sie spiegelverkehrt wieder an ihren Ausgangspunkt zurückkehren. Ein Möbius-Band ist also eine nicht-orientierbare Oberfläche und mit dieser Eigenschaft einzigartig.

### 081

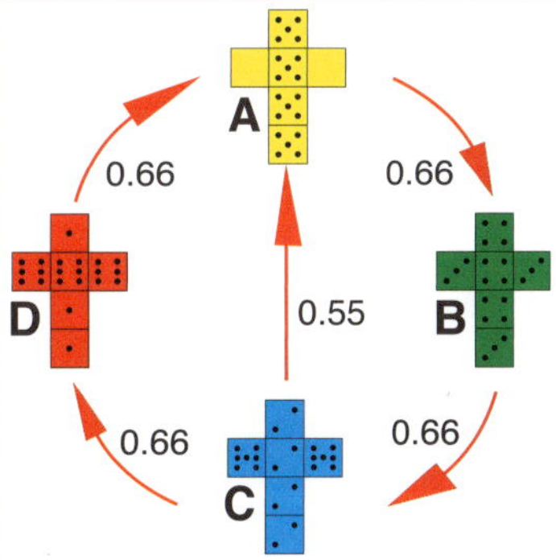


## NICHT-TRANSITIVER WÜRFEL

Dieses Würfelset veranschaulicht überzeugend das Wahrscheinlichkeits-Paradox, das die Regeln der Transitivität bricht. Man kann also sagen, dass sie nicht-transitiv sind.

Würfel A schlägt Würfel B. Würfel B schlägt Würfel C. Würfel C schlägt Würfel D und Würfel D schlägt Würfel A.

Die Gewinnchancen der Würfel gegeneinander entsprechen einem Kreis. Man kann sie herausfinden und anhand von Punktetabellen, auf denen die jeweiligen „Duelle" festgehalten werden, „beweisen".

### 082

## NICHT-TRANSITIVE ZAHLENSCHEIBEN

Wenn je zwei Scheiben gegeneinander spielen, gibt es 36 mögliche Ergebnisse. Wenn wir die Scheiben A und B betrachten, sehen wir, dass A 24- von 36-mal den Wert 4 anzeig und damit den Wert 3 (der 36-mal erscheint) von B schlägt. Bei B gegen C zeigt C 24-mal die 2 an, wodurch B gewinnt. Bei C und D lautet die Antwort ebenfalls 24. Diese Ergebnisse sehen Sie auch in der Tabelle unten aufgelistet.

Überraschenderweise zeigt die Auswertung von A gegen D, dass D ebenfalls 24 von 36 Runden gewinnt – ein nicht-transitives Paradox!

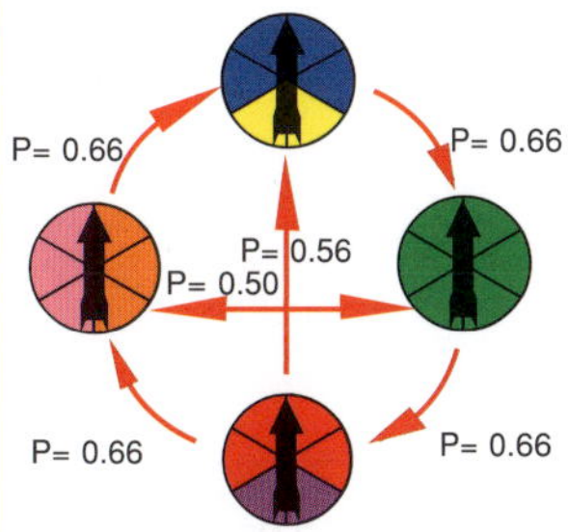


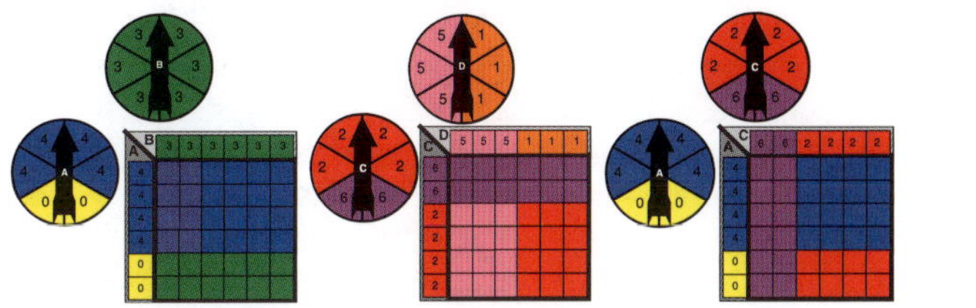

A schlägt B mit einer Wahrscheinlichkeit von 0.66

C schlägt D mit einer Wahrscheinlichkeit von 0.66

C schlägt A mit einer Wahrscheinlichkeit von 0.56

## 083

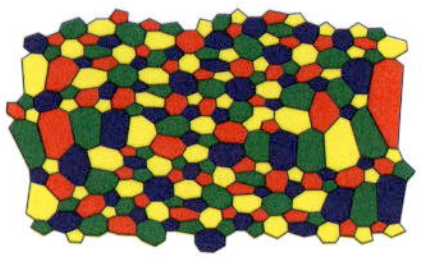

### DIE FÜNFTE FARBE

Wann wurde die Karte noch einmal veröffentlicht? McGregor hat sich natürlich einen Aprilscherz erlaubt! Das Vier-Farben-Problem wurde gelöst und ist zu dem Vier-Farben-Satz geworden, der besagt, dass vier Farben genügen, um eine beliebige Landkarte in der Ebene so einzufärben, dass keine zwei aneinandergrenzenden Länder die gleiche Farbe haben.

Nach Veröffentlichung der Karte erhielt Martin Gardner Hunderte von Briefen, denen seine Karte mit nur vier Farben beigelegt war. Eine davon sehen wir oben abgebildet.

### VIER-FARBEN-SATZ

## 084

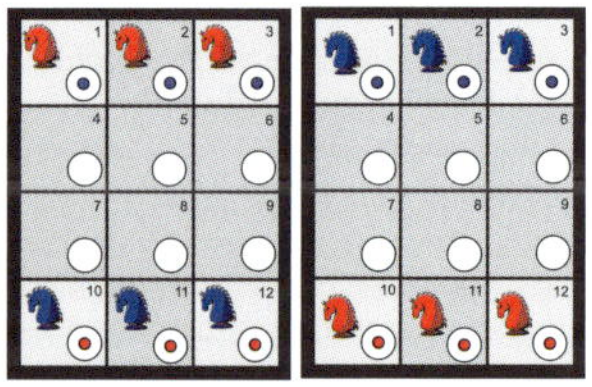

### SPRINGERTAUSCH

Man braucht 16 Züge:

(1) 3–4 (2) 4–9 (3) 11–4 (4) 4–3 (5) 1–6 (6) 6–11 (7) 12–7 (8) 7–6 (9) 6–1 (10) 2–7 (11) 7–12 (12) 9–4 (13) 10–9 (14) 9–2 (15) 4–9 (16) 9–10

## 085

### DIE GOLDENE HALSKETTE

Wenn Sie einen der beiden Ringe aus der zweiten Reihe von unten zerschneiden, zerfällt die Kette in drei Teile: zwei Teile mit 1 Ring und ein Teil mit 9 Ringen.

Die drei untersten Ringe sind Borromäische Ringe: drei Ringe, die alle miteinander verbunden sind und nicht voneinander getrennt werden können. Ihr Name ist von dem italienischen Adelsgeschlecht der Borromäer abgeleitet, die sie auf ihrem Wappen führte. Schneidet man einen der drei Ringe auseinander, sind auch die beiden anderen frei.

Kürzlich wurde bewiesen, dass echte Borromäische Ringe nicht möglich sind, egal wie groß sie jeweils sind. Aus drei deckungsgleichen elliptischen Ringen ließe sich eine solche Formation jedoch herstellen.

## 087

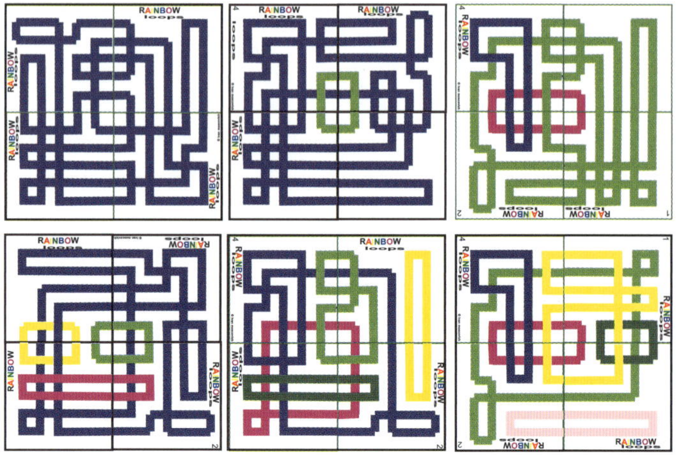

### REBENBOGENSCHLEIFEN

Konfigurationen mit 1 bis 6 Schleifen

## 088

| Körper | Ecken (V) | Kanten (E) | Flächen (F) | V - E + F |
|---|---|---|---|---|
| Tetraeder | 4 | 6 | 4 | 2 |
| Würfel | 8 | 12 | 16 | 2 |
| Oktaeder | 6 | 12 | 8 | 2 |
| Ikosaeder | 12 | 30 | 20 | 2 |
| Dodekaeder | 20 | 30 | 12 | 2 |

### TABELLE REGELMÄSSIGER POLYEDER

Die Regel, dass **V - E + F = 2** immer 2 ergibt, heißt „Euler-Charakteristik“. Sie ist eine wichtige Entdeckung, die für jede Figur in einer Ebene gilt. Die Tabelle zeigt auch, dass alle regelmäßigen Körper genau die Relationen von Ecken, Kanten und Flächen aufweisen, wie sie die Euler-Charakteristik beschreibt.

## 086

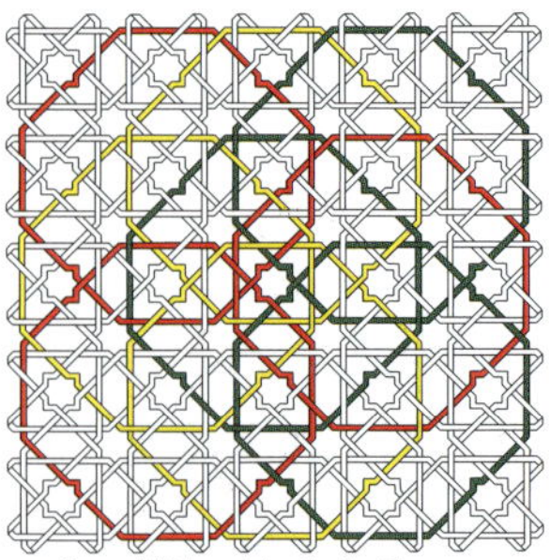

Form (1) Neun identische Formen

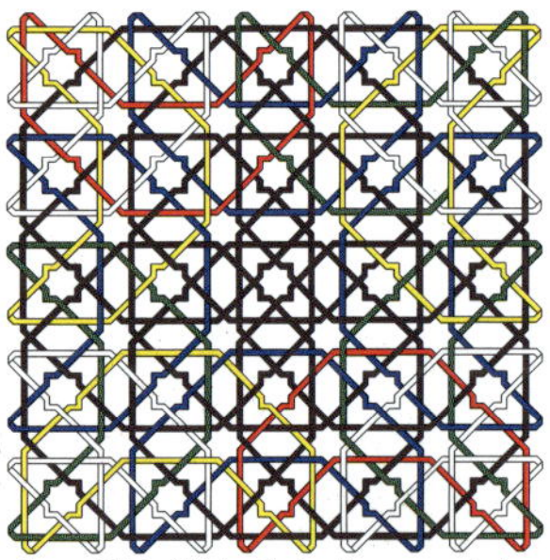

Form (2) Zwölf identische Formen mit vier verschiedenen Ausrichtungen

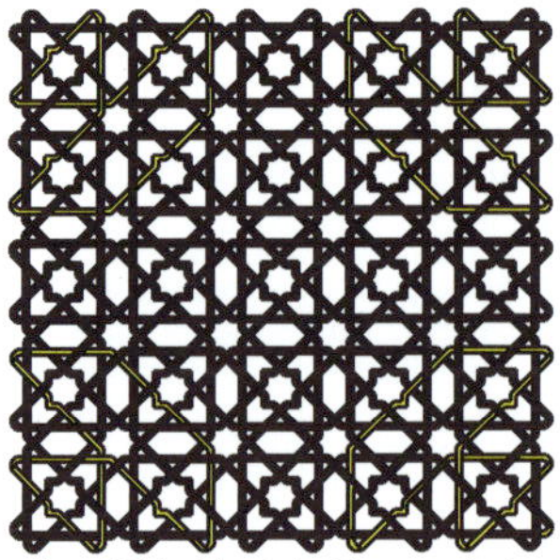

Form (3) Vier identische Formen mit vier verschiedenen Ausrichtungen

### DIE MUSTER DER ALHAMBRA

Das Muster besteht aus 25 ineinander verschachtelten geschlossenen Schleifen mit drei verschiedenen Formen und Ausrichtungen, wie in der Grafik gezeigt.

## 089

### DREI BRIEFMARKEN FALTEN

Alle sechs Umsetzungen lassen sich durch Falten erreichen.

### EINEN STREIFEN MIT VIER BRIEFMARKEN FALTEN

Die16 möglichen Faltungen werden hier gezeigt. Die Nummern beziehen sich auf die in dem Rätsel angegebenen Optionen

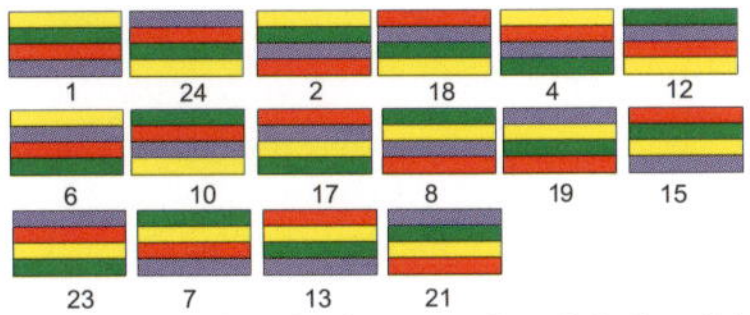


### ACHT BRIEFMARKEN FALTEN

Falten Sie die rechte Hälfte über die linke, sodass 2 auf 5 kommt, 3 auf 6, 1 auf 4 und 8 auf 7. Falten Sie jetzt die untere Hälfte nach oben, sodass 4 unter 5 kommt und 7 unter 6. Schieben Sie dann die 4 und 5 zwischen die 6 und die 3, und falten Sie 1 und 2 über den Stapel.

### FALT-ZEITUNG

**Die Macht der Verdopplung**

Wenn ihre Antwort „mehr als zehnmal" war, liegen Sie falsch. Es ist praktisch unmöglich, eine Zeitungsseite mehr als 8- oder im äußersten Fall 10-mal in der Mitte zu falten, ganz egal, wie groß oder dünn sie auch sein mag.

Um dies zu verstehen, muss man sich vergegenwärtigen, dass Verdopplung bedeutet, etwas mit 2 zu multiplizieren, was das Gleiche ist wie eine Zahl zu sich selbst zu addieren. Und in so etwas Einfachem kann sehr viel Kraft stecken. Nach dem neunten Mal Falten ist das Papier 512-mal so dick wie am Anfang, was jedes weitere Falten unmöglich macht – außer Sie haben die entsprechenden Muskelpakete für solche Höchstleistungen. Wiederholtes Verdoppeln führt sehr schnell zu sehr großen Zahlen.

## 090

### SECHS BRIEFMARKEN FALTEN

Faltung 3 ist nicht möglich. Es ist generell nicht möglich, das Rechteck so zu falten, dass die einander diagonal gegenüberliegenden Farben beim Endergebnis übereinanderliegen.

### EIN QUADRAT AUS BRIEFMARKEN FALTEN

Die acht möglichen Faltungen sehen wie folgt aus.

## 091

### DER UNMÖGLICHE KUNSTGARTEN

Die Skulpturen basieren auf der gefeierten „Hyper-Karten"-Faltung, die sich mit einem einzigen Stück Papier und drei Schnitten realisieren lässt, wie in der Abbildung gezeigt. Falten Sie den gelben Teil entlang der gestrichelten Linie um 90° nach oben und drehen Sie dann den orangefarbenen Teil zurück, indem Sie ihn um 180° in die Gegenrichtung falten. Seit Martin Gardner diese Faltung veröffentlichte, wurden viele Variationen davon entwickelt. Robert Neal und andere Zauberer haben viele tolle Tricks auf der Grundlage der Hyper-Karte entwickelt.

Dieses Modell der „unmöglichen" Gartenskulptur lässt sich aus einem einzigen rechteckigen Stück Papier herstellen.

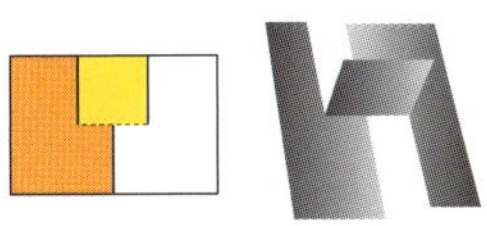

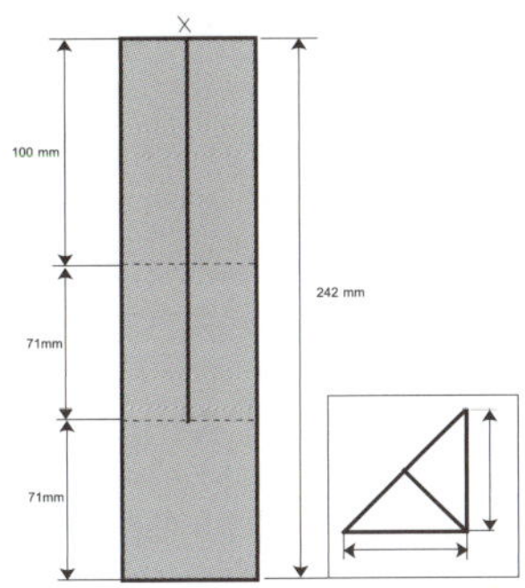


## 092

### HARRYS UNMÖGLICHES FALT-RÄTSEL

Die Lösung funktioniert wie gezeigt.

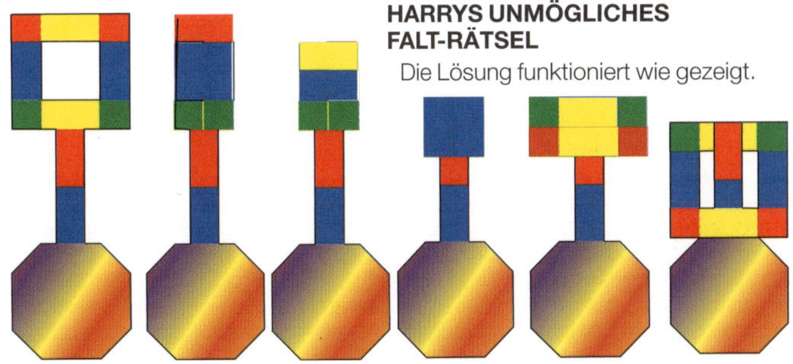

## 093

### IVANS „UNMÖGLICHES" FÜNFACH-SCHLAUFEN-RÄTSEL

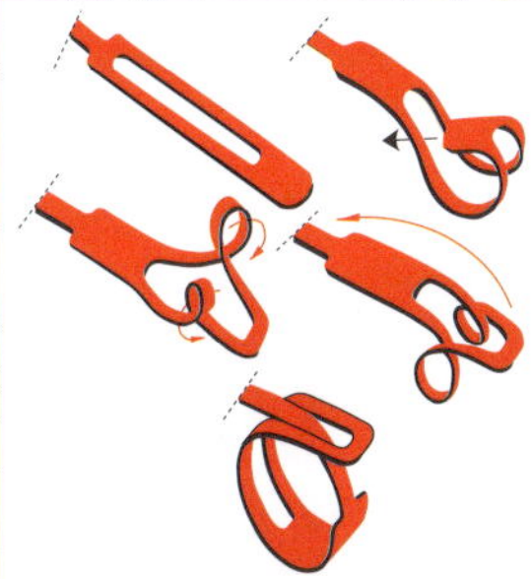

Die „unmögliche" Skulptur wurde von einem topologischen Mechanismus inspiriert, den die Rolamite Inc. entdeckte. Man hat den Eindruck, dass das ganze Gebilde durch die Schlaufen muss – eine scheinbar unlösbare Aufgabe. Aber so unmöglich es auch scheinen mag, Sie können es schaffen, und es dauert nur wenige Sekunden pro Schlaufe, wie Sie in der Anleitung sehen können.

## 094

### ANAMORPHOTISCHE VERZERRUNGEN

Stellen Sie das Buch aufgeklappt senkrecht vor sich auf den Tisch und schauen Sie aus einem sehr steilen Winkel von oben auf das Bild. Schließen Sie ein Auge, und alles wird klar.

## 097

### ROTE UND GRÜNE WÜRFEL

Hier sehen Sie eine Lösung, bei der 22 Würfel den roten berühren. An den Seitenflächen werden jeweils fünf grüne Würfel platziert, wie oben gezeigt. Zwei weitere kommen an die beiden verbleibenden freien Flächen. Es gibt auch Lösungen mit 24 Würfeln. Wie sehen sie wohl aus?

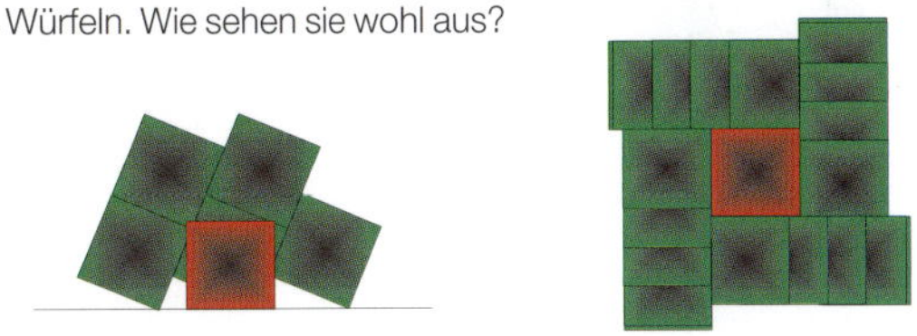

## 095

### PRINZ RUPERTS WÜRFEL

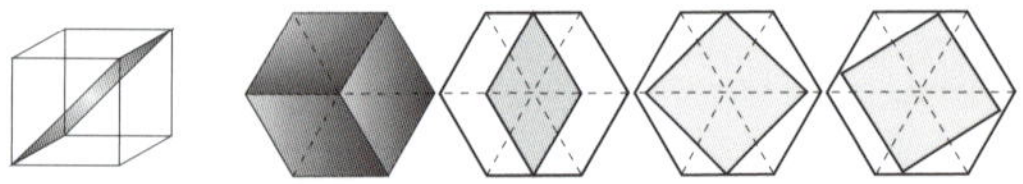

Welches ist der größtmögliche ebene Schnitt in einem Würfel mit 1 Einheit Kantenlänge? Das Problem wurde von dem amerikanischen Mathematiker C. Stanley Ogilvy (1913-2000) erdacht und 1956 von Alan R. Hyde gelöst. Die Antwort lautet: ein Rechteck mit der Fächle $\sqrt{2}$ (=1,41+).

Der einfachste Weg, zu veranschaulichen, dass ein Quadrat in einen Würfel mit kleinerer Seitenlänge hineinpasst, ist, sich einen Würfel mit der Kantenlänge 1 vorzustellen, den Sie so in den Händen halten, dass eine seiner Ecken genau auf Sie zeigt. Seine Umrisslinie sieht dann aus wie ein regelmäßiges Sechseck. Oft wird fälschlicherweise angenommen, dass ein sechseckiger Schnitt durch einen Würfel die größtmögliche Fläche ergibt. Die Fläche des Sechsecks ist aber nur 1,29+. Wenn wir eine der Seitenflächen des Würfels auf das Zentrum des Sechsecks projizieren, sehen wir, dass ihre lange Diagonale dieselbe Länge hat wie die der Vorderseite des Würfels, denn diese Linie wurde nicht verzerrt. Drehen wir diese Projektion in die Ebene des sechseckigen Schnitts, sehen wir, dass die mittleren Ecken nicht bis an die Ecken des Sechsecks reichen. Wenn wir das Quadrat dann ein wenig kippen, erkennen wir, dass alle vier Ecken innerhalb des Sechsecks liegen, ohne die Seiten zu berühren, und dass ein größeres Quadrat hindurchpasst. Das größte Quadrat, das in einen Würfel mit der Kantenlänge 1 passt, hat seine Ecken 1/4 Einheiten von den Ecken des Würfels entfernt. Hat ein Würfel die Kantenlänge 1, kann ein quadratisches Loch hineingebohrt werden, dessen Seiten fast 1,035-mal so lang sind wie die des Würfels – damit der Würfel dann nicht auseinanderfällt, sollte das Loch jedoch etwas kleiner sein.

Die Lösung sehen Sie in der Illustration.

Wenn Sie beispielsweise einen Würfel mit der Kantenlänge 100 mm haben, ist die Seitenlänge des größtmöglichen Quadrats 103,5 mm. Ein Würfel mit einer Kantenlänge von etwas weniger als 103,5 mm (mehr als 3 mm größer!) passt also hindurch.

## 096

### DREISSIG FARBIGE WÜRFEL

Färben Sie die Unterseite aller Würfel violett. Die Oberseiten bekommen abwechselnd eine der verbleibenden fünf Farben. Da die vier ungefärbten

Seiten funktionell gleich sind, kann die dritte Farbe für die Vorderseiten frei gewählt werden. Was jetzt noch bleibt, sind sechs Umsetzungen für die restlichen drei Farben (da 3x2x1=6).

### WÜRFEL IN EINER REIHE

Eine der möglichen Lösungen.

### BIG BROTHER

Das Verdienst für die vollständige Lösung geht an den britischen Mathematiker John Horton Conway, der die 30 Würfel in einer Sechs-mal-sechs-Tabelle anordnete, in der alle möglichen Lösungen des MacMahon-Problems zu finden sind.

Wenn Sie beispielsweise den Würfel Bc auswählen und die acht Würfel für die Zwei-mal-zwei-mal-zwei-Replik finden wollen, nehmen Sie den „Spiegel"-Würfel Cb und wählen die verbleibenden acht Würfel in der Spalte und Zeile des Würfels Cb.

## 098

**Puzzle 1**

| | |
|---|---|
| 1 | = 1 |
| 2 | = 2 |
| 3 | = 2 + 1 |
| 4 | = 4 |
| 5 | = 4 + 1 |
| 6 | = 4 + 2 |
| 7 | = 4 + 2 + 1 |
| 8 | = 8 |
| 9 | = 8 + 1 |
| 10 | = 8 + 2 + 1 |
| 11 | = 8 + 2 |
| 12 | = 8 + 4 |
| 13 | = 8 + 4 +1 |
| 14 | = 8 + 4 + 2 |
| 15 | = 8 + 4 + 2 + 1 |
| 16 | = 16 |
| 17 | = 16 + 1 |
| 18 | = 16 + 2 |
| 19 | = 16 + 2 + 1 |
| 20 | = 16 + 4 |
| 21 | = 16 + 4 + 1 |
| 22 | = 16 + 4 + 2 |
| 23 | = 16 + 4 + 2 + 1 |
| 24 | = 16 + 8 |
| 25 | = 16 + 8 + 1 |
| 26 | = 16 + 8 + 2 |
| 27 | = 16 + 8 + 2 + 1 |
| 28 | = 16 + 8 + 4 |
| 29 | = 16 + 8 + 4 + 1 |
| 30 | = 16 + 8 + 4 + 2 |
| 31 | = 16 + 8 + 4 + 2 + 1 |
| 32 | = 32 |
| 33 | = 32 + 1 |
| 34 | = 32 + 2 |
| 35 | = 32 + 2 + 1 |
| 36 | = 32 + 4 |
| 37 | = 32 + 4 + 1 |
| 38 | = 32 + 4 + 2 |
| 39 | = 32 + 4 + 2 + 1 |
| 40 | = 32 + 8 |

**Puzzle 2**

| | |
|---|---|
| 1 | = 1 |
| 2 + 1 | = 3 |
| 3 | = 3 |
| 4 | = 3 + 1 |
| 5 + 3 + 1 | = 9 |
| 6 + 3 | = 9 |
| 7 + 3 | = 9+1 |
| 8 + 1 | = 9 |
| 9 | = 9 |
| 10 | = 9 + 1 |
| 11 + 1 | = 9 + 3 |
| 12 | = 9 + 3 |
| 13 | = 9 + 3 + 1 |
| 14 + 9 + 3 + 1 | = 27 |
| 15 + 9 + 3 | = 27 |
| 16 + 9 + 3 | = 27 + 1 |
| 17 + 9 + 1 | = 27 |
| 18 + 9 | = 27 |
| 19 + 9 | = 27 + 1 |
| 20 + 9 + 1 | = 27 + 3 |
| 21 + 9 | = 27 + 3 |
| 22 + 9 | = 27 + 3 + 1 |
| 23 + 3 + 1 | = 27 |
| 24 + 3 | = 27 |
| 25 + 3 | = 27 + 1 |
| 26 + 1 | = 27 |
| 27 | = 27 |
| 28 | = 27 + 1 |
| 29 + 1 | = 27 + 3 |
| 30 | = 27 + 3 |
| 31 | = 27 + 3 + 1 |
| 32 + 3 + 1 | = 27 + 9 |
| 33 + 3 | = 27 + 9 |
| 34 + 3 | = 27 + 9 + 1 |
| 35 + 1 | = 27 + 9 |
| 36 | = 27 + 9 |
| 37 | = 27 + 9 + 1 |
| 38 + 1 | = 27 + 9 + 3 |
| 39 | = 27 + 9 + 3 |
| 40 | = 27 + 9 + 3 + 1 |

### BACHETS GEWICHTE-RÄTSEL

In der Tabelle sehen Sie die für die Lösung notwendigen Kombinationen von Gewichten.

(1) Wenn Sie die Gewichte nur auf eine Seite legen dürfen, brauchen Sie ein binäres Set mit sechs Gewichten, um alle Gewichte von 1 bis 40 Kilogramm wiegen zu können: 1 kg, 2 kg, 4 kg, 8 kg, 16 kg und 32 kg. Die Gewichte entsprechen den ersten sechs Potenzen von zwei: $2^0, 2^1, 2^2, 2^3, 2^4, 2^5$.

(2) Wenn Sie die Gewichte auf beide Seiten legen dürfen, brauchen Sie ein ternäres (d. h. die ersten vier Potenzen von drei: $3^0, 3^1, 3^2, 3^3$) Set von Gewichten, um alle Gewichte von 1 bis 40 Kilogramm wiegen zu können: 1 kg, 3 kg, 9 kg und 27 kg.

## 099

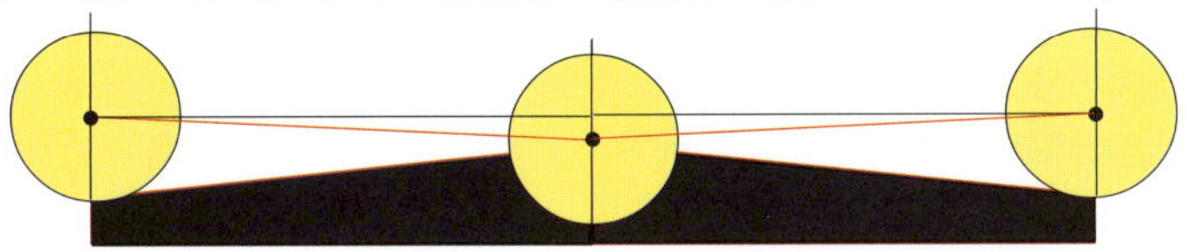

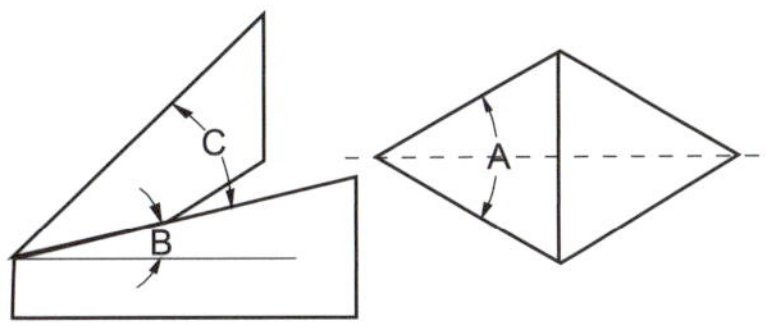


Der Winkel A des Doppelkegels und die beiden Winkel der geneigten Schienen B und C verhalten sich zueinander wie folgt: Sin C > sin B cot A. Siehe Illustration.

### ANTIGRAVITATIONS-KEGEL

Der Doppelkegel scheint nur bergauf zu rollen, tatsächlich rollt er jedoch die geneigten Schienen bergab, wie wir von der Seite aus erkennen können. Während der Doppelkegel sich nach oben zu bewegen scheint, wird der Schwerpunkt des Kegels durch die größer werdende Breite der Schienen abgesenkt, und der Kegel rollt in Wahrheit bergab. Die Bewegung des Kegels, dessen Schwerpunkt sich auf und ab, vor und zurück bewegt, entspricht einem mechanischen Oszillator oder theoretisch sogar einem Perpetuum Mobile; je schwerer der Kegel, desto länger kann die Bewegung andauern.

## 100

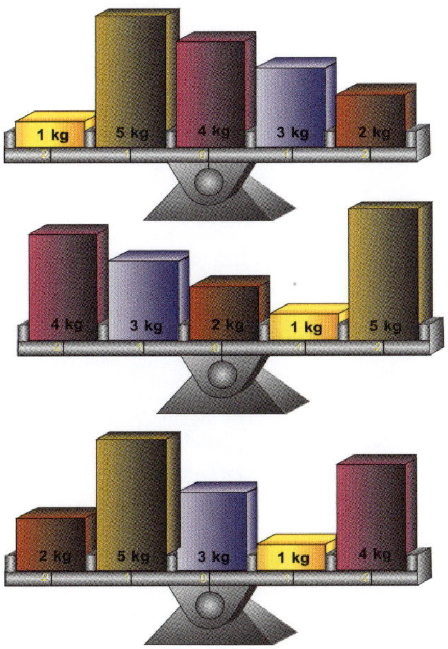


### ZUFÄLLIGES GLEICHGEWICHT

Es gibt sechs verschiedene Anordnungen (drei sehen Sie hier, die anderen drei sind spiegelgleich). Die Wahrscheinlichkeit, dass sich zufällig ein Gleichgewicht einstellt, ist 6/120= 1/20 bzw. 5 Prozent.

## 101

### DREI OBJEKTE NACH GEWICHTEN SORTIEREN

Bei drei Objekten müssen Sie dreimal wiegen, wie gezeigt.

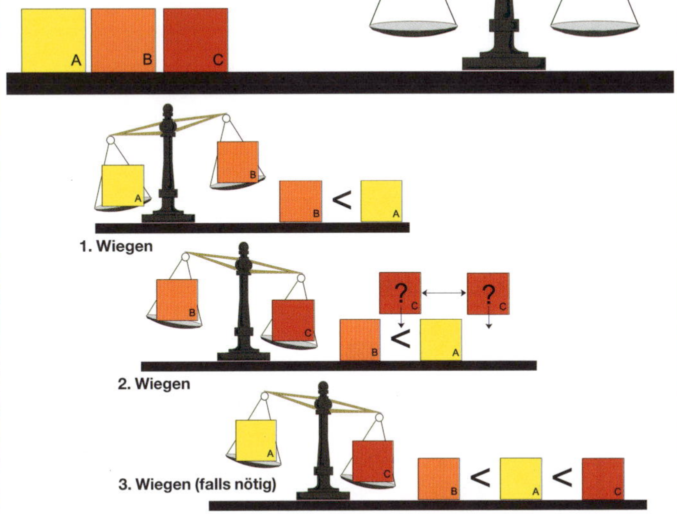


### VIER OBJEKTE NACH GEWICHTEN SORTIEREN

Bei vier Objekten müssen Sie fünfmal wiegen, wie gezeigt.

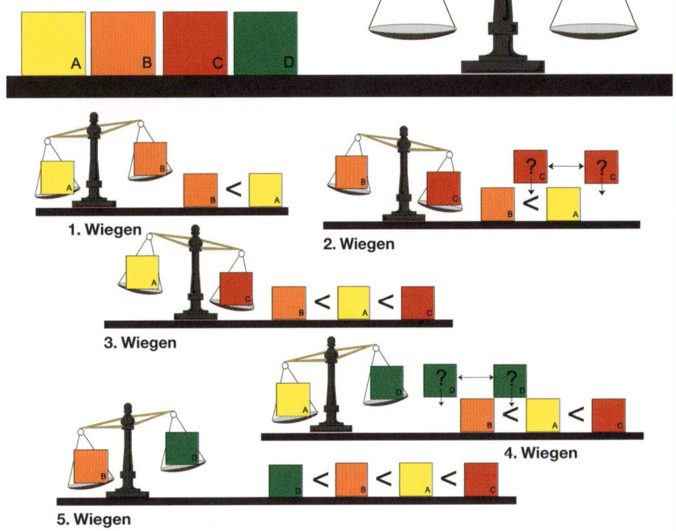

## FÜNF OBJEKTE NACH GEWICHTEN SORTIEREN

Bei fünf Objekten genügt siebenmal wiegen auf einer Balkenwaage.

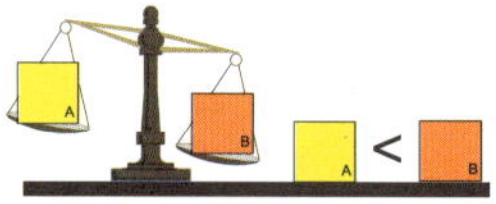

1. Wiegen

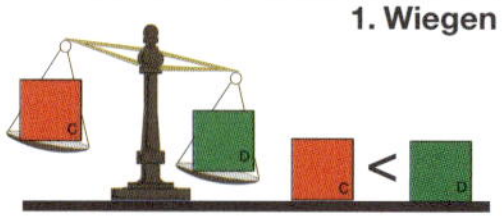

2. Wiegen

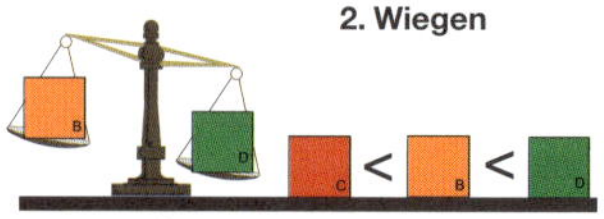

3. Wiegen

Das allgemeine Problem, n Gewichte mit möglichst wenigen Wiegevorgängen zu sortieren, wurde erstmals 1950 von dem polnischen Mathematiker Hugo Steinhaus (1887–1972) formuliert. Bei 1 bis 10 Gewichten ist die jeweilige Mindestanzahl: 0, 1, 3, 5, 7, 10, 13, 16, 19 und 22.

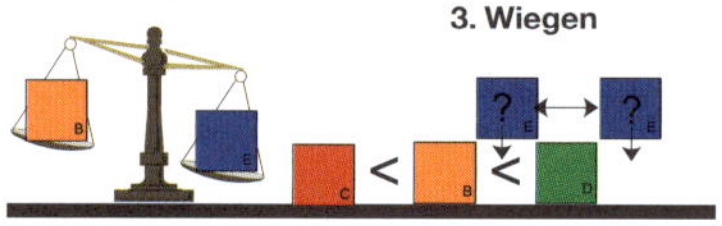

4. Wiegen

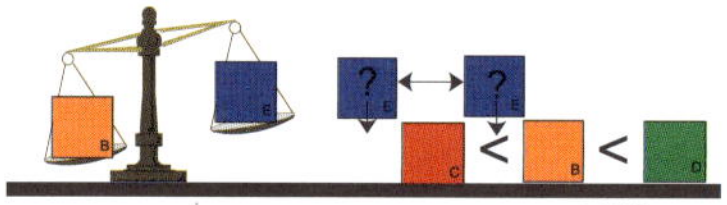

4. Wiegen

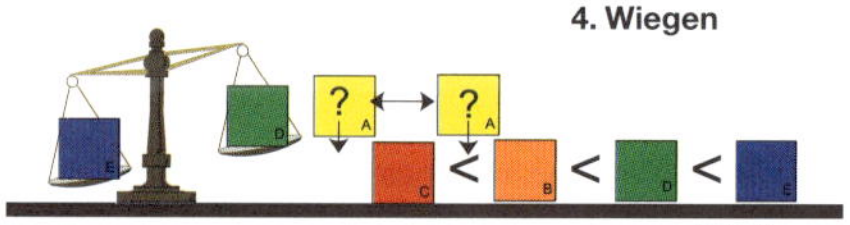

5. Wiegen

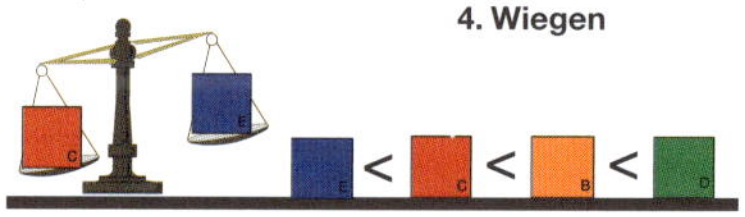

5. Wiegen

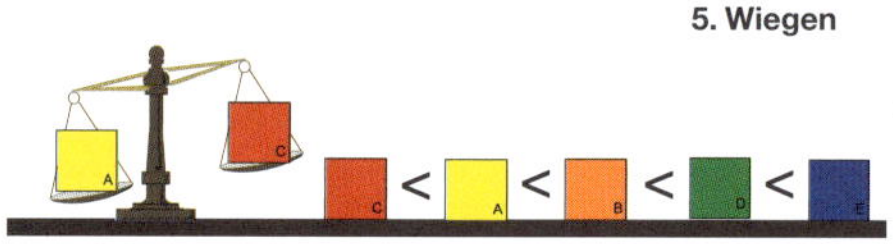

6. Wiegen

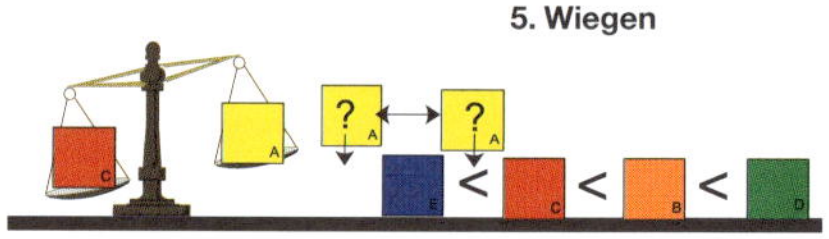

6. Wiegen

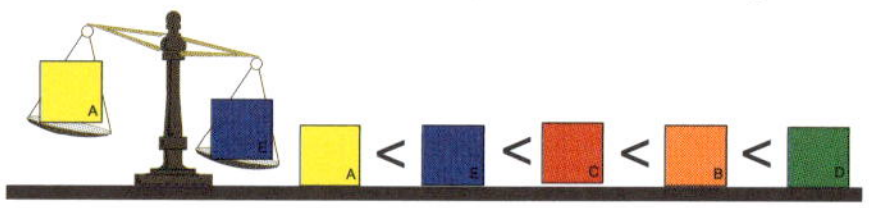

7. Wiegen

## 103

### DAS FOUCAULTSCHE PENDEL

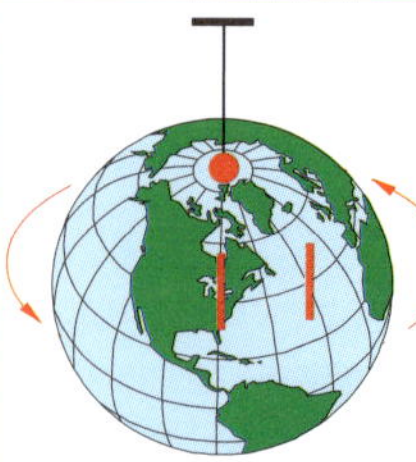

Wie weit sich das Pendel „dreht“, hängt davon ab, auf welchem Breitengrad es aufgehängt ist. Zwischen dem Nord- oder Südpol und dem Äquator beträgt die Drehung 15 Grad pro Stunde multipliziert mit dem Sinus des Breitengrads - was sich nur dadurch erklären lässt, dass sich die Erde unter dem Pendel dreht.

1543 schickte der polnische Astronom Nikolaus Kopernikus (1473-1543) ein Exemplar seines Werkes *Von den Umdrehungen der Himmelskörper* an Papst Paul III, mit einer Anmerkung mit der historischen Untertreibung:

*„Mir ist vollkommen klar, dass die Menschen, sobald sie erst wissen, dass ich in diesem Buch der Erde gewisse Bewegungen zuschreibe, sogleich aufschreien werden, dass ich und meine Theorie sofort zurückzuweisen seien.“*

Manche schrien immer noch, als Foucault 1851 nach Paris eingeladen wurde, um einen wissenschaftlichen Beweis vorzuführen. In der Kuppel des Pantheons hängte Foucault an einem 61 Meter langen Seil eine 28 Kilo schwere Kugel auf. Auf dem Boden unter dem Pendel verstreute er eine Schicht aus feinem Sand, und eine Spitze auf der Unterseite der Kugel zeichnete die Pendelschwünge in dem Sand nach.

Nach einer Stunde hatte sich diese Linie um 11 Grad und 18 Minuten gedreht – was sich nur dadurch erklären ließ, dass sich die Erde unter dem Pendel gedreht haben musste. Foucaults Experiment beendete ein für all Mal die Kontroverse um Kopernikus' Theorie!

## 102

### DAS EIN-TONNEN-PENDEL

Der Junge kann das Pendel in Bewegung versetzen indem er immer wieder an der Schnur zieht. Er muss nur in einem regelmäßigen Rhythmus daran ziehen sodass das Pendel in Resonanz gerät. Sobald es einmal schwingt, kann er den Magneten daraufsetzen und genau in dem Moment an der dünnen Schnur ziehen in dem das Pendel gerade wieder von ihm weg schwingt. Zieht er jedoch zu stark, reißt der Faden.

## 104

### DAS FOTO VOM MONDSPAZIERGANG

Auf dem Mond gibt es keine Wolken, das Foto muss also eine Fälschung sein. Wolken bestehen aus Wasserdampf, der in der Luft schwebt, und auf dem Mond gibt es weder Wasser noch Luft!

## 105

### MERKUR, DER MOND UND DIE STERNE

Direkt vor der Mondsichel ist ein Stern zu sehen: Das bedeutet, dass wir entweder durch den Mond hindurchschauen oder dass sich der Stern zwischen der Erde und dem Mond befindet. Beides ist unmöglich

## 106

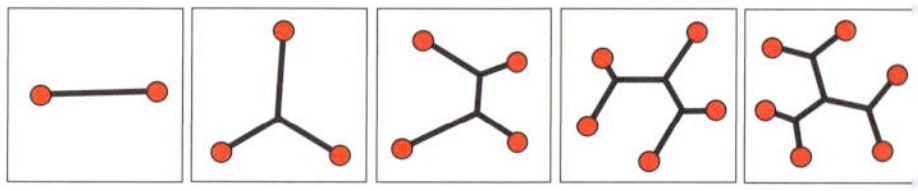

### PROBLEM DER KÜRZESTEN VERBINDUNGEN

Die kürzesten Verbindungen sind Baumgraphen ohne geschlossene Schleifen, in denen die Linien in Winkeln von 120° miteinander verbunden sind.

## 107

### DAS ARCHIMEDISCHE PRINZIP

Hätten die beiden Kronen die gleiche Menge Wasser verdrängt, wären beide aus massivem Gold gewesen. Aber eine davon verdrängte mehr Wasser, was bedeutete, dass sie mit einem weniger dichten Metall legiert worden war, das bei gleichem Gewicht mehr Volumen hat als Gold.

Die Krone stellte sich als gefälscht heraus, und mit jeder weiteren Entdeckung wurde Archimedes immer berühmter. Die Entdeckung, dass ein Körper in einer Flüssigkeit einen Auftrieb erfährt (d. h. leichter wird), der genau der Menge des von ihm verdrängten Wassers entspricht, legte den Grundstein für die Lehre der Hydrostatik.

## 108

### WAHRNEHMUNG, KUNST UND ILLUSION

Wenn Sie nachmessen, stellt sich heraus, dass es vier verschiedene Größen gibt. Wir haben jedoch den Eindruck, vier gleich große aus einer jeweils anderen Entfernung zu sehen, plus einen „Riesen" am Ende der Reihe. Unsere Augen kompensieren, weil sie die Wirkung der Perspektive verstehen, und sie lassen uns glauben, es gäbe nur zwei verschiedene Größen. Die nächste und die am weitesten entfernte sind in Wahrheit gleich groß, wie sich durch Nachmessen überprüfen lässt. Perspektive kann unsere Wahrnehmung von Größe und Entfernung von Objekten durcheinanderbringen. Wenn zwei gleich große Objekte als verschieden weit entfernt wahrgenommen werden, sieht das entferntere größer aus, wie wir anhand dieses Skulpturengartens erkennen können.

## 109

### KONTRAST-TÄUSCHUNG – WIE VIELE SCHATTIERUNGEN SEHEN SIE?

Die Trennlinien zwischen den Farbstreifen ermöglichen es uns, die unterschiedlichen Schattierungen zu erkennen. Deckt man diese Trennlinien ab, ist unsere Wahrnehmung irritiert. Sie kann keine festen Kanten erkennen und nimmt fälschlicherweise an, dass jeder Block eine einheitliche Farbe hat.

## 110

### NACHBILDER

Sie können die schwarzen Punkte in den Einschnitten nicht wirklich zählen: wann immer Sie einen Einschnitt fixieren, verschwindet der Punkt. Tatsächlich ist keiner der Punkte wirklich da.

Die schwarzen Punkte sind das Resultat eines neuralen Prozesses, der „laterale Inhibition" genannt wird, ein Phänomen, das den Gegensatz zwischen Licht und Dunkelheit verstärkt. Wenn Licht auf die Netzhaut fällt (die Membran am hinteren Ende des Auges), werden ihre Neuronen angeregt, Impulse ans Gehirn zu übermitteln. Gleichzeitig unterdrücken die Neuronen aber auch Signale benachbarter Sehzellen (daher der Begriff Inhibition), indem sie schwache Schattierungen verstärken und so das Gehirn dabei unterstützen, Details zu sehen. Sofern Sie also nicht gerade einen Einschnitt fixieren, bringen die schwarzen Quadrate und weißen Linien diese antagonistischen Funktionen in Dauerrotation, halten Ihr Gehirn zum Narren und lassen graue Punkte erscheinen, wo keine sind. Sobald Sie einen Punkt fixieren, erlauben Sie dem Prozess der lateralen Inhibition, ordentlich zu arbeiten: die Ecken erscheinen klar und deutlich.

Diese Figur wurde von L. Hermann im Jahre 1870 entworfen, nachdem dieser ein Buch über Schall gelesen hatte. Nach ihrem Erfinder trägt sie den Namen „Hermann-Gitter".

## 111

### ILLUSIONSQUADRATE

Das Gehirn ergänzt fehlende Informationen. Unser Sehvermögen ist darauf ausgerichtet, die Konturen eines Gegenstandes zu suchen und Leerstellen zu ergänzen, um die ganze Figur wahrnehmen zu können. Das ist eine fabelhafte Einrichtung, aber unter bestimmten Bedingungen führt es uns dazu, dass wir sehen, was wir erwarten – und nicht, was wirklich da ist.

Die weißen subjektiven Konturen scheinen weißer als weiß zu sein, doch sie verschwinden, wenn man sie fixieren will. Noch verblüffender ist der Umstand, dass wir mit optischen Täuschungen subjektive Konturen wie wirkliche Linien verzerren können und mit ihnen dieselben Spielchen spielen können, als seien sie real.

Weißes Quadrat

Optische Täuschungen können Wahrnehmungsillusionen hervorrufen. In diesem Fall sehen wir Quadrate, wo keine sind.

## 112

### PARALLELEN

In unserer leicht modifizierten Version wird die Verzerrung der letzten drei Linien durch Kippen der vorletzten Linie (siehe Pfeil) aufgehoben. Deshalb erscheinen nur die drei Linien rechts parallel, obwohl sie in Wahrheit von allen Linien die einzigen sind, die nicht parallel sind.

## 114

### NECKER-WÜRFEL MIT MARIENKÄFER

(1) Der Marienkäfer sitzt außen auf der senkrechten Wand des Würfels.

(2) Der Marienkäfer sitzt außen auf der Unterseite des Würfels.

(3) Der Marienkäfer sitzt innen auf der Unterseite des Würfels.

## 113

### WEINGLAS AUF EINEM TABLETT

Rechts sehen wir die gleiche Illustration wie links, nur auf dem Kopf stehend. Links scheint das Weinglas auf dem Tablett zu stehen, aber wenn Sie das Buch umdrehen, werden Sie sehen, dass das Glas eigentlich auf dem Tisch steht, genau wie in der rechten Illustration.

### KONVEX – KONKAV

Die Lösung ist, das Bild ganz einfach um 180° zu drehen. Ein ähnlicher Effekt lässt sich jedoch erzielen, wenn man wie bei einem Foto-Negativ Licht in Dunkelheit und Dunkelheit in Licht umwandelt. In beiden Fällen werden die Schatten zu den hellsten Stellen, und man hat den Eindruck, dass die Richtung des Lichteinfalls sich verändert hat.

## 115

### MUSTER IN DER MATHEMATIK

Paarweise Muster

Alle farbigen Kacheln in unserem Spiel basieren auf dem gleichen Linienmuster.

## 116

| | | | | |
|---|---|---|---|---|
| 1 | 2 | 3 | 4 | 5 |
| 6 | 7 | 8 | 9 | 10 |
| 11 | 12 | 13 | 14 | 15 |
| 16 | 17 | 18 | 19 | 20 |
| 21 | 22 | 23 | 24 | 25 |
| 26 | 27 | 28 | 29 | 30 |

Linke Seite

| | | | | |
|---|---|---|---|---|
| 1 | 2 | 27 | 9 | 5 |
| 6 | 24 | 23 | 29 | 10 |
| 12 | 30 | 13 | 19 | 15 |
| 16 | 8 | 14 | 3 | 20 |
| 21 | 22 | 4 | 7 | 25 |
| 26 | 18 | 17 | 28 | 11 |

Rechte Seite

**BILDPAAR-PROBLEM**

Die Lösung des Bildpaar-Problems sehen Sie unten..

## 117

**LOVE CUBES**

In der Geschichte der Unterhaltungsmathematik gab es vier größere Rätselmanien: das 15-Puzzle, Tangram, „Instant Insanity" und Rubiks Zauberwürfel.

Die Love Cubes sind eine der vielen modernen Varianten eines jahrhundertealten Spiels, das immer noch unter verschiedenen Namen vermarktet wird. Das Ziel besteht darin, die vier Würfel in einer Reihe so auszurichten, dass auf jeder Seite alle Farben erscheinen (die Reihenfolge ist egal) sowie - in unserem Fall - das Wort LOVE zeigen.

Das wird auf keinen Fall so einfach, wie es zuerst aussieht. Es gibt über 40.000 verschiedene Anordnungen, und nur einen Lösungsweg!

Dier Originalversion des Rätsels wurde im Jahr 1900 von Frederick A. Schossow in Detroit entworfen und patentiert. Seine Version war mit Spielkartenmotiven dekoriert.

## 118

**FEHLENDE WÜRFEL**

Es fehlen 19 Würfel, wie in der Abbildung gezeigt. Probleme wie dieses haben viel mit unserer Wahrnehmung der Raumtiefe zu tun, dem dreidimensionalen Effekt, der durch die perspektivische Darstellung auf einer zweidimensionalen Oberfläche erzeugt wird.

**FEHLENDER WÜRFEL**

Teil Nummer 2 ist das richtige.

Einige Harmonogramme von Ivan Moscovich